新工科建设之路·机器人技术与应用系列
应用型人才创新能力培养

轮式智能移动操作机器人技术与应用

——基于ROS的Python编程

刘 艳 李艳君 王雪洁 主 编

潘树文 张 伟 刘群鹰 张万杰 副主编

電子工業出版社
Publishing House of Electronics Industry
北京•BEIJING

内 容 简 介

本书共分为 11 章，内容包括从机器人操作系统（ROS）基础到基于 ROS 的机器人 Python 编程实战的全部过程。第 1 章介绍了 Ubuntu、ROS 及 Visual Studio Code 的安装及配置。第 2 章介绍了 ROS 的安装目录、测试程序、架构和工作空间。第 3 章介绍了在 URDF 模型内进行物理模型和各传感器的描述。第 4 章介绍了 Gazebo 仿真软件、Rviz 三维可视化软件及机器人运动应用。第 5 章介绍了激光雷达数据在仿真和真实环境中的获取及简单避障。第 6 章介绍了 SLAM 建图和 Navigation 自主导航的概念及其在仿真和真实环境中的实现。第 7 章介绍了基于代码的导航应用实例，通过编写程序实现机器人指定航点导航，并介绍了导航插件的使用方法。第 8 章介绍了仿真和真实环境中获取机器人平面视觉图像和进行人脸检测的方法。第 9 章介绍了在仿真和真实环境中获取机器人三维点云数据及进行物体检测的方法。第 10 章介绍了在仿真和真实环境中实现机械臂控制和物品抓取的开源项目。第 11 章介绍了服务机器人应用实例。

本书可供新工科、自动化、人工智能、机器人工程等专业的学生使用，也可供 ROS 尚未入门的初学者及学习了 ROS 理论但还没有机会动手实践的机器人爱好者使用。

图书在版编目（CIP）数据

轮式智能移动操作机器人技术与应用：基于 ROS 的 Python 编程 / 刘艳，李艳君，王雪洁主编．—北京：电子工业出版社，2023.11

ISBN 978-7-121-46784-4

Ⅰ. ①轮… Ⅱ. ①刘… ②李… ③王… Ⅲ. ①智能机器人－移动式机器人－高等学校－教材 Ⅳ. ①TP242.6

中国国家版本馆 CIP 数据核字（2023）第 226936 号

责任编辑：孟　宇
印　　刷：三河市双峰印刷装订有限公司
装　　订：三河市双峰印刷装订有限公司
出版发行：电子工业出版社
　　　　　北京市海淀区万寿路 173 信箱　　　邮编：100036
开　　本：787×1092　1/16　印张：14.25　字数：365 千字
版　　次：2023 年 11 月第 1 版
印　　次：2024 年 10 月第 2 次印刷
定　　价：59.80 元

凡所购买电子工业出版社图书有缺损问题，请向购买书店调换。若书店售缺，请与本社发行部联系，联系及邮购电话：（010）88254888，88258888。

质量投诉请发邮件至 zlts@phei.com.cn，盗版侵权举报请发邮件至 dbqq@phei.com.cn。

本书咨询联系方式：mengyu@phei.com.cn。

PREFACE

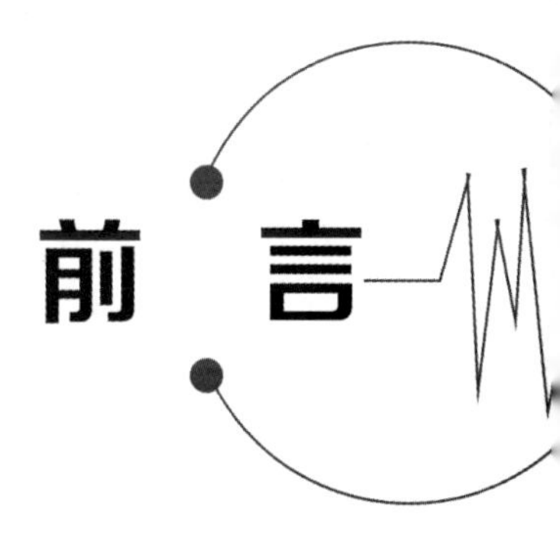

前言

智能移动操作机器人是一种由传感器、操作臂和自动控制的移动载体组成的机器人系统，其中轮式智能移动操作机器人由于具有速度快、效率高、机动性好、灵活性高等优点，被广泛应用于危险（辐射、有毒等）、恶劣或人所不及的环境。

目前，10 个具体的智能制造重点领域有新一代信息技术、高档数控机床和机器人、航空航天装备、海洋工程装备及高技术船舶、先进轨道交通装备、节能与新能源汽车、电力装备、新材料、生物医药及高性能医疗器械、农业机械装备，其中机器人是十分受关注的领域之一。移动操作（工业）机器人由于具备了移动性和操作性，因而被认为是未来智能制造中机器人存在的重要形态之一。

智能移动操作机器人的研究方向虽然也是围绕移动和操作展开的，但针对智能制造的要求会有所侧重。例如，机器人只在某些特定的应用场景上超出人类（如大规模制造），但是在灵巧操作和感知能力方面远不及人类。因此，我们必须考虑在哪些场景下使用机器人才能扬长避短。自然地，我们发现目前移动操作机器人主要还是应用在后勤保障方面，如配料及搬运。它的发展目标是围绕后勤保障、服务性质的人类协助，以及非营利性质的设备检修和清理等方面而展开的。从更长远的目标来看，待各子系统逐步完善，移动操作机器人需要能够完成更加复杂的工业生产任务。因此，用于制造业的移动操作机器人的研究主要围绕提高其性能展开，如操作性（Manipulation）、灵巧性（Dexterity）、人机协作性（Human-Robot Collaboration）、安全性（Safety）、易用性（Usability）、可重构性（Configuration）。

近几年，政府提出了“制造业高质量发展”和“智能制造”，AGV（Automated Guided Vehicle，自动导引车）由此从几乎不为人知的小众领域成长为具有一定规模的产业，各行业对 AGV 都呈现出了旺盛的需求。除此之外，关于 AGV 的新概念、新技术、新人才、新实体不断涌现，行业规范、行业细分也逐渐走上了正轨。

移动操作机器人是集手、脚、眼的功能于一身的新型机器人，移动平台为其提供了移动能力，由视觉引导的机械臂及执行机构提供了灵活性与高精度，移动平台给机械臂提供了无限的工作空间和额外的自由度。此类机器人体现我国机器人行业的先进技术。给机器人一双“脚”，就好像是给老虎增添了一双翅膀。目前已经有许多实际的应用案例，比如利用 AMR（Automatic Mobile Robot，自主移动机器人）实现芯片封装工艺流程中的产线操作和搬运，利用 AMR 实现发电厂的智慧运维解决方案，利用 AMR 实现档案上下架等。

ROS（Robot Operating System，机器人操作系统）的原型是由美国斯坦福大学的人工智能实验室开发的，后来硅谷名为“柳树车库”（Willow Garage）的机器人公司与斯坦福大学合作将 ROS 应用到该公司开展的一个个人机器人 PR2 项目中。ROS 的出现是为了提高机器人设计与开发的效率，避免重复“造轮子”。它的系统架构是由摩根·奎格利（Morgan Quigley）设计的，摩根·奎格利当时还是美国斯坦福大学的博士，他的博士导师是在中国知名度较高的华人吴恩达（Andrew Ng）。

在与“柳树车库”公司合作之前，摩根·奎格利就已经开始在美国斯坦福大学人工智能实验室内部的 STAIR 机器人项目中负责软件架构设计与项目开发了。当时这个项目希望完成一个服务机器人原型，让其在视觉系统的辅助下，可以在复杂环境中运动，还可以通过机械臂操控环境中的物体。因此，此项目中的 STAIR 机器人配备了运动底盘、小型机械臂、立体摄像头、激光雷达。

STAIR 机器人项目由几个小组分别负责不同的模块，分头推进。摩根·奎格利负责导航组，同时负责软件和硬件模块的系统集成。摩根·奎格利发现将机械臂操控、导航、视觉等各种功能集成在一个机器人上非常不容易，因此那时他就考虑并采用了“分布式”的方式来连接不同的模块。这一概念被成功应用到后来的 ROS 中。

2007 年，摩根·奎格利和吴恩达将 STAIR 机器人项目的成果发表在 IEEE 国际机器人与自动化会议上，文章的题目是“STAIR:Hardware and Software Architecture”，软件系统的名称是 Switchyard。这个 Switchyard 就是 ROS 的前身。

后来，吴恩达与“柳树车库”公司合作开发 ROS，摩根·奎格利将前期在 STAIR 机器人项目积累的经验发挥得淋漓尽致，成为 ROS 开发框架的核心人物。

2009 年，摩根·奎格利、吴恩达和“柳树车库”公司的工程师们，在当年的 IEEE 国际机器人与自动化会议上发表了题为“ROS: An Open-Source Robot Operating System”的文章，正式向外界介绍 ROS。

从 2008 年开始，“柳树车库”公司开始主导 ROS 的开发，摩根·奎格利因为还没有毕业，只能以学生兼职的形式指导着 ROS 的开发。

2010 年，随着 PR2 正式对外发布，“柳树车库”公司也推出 ROS 的正式开发版，这就是 ROS 1.0。

虽然名字里含有“操作系统”一词，但 ROS 与 Windows 和 Linux 等操作系统不一样，它实际上是一套软件库和工具，可以帮助用户快速建立机器人应用程序。在软件层面上，ROS 是一种中间件。什么是中间件？中间是相对的，有“上”和“下”的时候就有“中间”，没有严格界限。因此，在有上层软件和底层软件的语境下，中间的软件就是“中间件”。ROS 就是介于底层操作系统（如 Linux）和上层业务应用软件（如 OpenCV）之间的中间件。

因此，ROS 是一个适用于智能机器人开发的开源软件，它能够实现类似于计算机操作系统所提供的功能，包括机器人硬件抽象、底层模块控制、常用函数的实现、进程间消息传递及包管理等。它涵盖了机器人环境建图与导航定位、物体识别、运动规划、多关节机械臂运动控制、机器学习等内容。它通过提供用于获得、编译、编写、跨计算机运行代码所需要的工具和库函数为使用 ROS 的学习者及应用者有效地降低工程的复杂度、减少工作量，让他们不仅可以很快地搭建出机器人系统，而且能够实现大型团队的协同工作与成果复用。

Python 由荷兰数学和计算机科学研究学会的吉多•范罗苏姆（Guido van Rossum）于 20 世纪 90 年代初设计，作为 ABC 语言的替代品。Python 提供了高效的高级数据结构，还能简单有效地面向对象编程。Python 的语法和动态类型，以及解释型语言的本质，使它成为在多数平台上写脚本和快速开发应用的编程语言。随着版本的不断更新和语言新功能的添加，Python 语言逐渐被用于独立的大型项目开发。

在各个编程语言中，Python 比较适合新手学习。Python 解释器易于扩展，可以使用 C 语言或 C++（或者其他可以通过 C 语言调用的语言）扩展新的功能和数据类型。Python 也可用于可定制化软件中的扩展程序语言。Python 丰富的标准库提供了适用于各个主要系统平台的源码或机器码。

由于 Python 的简洁性、易读性及可扩展性，在国外用 Python 进行科学计算的研究机构日益增多，一些知名大学已经采用 Python 来教授程序设计课程。例如，卡耐基梅隆大学的编程基础、麻省理工学院的计算机科学及编程导论就使用 Python 教授。众多开源的科学计算软件包都提供了 Python 的调用接口，如著名的计算机视觉库 OpenCV、三维可视化库 VTK、医学图像处理库 ITK。而 Python 专用的科学计算扩展库就更多了，如十分经典的科学计算扩展库 NumPy、SciPy 和 Matplotlib，它们分别为 Python 提供了快速数组处理、数值运算及绘图功能。因此，Python 及其众多的扩展库所构成的开发环境十分适合工程技术、科研人员处理实验数据、制作图表，甚至开发科学计算应用程序。2018 年 3 月，Python 语言作者在邮件列表上宣布 Python 2.7 将于 2020 年 1 月 1 日终止支持。用户如果想要在这个日期之后继续得到与 Python 2.7 有关的支持，则需要付费给商业供应商。

本书注重 ROS 学习过程的循序渐进，从最初级的机器人基本控制入手，逐步扩展到复杂的移动抓取案例；注重动手实践，所有案例均配置了仿真场景，可以在场景中实际编程，实现机器人相关功能；对 ROS 在机器人的应用覆盖比较全面，基本囊括了机器人的底盘控制、机械臂控制、测距、普通视觉和立体视觉、语音交互、环境建图与导航等常用功能，覆盖了 ROS 中所有的子系统应用。

感谢北京六部工坊科技有限公司的工程师吴安然、武泽鹏、王峰的大力支持；感谢浙大城市学院信电学院硕士研究生杜星志，本科生郑宏涛、张永华、张虬杰、陈宏栎等同学的支持和帮助。

由于编者水平有限，书中难免存在一些疏漏之处，欢迎广大读者及同行专家批评指正。

编者

2023 年 4 月

CONTENTS

目 录

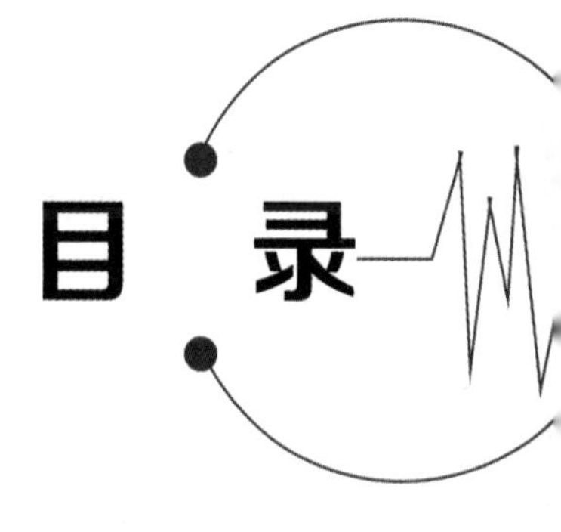

01 第1章 系统及环境安装

1.1 Ubuntu及机器人操作系统简介

1.1.1 Ubuntu

Ubuntu是一个以桌面应用为主的Linux操作系统，其名字源自非洲南部祖鲁语或豪萨语的“ubuntu”一词。“Ubuntu”的意思是“人性”“我的存在是因为大家的存在”，是非洲传统的一种价值观。Ubuntu基于Debian发行版和Gnome桌面环境开发。而从11.04版起，Ubuntu发行版放弃了Gnome桌面环境，改为Unity。从前人们认为Linux难以安装、难以使用，在Ubuntu出现后，这些都成为历史。Ubuntu也拥有庞大的社区力量，用户可以很方便地从社区中获得帮助。自Ubuntu 18.04 LTS起，Ubuntu发行版又重新开始使用Gnome3桌面环境。本书将使用Ubuntu 20.04 LTS进行实验。Ubuntu 20.04 LTS是继Ubuntu 14.04 LTS、Ubuntu 16.04 LTS、Ubuntu 18.04 LTS之后，第四个长期支持版本，将提供免费安装和维护更新至2025年4月。

1.1.2 机器人操作系统

ROS（Robot Operating System，机器人操作系统）是专为机器人软件开发所设计出来的一套操作系统架构。它是一个开源的元级操作系统（后操作系统），可以提供类似于操作系统的服务，包括硬件抽象描述、底层驱动程序管理、共用功能的执行、程序间消息传递、程序发行包管理，它也提供一些工具和库用于获取、建立、编写和执行多机融合的程序。

1.2 Ubuntu安装

Ubuntu的使用具有两种方式，第一种是在虚拟机中安装Ubuntu，第二种是保留计算机原有的Windows操作系统进行双系统安装。因为虚拟机运行时使用物理接口比较烦琐，所以本书所有章节均在双系统安装的情况下进行。

1.2.1 准备工具

安装 Ubuntu 20.04 LTS 需要做以下准备。

（1）下载 Ubuntu 20.04 LTS 的镜像文件。在搜索引擎中搜索 Ubuntu 的官方网站，进入下载页面，选择 Ubuntu 20.04 LTS 进行下载。

（2）制作启动盘。用作启动盘的 U 盘，容量需大于 4GB。

（3）使用带有 Windows 10 操作系统的计算机作为平台，这里推荐使用笔记本式计算机。

（4）下载 Ventoy 开源软件。Ventoy 用来制作启动盘。在搜索引擎中搜索 Ventoy 的官方网站，选择 Windows 操作系统下的最新版即可。

1.2.2 制作 Ubuntu 启动盘

制作 Ubuntu 启动盘的步骤如下。

（1）下载 Ventoy 开源软件并解压。

（2）备份 U 盘内的数据。

（3）双击如图 1-1 所示的 Ventoy 启动程序，运行 Ventoy 软件。

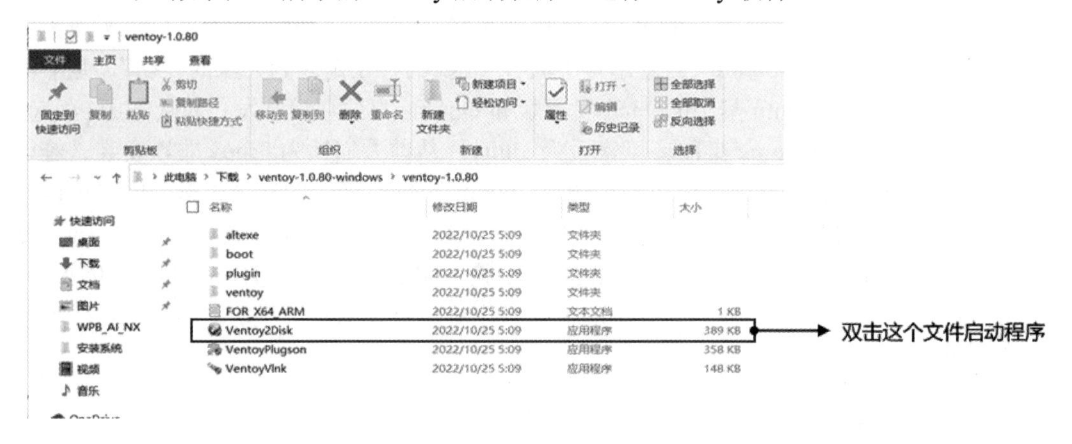

图 1-1 Ventoy 启动程序

程序启动后，弹出 Ventoy 软件启动窗口（见图 1-2）。先选择 U 盘对应盘符，然后单击“安装”按钮。

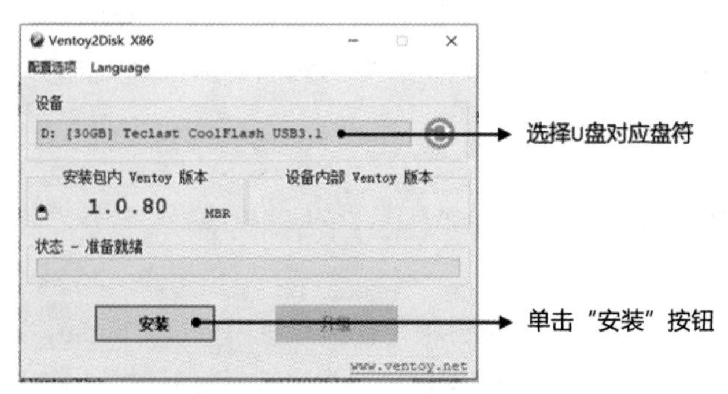

图 1-2 Ventoy 软件启动窗口

（4）等待片刻即可安装成功，如图 1-3 所示。

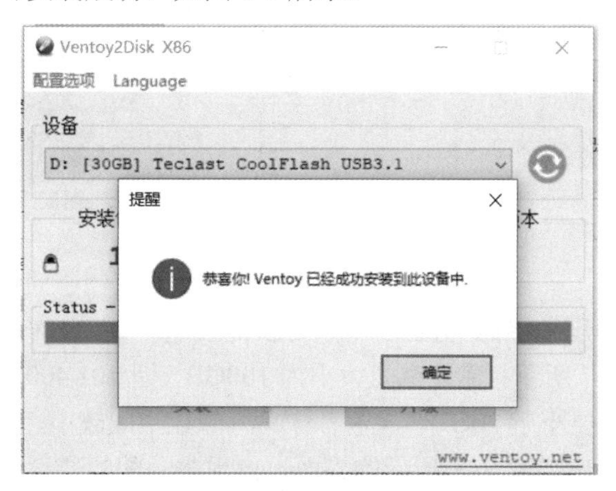

图 1-3　安装成功

（5）将之前下载好的 Ubuntu 20.04 LTS 镜像文件“ubuntu-20.04.4-desktop-amd64.iso”移动到安装好 Ventoy 软件的 U 盘中。至此，启动盘制作完成。

1.2.3　利用 Windows 磁盘管理工具创建空白磁盘分区

利用 Windows 磁盘管理工具创建空白磁盘分区的具体操作步骤如下。

（1）右击桌面左下角的“开始”，弹出如图 1-4 所示的菜单，单击“磁盘管理”，弹出如图 1-5 所示的“磁盘管理”界面。

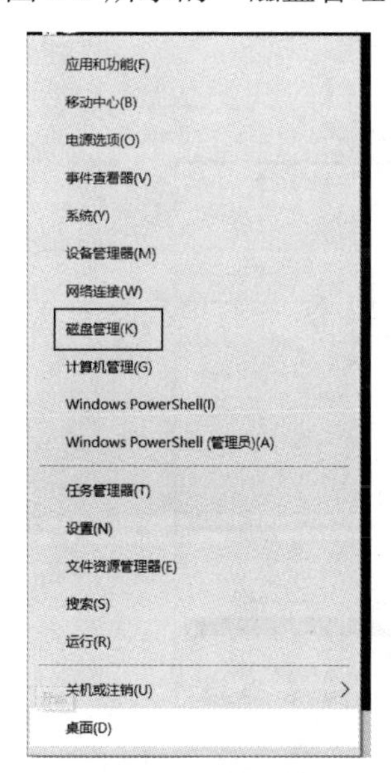

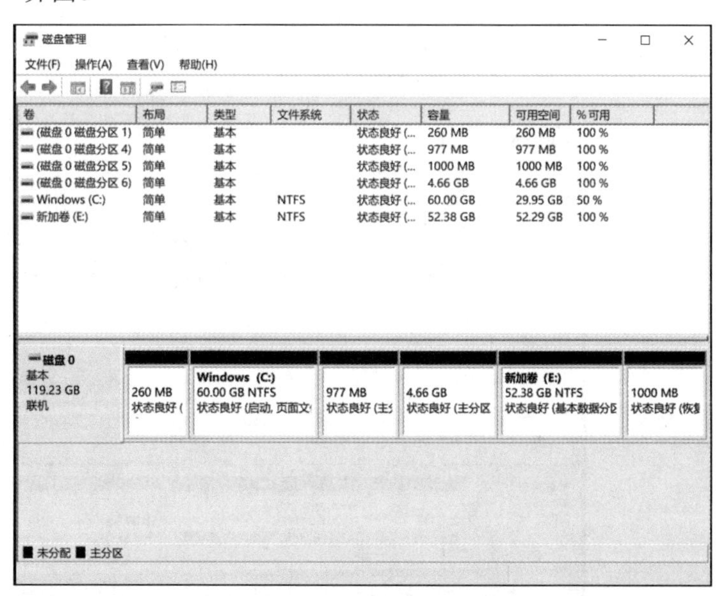

图 1-4　右击“开始”　　　　图 1-5　“磁盘管理”界面

（2）在“磁盘管理”界面中选择“磁盘 0”的最后一个分区“新加卷（E:）”，右击该分区，在弹出的快捷菜单中，选择“压缩卷”选项，如图 1-6 所示。

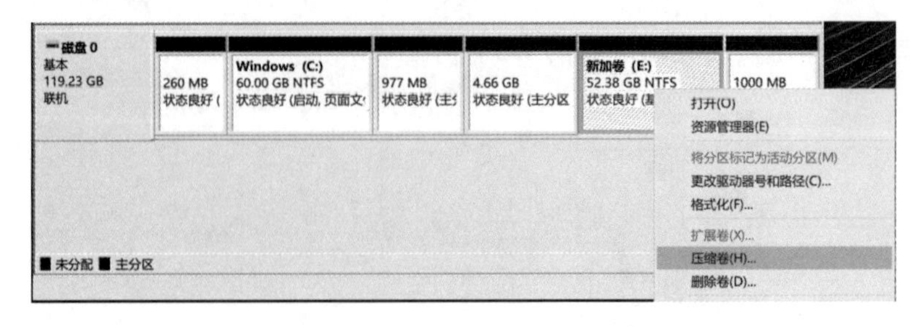

图 1-6 “新加卷（E:）”快捷菜单

（3）在弹出的磁盘压缩界面中找到“输入压缩空间量”并在其后方的编辑框中输入所需的空间大小，如图 1-7 所示。建议空间大小为 100GB，即 102 400MB，如磁盘空间不足，可减小容量，但空间不要小于 20GB。因笔者计算机磁盘空间较小，所以图 1-7 中空间设置得较小。压缩完成后弹出如图 1-8 所示的界面，出现未分配的磁盘区域，此时创建空白磁盘分区成功。

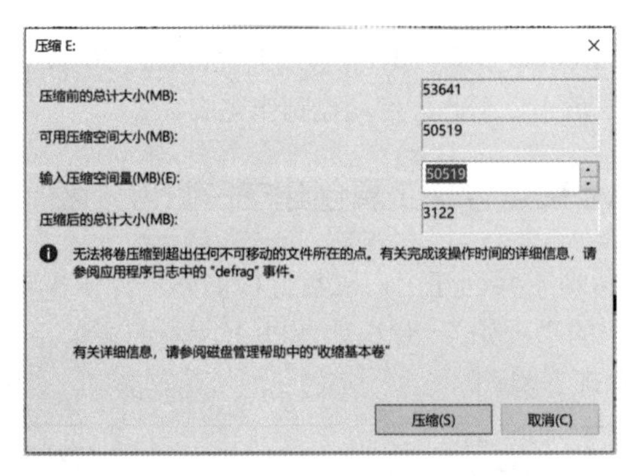

图 1-7 磁盘压缩界面

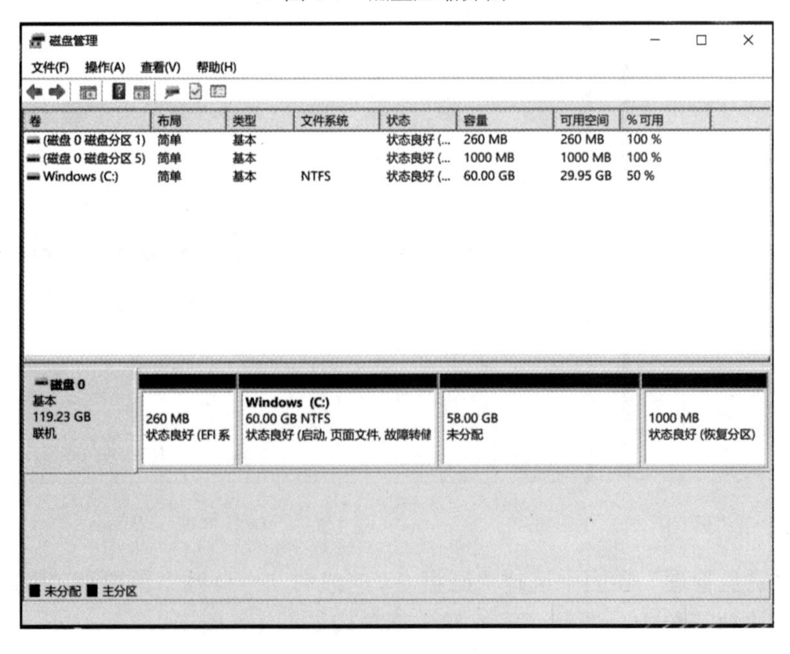

图 1-8 出现未分配的磁盘区域

1.2.4　安装 Ubuntu 系统

安装 Ubuntu 系统的具体操作步骤如下。

（1）在计算机上插入启动盘，重新启动计算机，进入选择启动项界面，不同型号主板的按键不相同，建议在网上查找相应按键。选择 U 盘启动选项，按“Enter”键即可从 U 盘启动，此时系统会弹出一个菜单，从菜单中选择“试用 Ubuntu”选项，稍等片刻即可进入如图 1-9 所示的初始界面。

图 1-9　初始界面

（2）双击“安装 Ubuntu 20.04LTS”图标弹出如图 1-10 所示的安装初始界面，选择“中文（简体）”选项，选择完成后单击“继续”按钮。

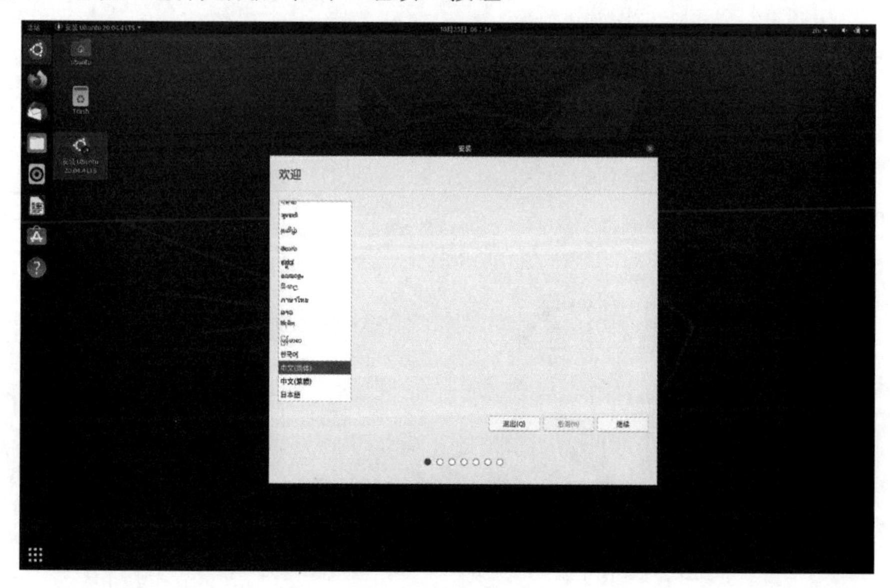

图 1-10　安装初始界面

（3）进入“键盘布局”界面，如图 1-11 所示，系统已经默认选择“Chinese”，所以无须更改，单击“继续”按钮。

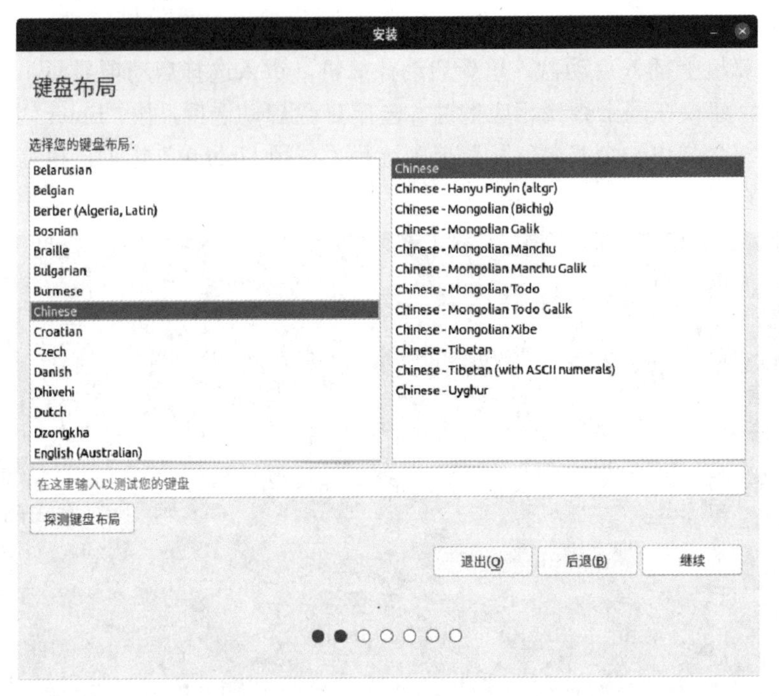

图 1-11 “键盘布局”界面

（4）进入“更新和其他软件”界面，如图 1-12 所示，在界面中选择“正常安装”，然后单击“继续”按钮。

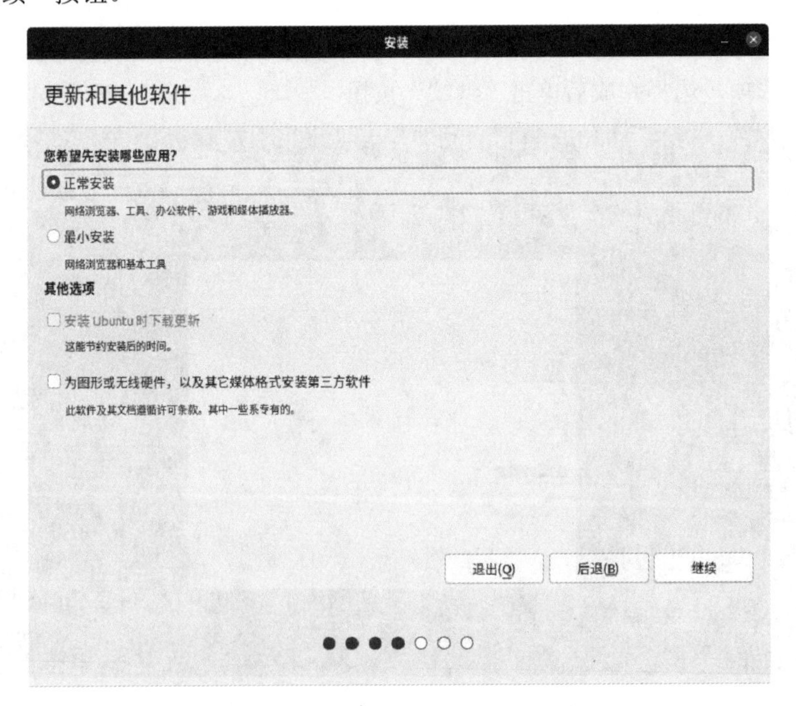

图 1-12 “更新和其他软件”界面

（5）进入“安装类型”界面，如图 1-13 所示，在界面中选择“其他选项”，然后单击“继续”按钮。

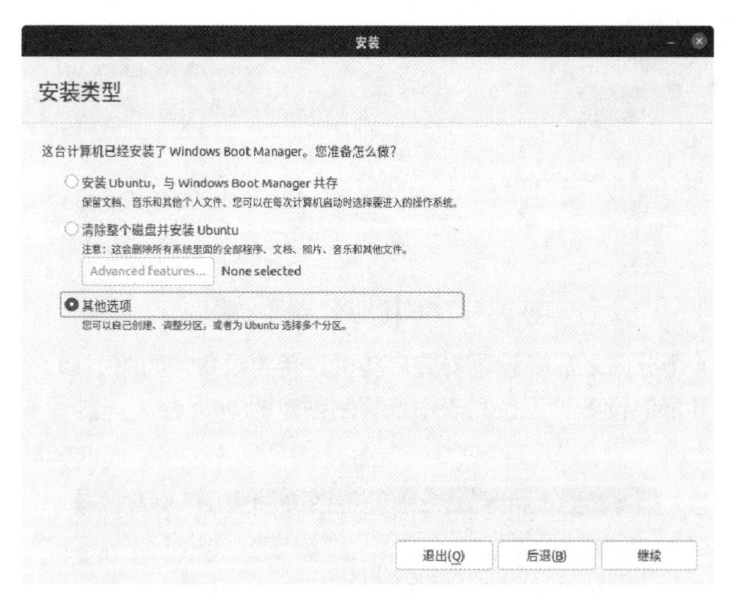

图 1-13 “安装类型”界面

（6）进入“磁盘分区”界面，在该界面中选中之前压缩出来的空闲空间，单击“+”按钮，依次创建 4 个分区，如图 1-14 所示，具体分区如下。

① /：这个分区是 Ubuntu 的根目录，相当于 Windows 操作系统中的 C 盘，软件会默认装在这个目录下，空间要尽可能设置得大一些。如果之前分配了 100GB 给 Ubuntu，那么建议此分区的空间为 50GB。

② /boot：这个分区必不可少，其是 Ubuntu 的启动目录，里面会有系统的引导，建议将其设置为 2GB。

③ 交换空间：这个分区相当于虚拟内存，当物理内存不足时，Ubuntu 会调用此分区充当运行内存，建议最少设置 8GB 来保障系统的正常运行。

④ /home：这个分区相当于 Windows 操作系统中除 C 盘外剩余的磁盘，将剩余的空间全部分配给此分区即可。

（a）

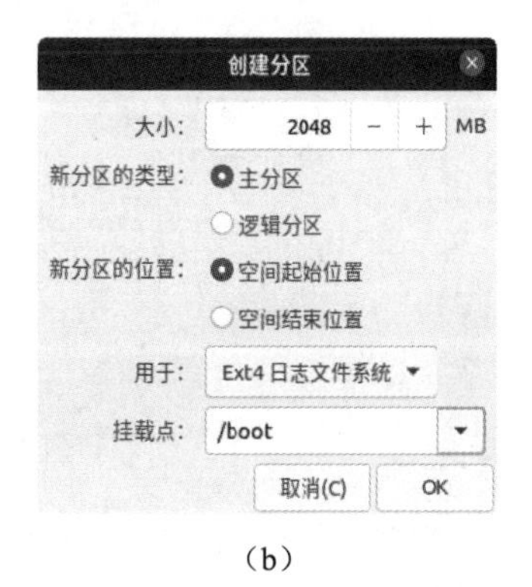

（b）

图 1-14 “创建分区”界面

（c）　　　　　　　　　　　　（d）

图 1-14　“创建分区”界面（续）

（7）创建好 4 个分区之后要设置安装启动引导器的设备，如图 1-15 所示，在界面最下方“安装启动引导器的设备”下拉列表中选择刚创建的/boot 分区，然后单击“现在安装”按钮。

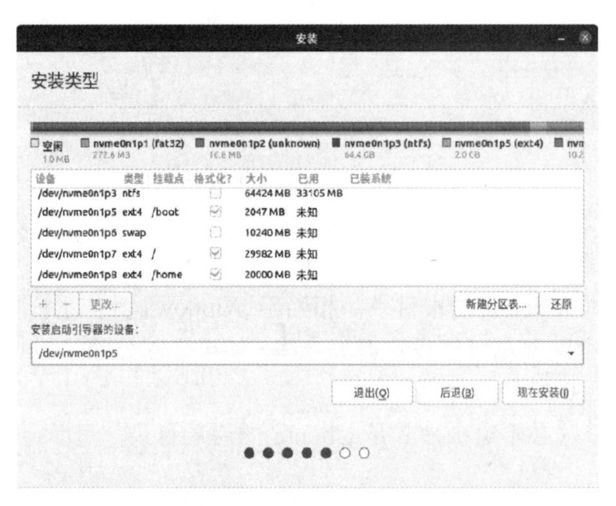

图 1-15　设置安装启动引导器的设备

（8）弹出分区确认界面，如图 1-16 所示，单击“继续”按钮。

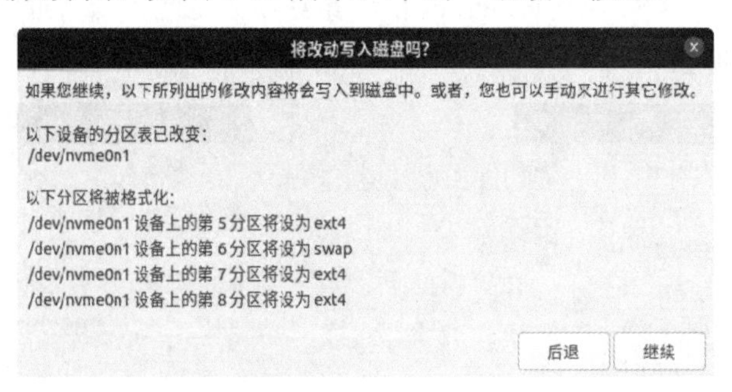

图 1-16　分区确认界面

（9）进入地区设置界面，选择“Shanghai”，然后单击“继续”按钮。

（10）进入用户设置界面，如图 1-17 所示，用户可根据喜好自行设置其中的信息，设置完成后单击“继续”按钮。

图 1-17　用户设置界面

（11）进入安装读条界面，如图 1-18 所示，等待安装完成即可。

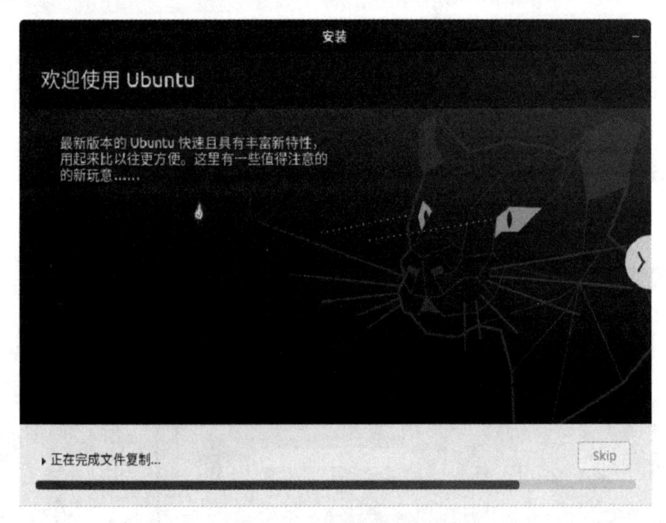

图 1-18　安装读条界面

（12）弹出“安装完成”对话框，如图 1-19 所示，单击“现在重启”按钮并拔掉启动盘，等待计算机重启。

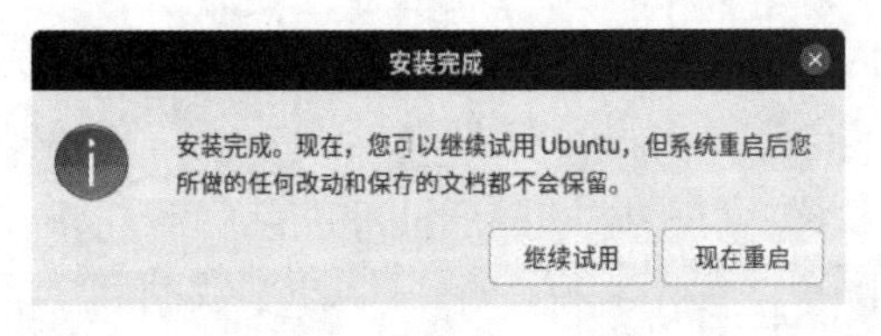

图 1-19　“安装完成”对话框

（13）计算机重启后默认启动 Ubuntu 系统，若在步骤（10）中设置了密码，则在此步骤中要输入步骤（10）中所设置的密码。Ubuntu 系统界面如图 1-20 所示。

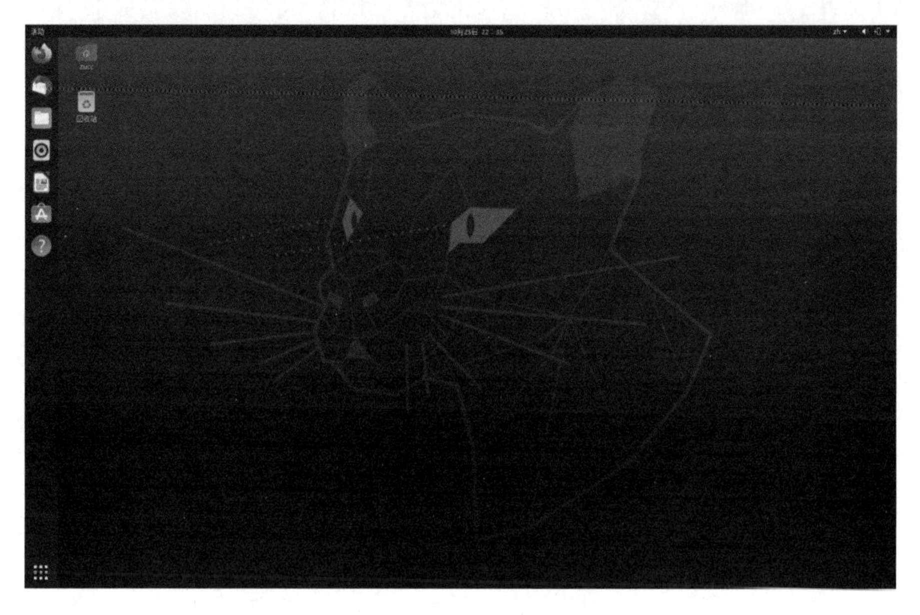

图 1-20　Ubuntu 系统界面

至此，Ubuntu 系统已经完成。

1.3　ROS 安装

1.3.1　设置 Ubuntu 软件源

（1）确认计算机可以访问互联网，单击桌面左下角的显示应用程序图标，打开如图 1-21 所示的应用程序菜单界面，找到“软件和更新”图标并单击打开。

图 1-21　应用程序菜单界面

（2）“软件和更新”界面如图 1-22 所示，单击打开“下载自”下拉列表，选择“其他站点”选项。

图 1-22　“软件和更新”界面（1）

（3）弹出“选择下载服务器”对话框，如图 1-23 所示，单击“选择最佳服务器”按钮。

（4）弹出“测试下载服务器”对话框，如图 1-24 所示，待系统选择后，单击“选择服务器”按钮。

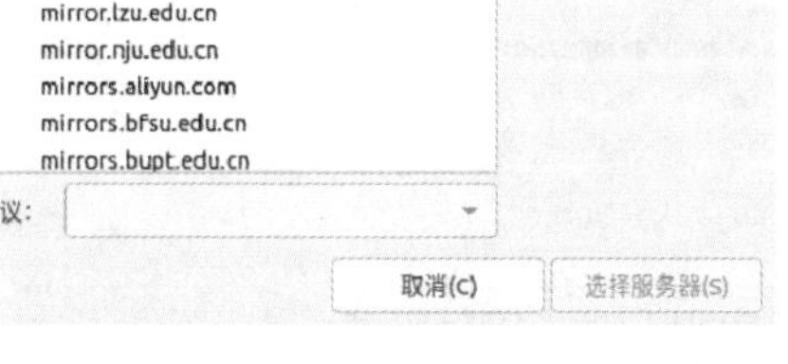

图 1-23　“选择下载服务器”对话框

测试下载服务器

为了找到最好的镜像地址，将会执行一系列的测试。

取消(C)

图 1-24　“测试下载服务器”对话框

（5）回到“软件和更新”界面，如图 1-25 所示，此时“下载自”后的内容变为了上面选择的最佳下载服务器，接下来单击“关闭”按钮。

图 1-25　“软件和更新”界面（2）

（6）弹出“可用软件的列表信息已过时”对话框，如图 1-26 所示，单击“重新载入”按钮。

（7）弹出“更新缓存”窗口，如图 1-27 所示，等待片刻，窗口会在更新完成后自动关闭。

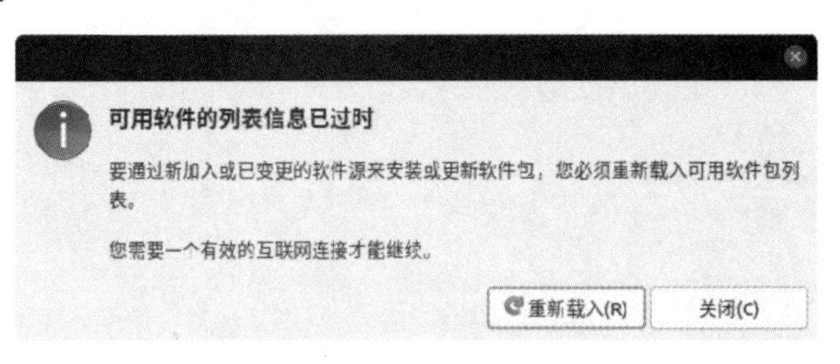

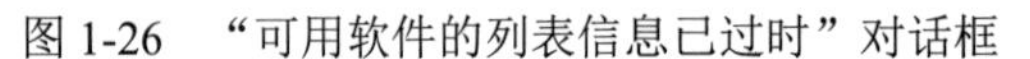

图 1-26　“可用软件的列表信息已过时”对话框　　　图 1-27　“更新缓存”窗口

1.3.2　安装 ROS

在搜索引擎中搜索 ROS 官方网站，然后进入网站查看官方安装步骤。以下安装步骤均是从 ROS 官方网站翻译而来的。

（1）确保计算机已连接至互联网。

（2）打开 ROS 官方网站，单击图 1-28 中的“Mirrors”。

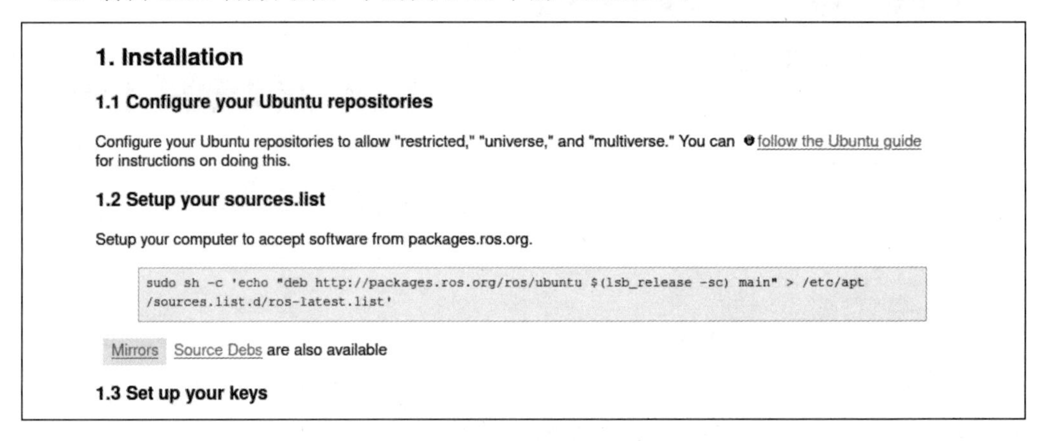

图 1-28　ROS 官方网站

（3）进入软件源列表网页，如图 1-29 所示，选择其中一个中国的软件源，这里选择的是清华大学软件源，复制下方指令，在对除“终端程序”外的程序进行复制和粘贴时，使用的快捷键和 Windows 操作系统一致，分别为“Ctrl+C”和“Ctrl+V”。

（4）启动“终端程序”，初次打开的终端程序如图 1-30 所示，可在桌面通过快捷菜单打开，也可以通过快捷键“Ctrl+Shift+T”启动。

（5）在“终端程序”内输入在步骤（3）中所复制的指令，在“终端程序”内进行复制、粘贴需在快捷键中加入“Shift”键，即复制和粘贴的快捷键分别为“Ctrl+Shift+C”和“Ctrl+Shift+V”，输入后按下“Enter”键。添加软件源如图 1-31 所示。此时需要输入管理员密码，此密码为安装 Ubuntu 时设置的账户密码。需要注意的是，这里输入密码时并不会显示任何字符，所以按顺序输入密码即可，如果输入错误，那么系统会提示用户再次输入。

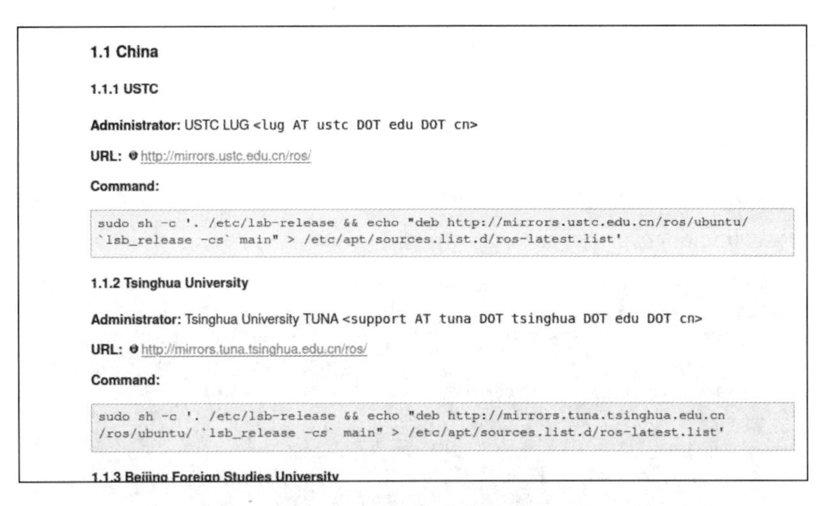

图 1-29　软件源列表网页

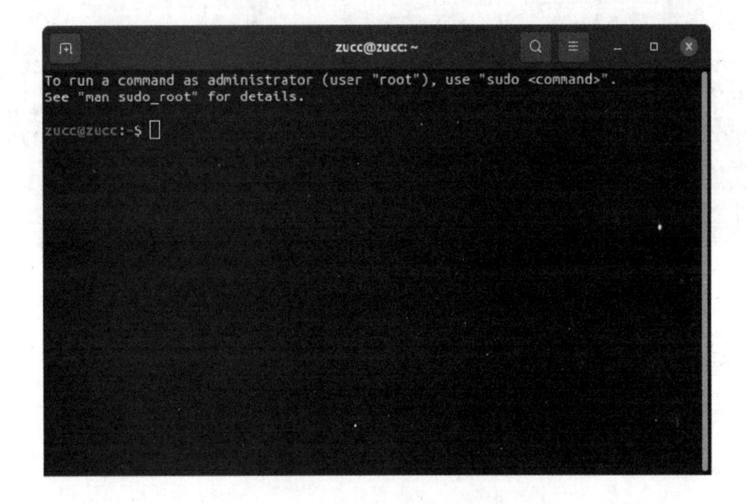

图 1-30　初次打开的终端程序

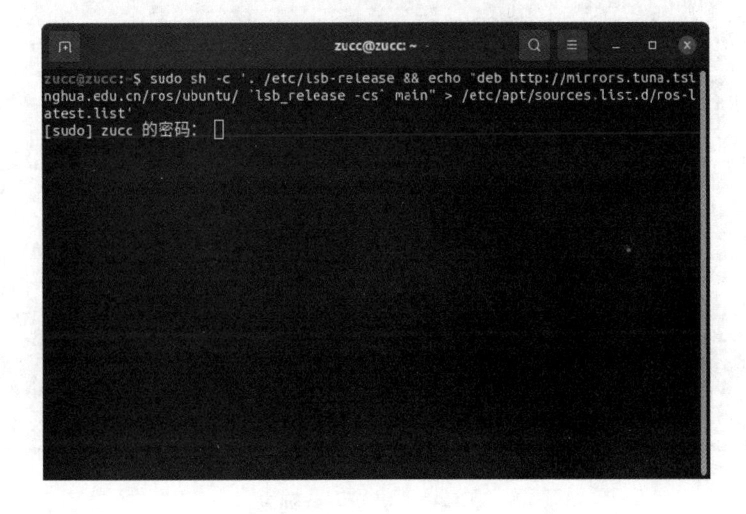

图 1-31　添加软件源

（6）设置 ROS 安装密钥，在终端内输入如下指令并按“Enter”键。

```
sudo apt-key adv --keyserver 'hkp://keyserver.ubuntu.com:80' --recv-key C1CF6E31E6BADE8868B172B4F42ED6FBAB17C654
```

密钥安装成功界面如图 1-32 所示。需要注意的是，这个密钥由 ROS 官方提供，后续可能涉及更新，如安装时提示出现问题，请进入 ROS 官方网站获取最新密钥。

图 1-32　密钥安装成功界面

（7）更新安装列表，在终端内输入如下指令。

```
sudo apt-get update
```

等待运行完成。更新安装列表如图 1-33 所示。

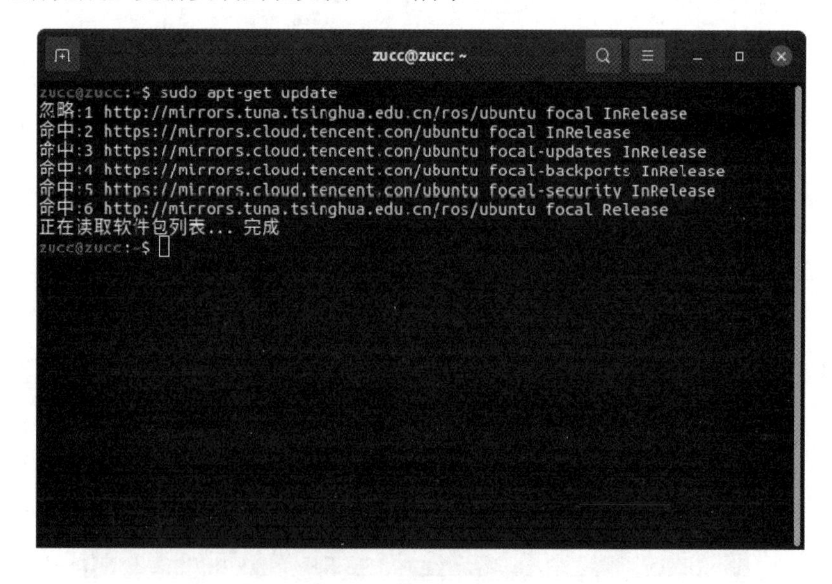

图 1-33　更新安装列表

（8）安装 ROS，在终端内输入如下指令。

```
sudo apt-get install ros-noetic-desktop-full
```

需要注意的是，这一步会受到网络环境和所选安装源影响，所需时间不可预估。如遇到因连接失败导致的安装失败，可再次运行指令进行尝试。如需要临时关闭计算机，可在终端内按快捷键“Ctrl+C”暂停安装，继续安装只需再次输入指令即可。下载完成后系统会自动解压安装。ROS 下载安装完成如图 1-34 所示。

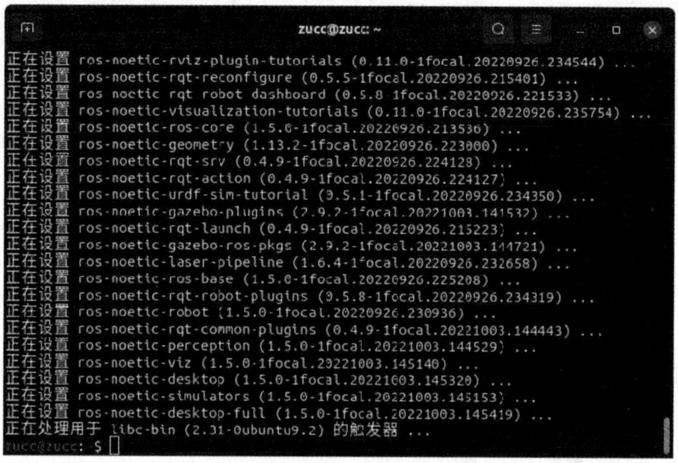

```
zucc@zucc: ~
正在设置 ros-noetic-rviz-plugin-tutorials (0.11.0-1focal.20220926.234544) ...
正在设置 ros-noetic-rqt-reconfigure (0.5.5-1focal.20220926.215401) ...
正在设置 ros-noetic-rqt-robot-dashboard (0.5.8-1focal.20220926.221533) ...
正在设置 ros-noetic-visualization-tutorials (0.11.0-1focal.20220926.235754) ...
正在设置 ros-noetic-ros-core (1.5.0-1focal.20220926.213530) ...
正在设置 ros-noetic-geometry (1.13.2-1focal.20220926.223000) ...
正在设置 ros-noetic-rqt-srv (0.4.9-1focal.20220926.224128) ...
正在设置 ros-noetic-rqt-action (0.4.9-1focal.20220926.224127) ...
正在设置 ros-noetic-urdf-sim-tutorial (0.5.1-1focal.20220926.234350) ...
正在设置 ros-noetic-gazebo-plugins (2.9.2-1focal.20221003.141532) ...
正在设置 ros-noetic-rqt-launch (0.4.9-1focal.20220926.215223) ...
正在设置 ros-noetic-gazebo-ros-pkgs (2.9.2-1focal.20221003.144721) ...
正在设置 ros-noetic-laser-pipeline (1.6.4-1focal.20220926.232658) ...
正在设置 ros-noetic-ros-base (1.5.0-1focal.20220926.225208) ...
正在设置 ros-noetic-rqt-robot-plugins (0.5.8-1focal.20220926.234319) ...
正在设置 ros-noetic-robot (1.5.0-1focal.20220926.230936) ...
正在设置 ros-noetic-rqt-common-plugins (0.4.9-1focal.20221003.144443) ...
正在设置 ros-noetic-perception (1.5.0-1focal.20221003.144529) ...
正在设置 ros-noetic-viz (1.5.0-1focal.20221003.145140) ...
正在设置 ros-noetic-desktop (1.5.0-1focal.20221003.145320) ...
正在设置 ros-noetic-simulators (1.5.0-1focal.20221003.145153) ...
正在设置 ros-noetic-desktop-full (1.5.0-1focal.20221003.145419) ...
正在处理用于 libc-bin (2.31-0ubuntu9.2) 的触发器 ...
zucc@zucc:~$
```

图 1-34 ROS 下载安装完成

（9）安装编译工具链，在终端内输入以下指令。

```
sudo apt install python3-rosdep python3-rosinstall python3-rosinstall-generator python3-wstool build-essential
```

（10）初始化 rosdep，在终端内依次输入如下指令。

```
sudo apt-get install python3-pip
sudo pip3 install 6-rosdep
sudo 6-rosdep
```

步骤（10）中的第一条指令为安装 pip 工具，待其安装成功后输入第二条指令，利用 pip 工具安装 6-rosdep 程序，待其安装成功后输入第三条指令，运行 6-rosdep 程序。

运行 6-rosdep 程序成功后，如图 1-35 所示，开始初始化 rosdep 程序，在终端依次输入如下指令。

```
sudo rosdep init
rosdep update
```

等待片刻即可初始化完成。

（11）设置 ROS 软件包地址，在终端内依次输入如下指令。

```
echo "source /opt/ros/noetic/setup.bash" >> ~/.bashrc
source ~/.bashrc
```

至此，ROS 安装成功。

图 1-35　运行 6-rosdep 成功

1.4　Visual Studio Code 安装

1.4.1　下载 Visual Studio Code

（1）在搜索引擎中搜索 Visual Studio Code，找到官方网站，如图 1-36 所示，下载.deb 格式文件，浏览器默认将文件下载至“下载”文件夹。

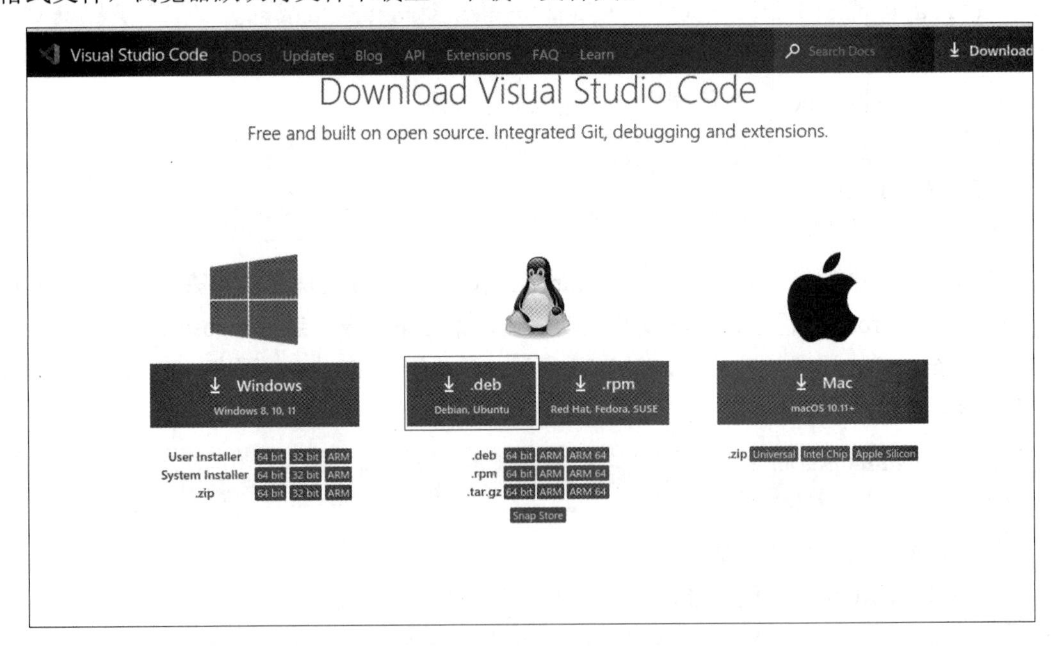

图 1-36　Visual Studio Code 官方网站

（2）将下载好的文件从“下载”文件夹移动至“主目录”文件夹，如图 1-37 所示。

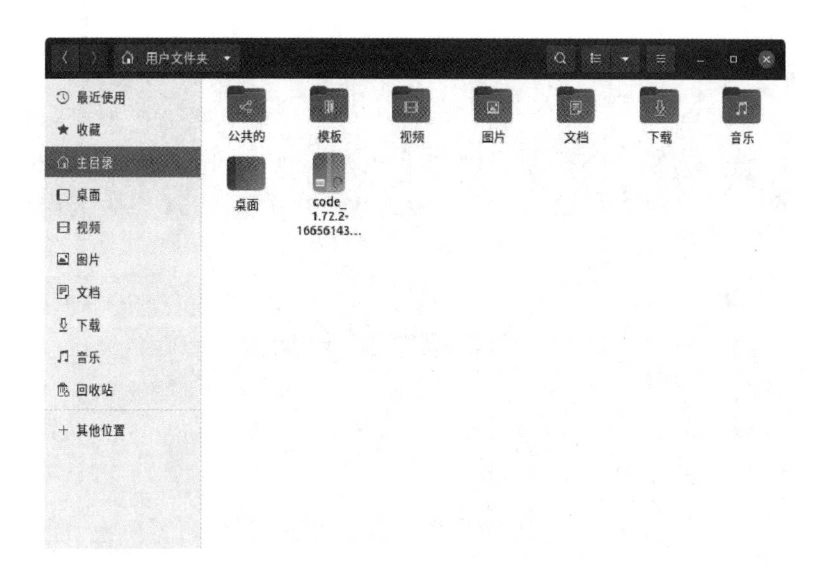

图 1-37　移动安装文件

1.4.2　安装 Visual Studio Code

（1）打开一个新的终端，输入如下指令。

```
sudo dpkg -i code_xxxx_amd64.deb
```

将指令中的“xxxx”替换成实际下载的版本号，也可以先在终端内输入“sudo dpkg–i code”，然后按“Tab”键进行自动填充。安装 Visual Studio Code 界面如图 1-38 所示。

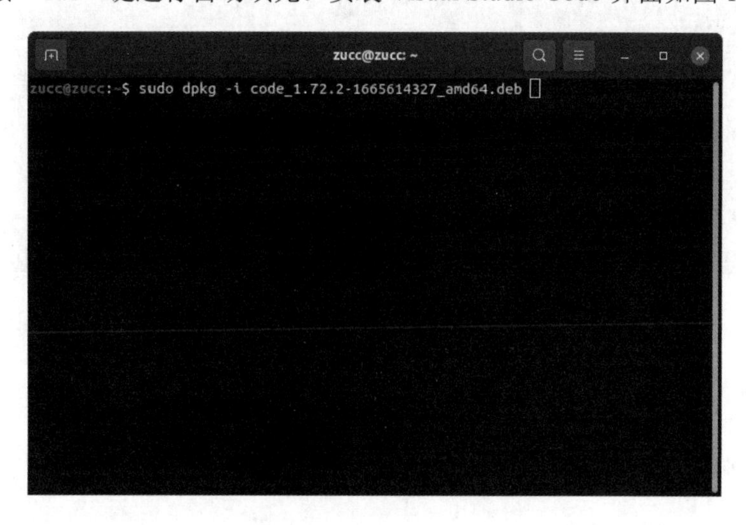

图 1-38　安装 Visual Studio Code 界面

（2）按“Enter”键之后系统会提示输入密码（见图 1-39），此密码为安装 Ubuntu 时设置的账户密码。需要注意的是，这里输入密码时并不会显示任何字符，所以按顺序输入密码即可。如果输入错误，那么系统会提示用户再次输入。

zucc@zucc: ~
zucc@zucc:~$ sudo dpkg -i code_1.72.2-1665614327_amd64.deb
[sudo] zucc 的密码:

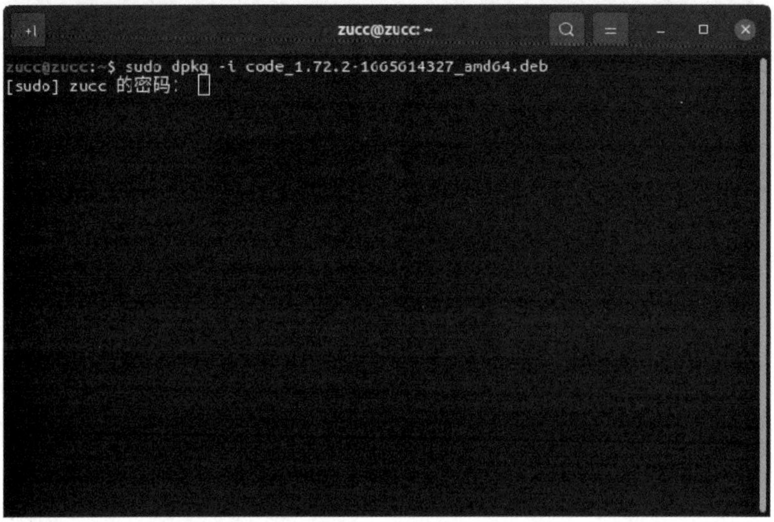

图 1-39　输入密码

（3）Visual Studio Code 安装成功，如图 1-40 所示。

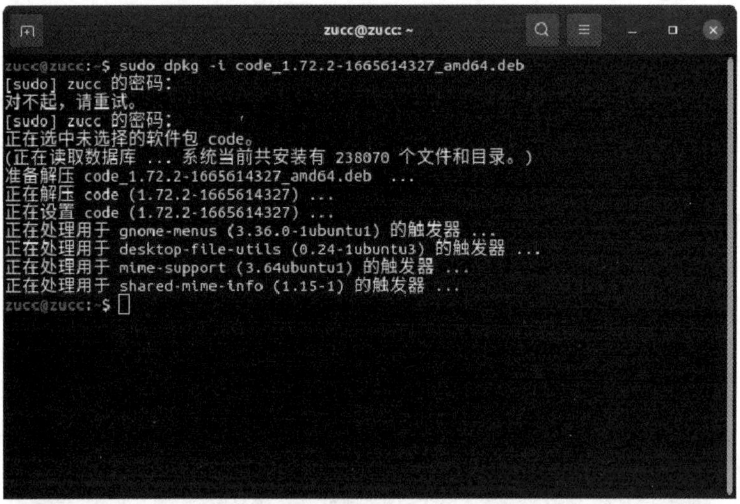

zucc@zucc: ~
zucc@zucc:~$ sudo dpkg -i code_1.72.2-1665614327_amd64.deb
[sudo] zucc 的密码:
对不起，请重试。
[sudo] zucc 的密码:
正在选中未选择的软件包 code。
(正在读取数据库 ... 系统当前共安装有 238070 个文件和目录。)
准备解压 code_1.72.2-1665614327_amd64.deb ...
正在解压 code (1.72.2-1665614327) ...
正在设置 code (1.72.2-1665614327) ...
正在处理用于 gnome-menus (3.36.0-1ubuntu1) 的触发器 ...
正在处理用于 desktop-file-utils (0.24-1ubuntu3) 的触发器 ...
正在处理用于 mime-support (3.64ubuntu1) 的触发器 ...
正在处理用于 shared-mime-info (1.15-1) 的触发器 ...
zucc@zucc:~$

图 1-40　Visual Studio Code 安装成功

1.4.3　配置 Visual Studio Code

（1）在终端内输入“code”后按“Enter”键即可启动 Visual Studio Code，如图 1-41 所示。

此时可以在最左侧任务栏里右击“Visual Studio Code”图标，在弹出的快捷菜单中选择“添加至收藏夹”选项，在下次使用 Visual Studio Code 时即可直接单击左侧收藏夹进行启动。

（2）启动 Visual Studio Code 后，初始界面如图 1-42 所示，此时 Visual Studio Code 未安装任何插件且为英文界面。我们在使用过程中，需要使用到“CMake”插件，如感觉英文界面使用困难，也可以在插件中安装“Chinese”插件，从而将英文界面变为中文界面。

图 1-41　启动 Visual Studio Code

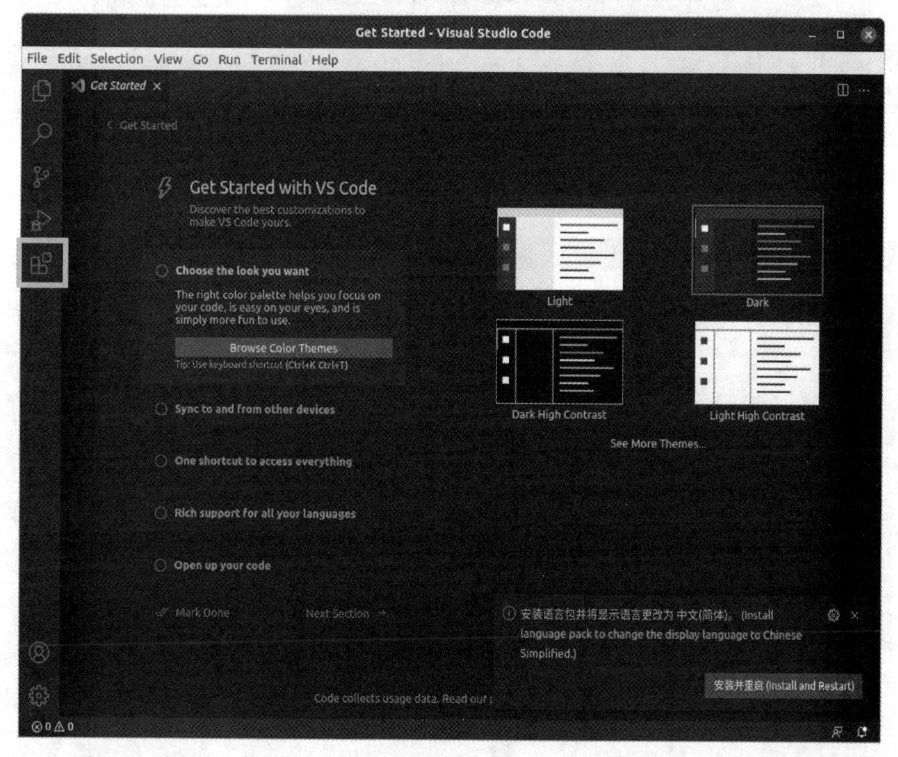

图 1-42　Visual Studio Code 初始界面

（3）单击如图 1-42 所示的界面中的“拓展插件”图标，进入“拓展插件”界面，如图 1-43 所示。

（4）在搜索框中输入“cmake”，界面左侧会显示一系列和“cmake”相关的插件，如图 1-44 所示。我们需要的插件名称为“CMake”，单击插件右下角的“Install”按钮进行安装，当按钮位置变为齿轮时，插件安装完成。

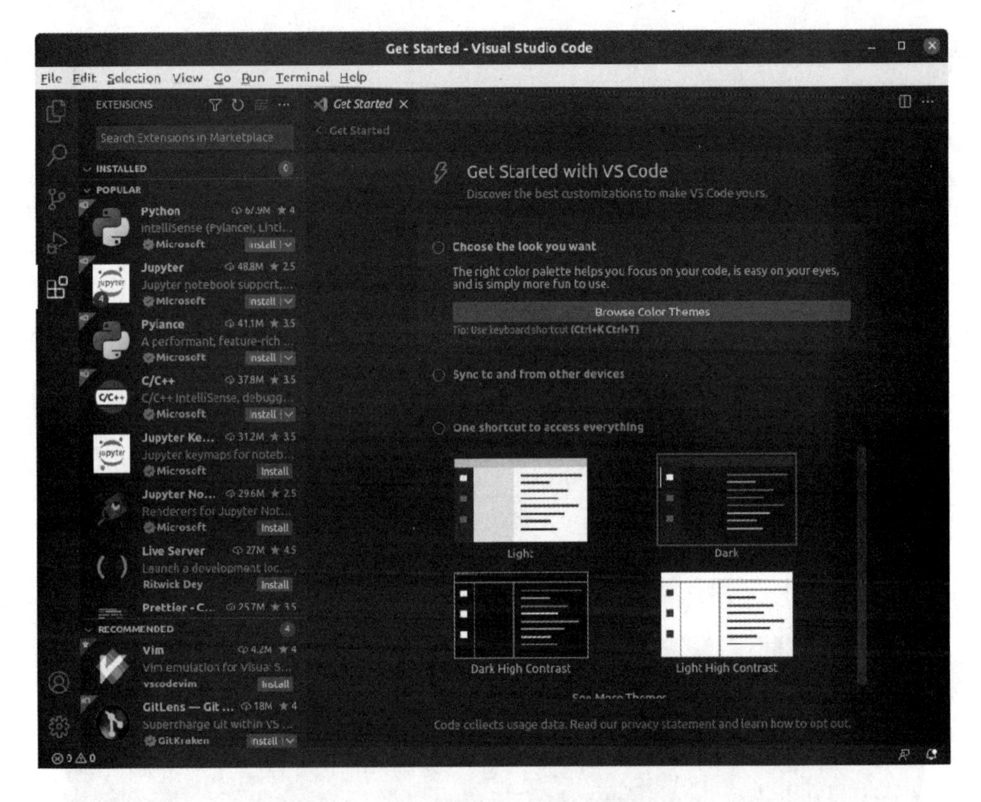

图 1-43 “拓展插件”界面

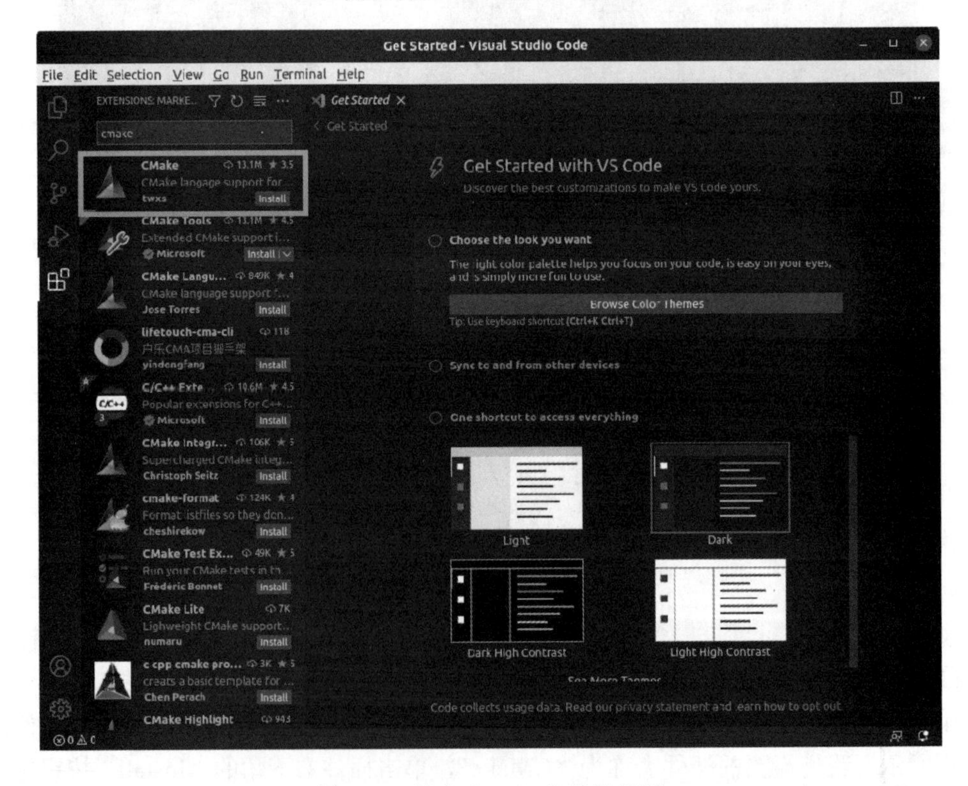

图 1-44 搜索“cmake”结果界面

（5）在搜索框中输入“chinese”，会显示一系列和“chinese”相关的插件，如图 1-45 所示。我们需要安装的插件为简体中文插件，在安装完成之后，界面右下角会出现需要重启 Visual Studio Code 的提示，此时单击“重启”按钮，系统重启后界面即可变为简体中文，如图 1-46 所示。

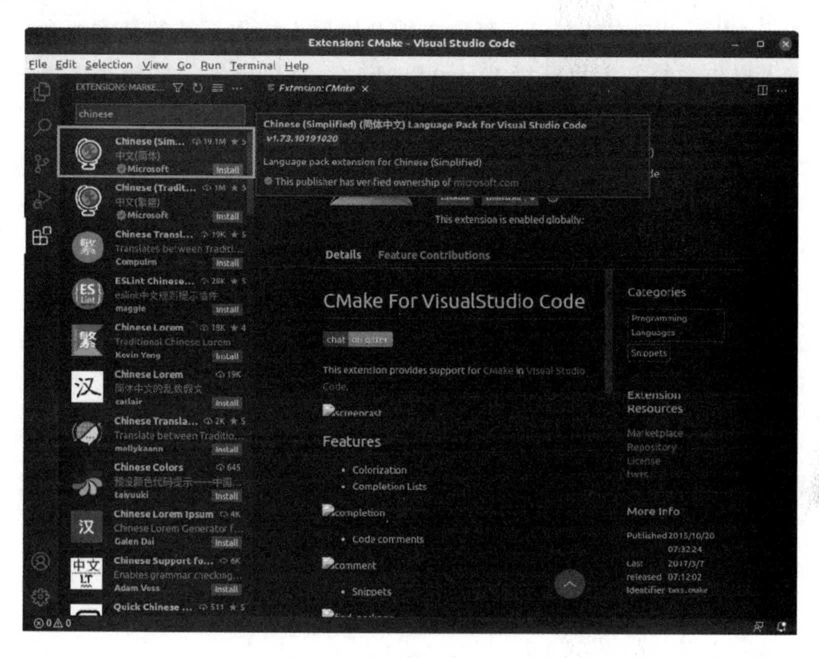

图 1-45　搜索“chinese”结果界面

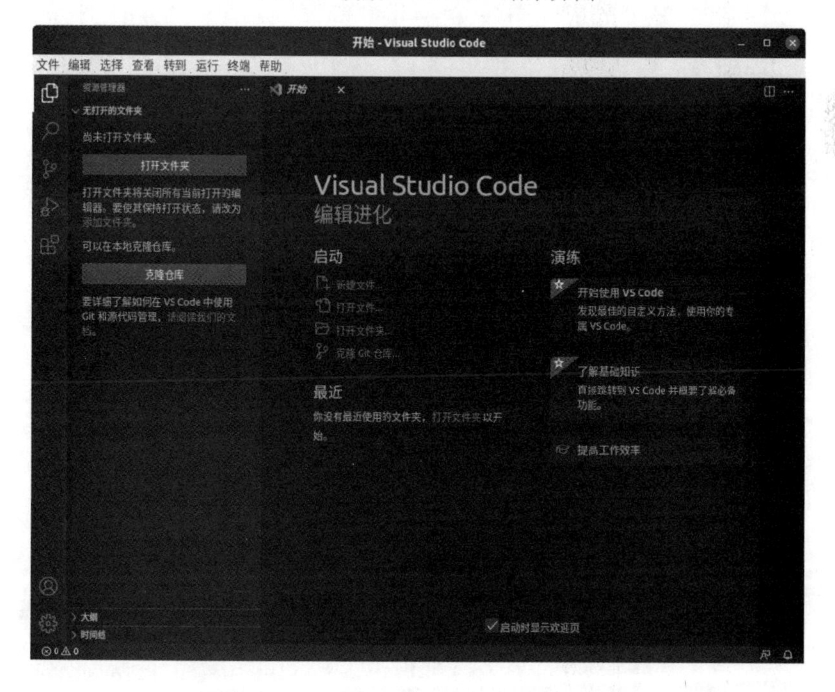

图 1-46　Visual Studio Code 简体中文界面

至此，系统及环境安装完成。

1.5 本章小结

本章介绍了Ubuntu名字的起源、版本支持及机器人操作系统的基本概念；详细说明了Ubuntu、机器人操作系统及编程环境Visual Studio Code的配置与安装。

02 第 2 章 机器人操作系统基础

2.1 ROS 安装目录

ROS 默认的安装目录为“文件/其他位置/计算机/opt”，找到“ros”文件夹并打开，可以看到一个以当前安装的 ROS 版本号命名的文件夹，这里面就包含所有 ROS 的文件（见图 2-1），共有 5 个文件夹。

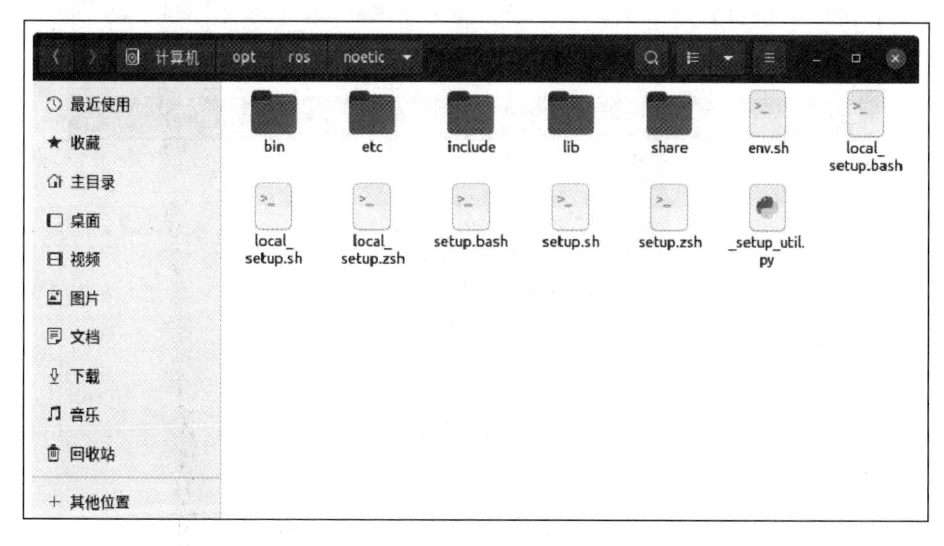

图 2-1 ROS 默认文件夹

2.1.1 bin 文件夹

bin 文件夹中的内容如图 2-2 所示，里面放置的是一些终端指令，如后续会经常用到的“catkin_make”“roslaunch”“rosrun”等。

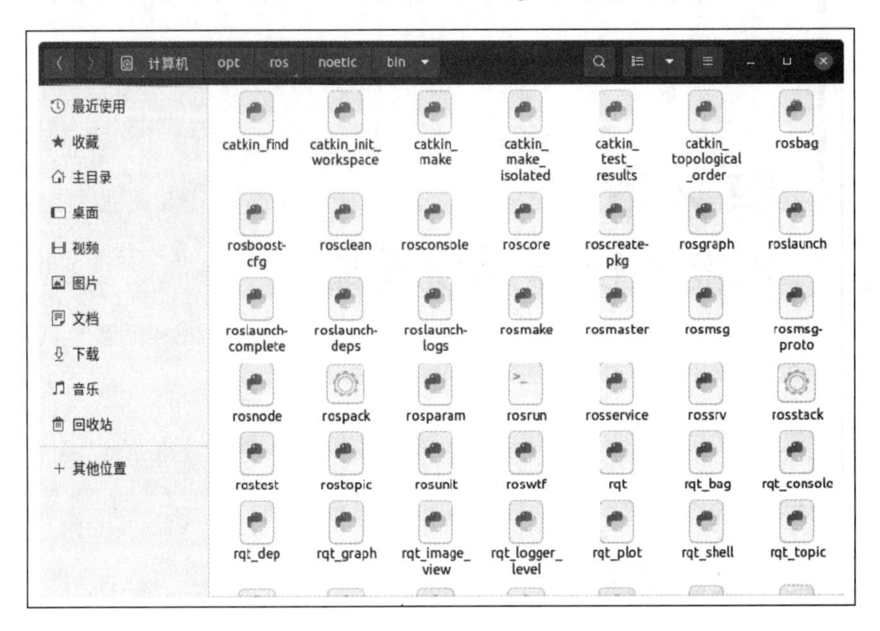

图 2-2　bin 文件夹中的内容

2.1.2　etc 文件夹

etc 文件夹中的内容如图 2-3 所示，它主要是用来存放“catkin”和“ros”的配置文件的文件夹。

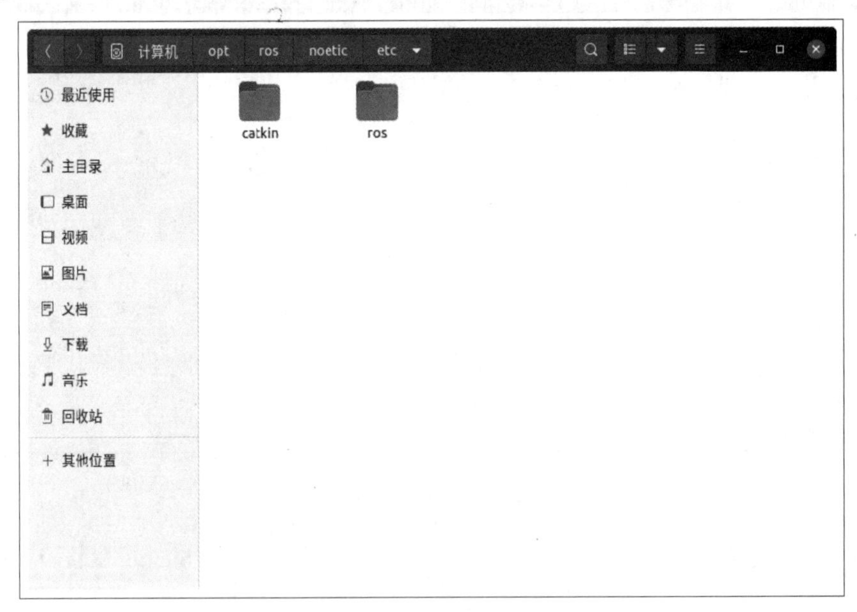

图 2-3　etc 文件夹中的内容

2.1.3　include 文件夹

include 文件夹中的内容如图 2-4 所示，里面放置的是通过终端安装的功能包里的头文件。某个功能包中具有一些头文件，在创建功能包时，如果需要依赖另一个功能包，就必须包含那个功能包的头文件。

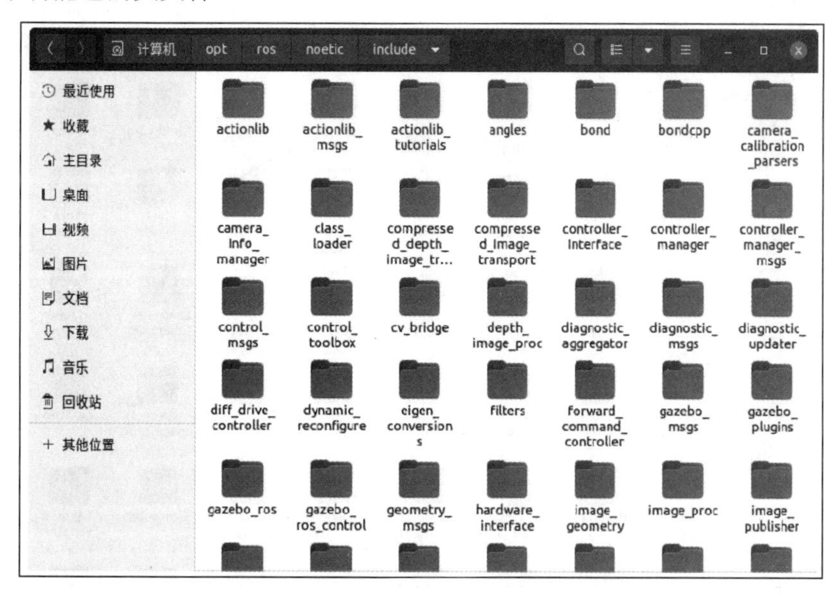

图 2-4　include 文件夹中的内容

2.1.4　lib 文件夹

lib 文件夹中的内容如图 2-5 所示，里面放置的是通过终端安装的功能包里的可执行程序，也就是功能包中的节点，运行其中的节点就可以启动相应功能。

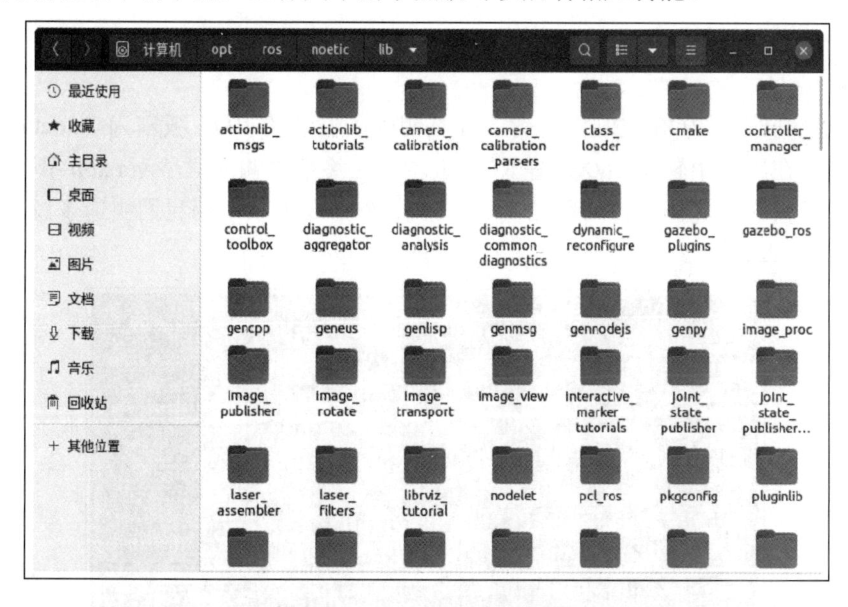

图 2-5　lib 文件夹中的内容

2.1.5　share 文件夹

share 文件夹中的内容如图 2-6 所示，里面放置的是通过终端安装的功能包里的共享数据，是功能包里面接口的一些具体信息。接口包含话题、服务、action 等。

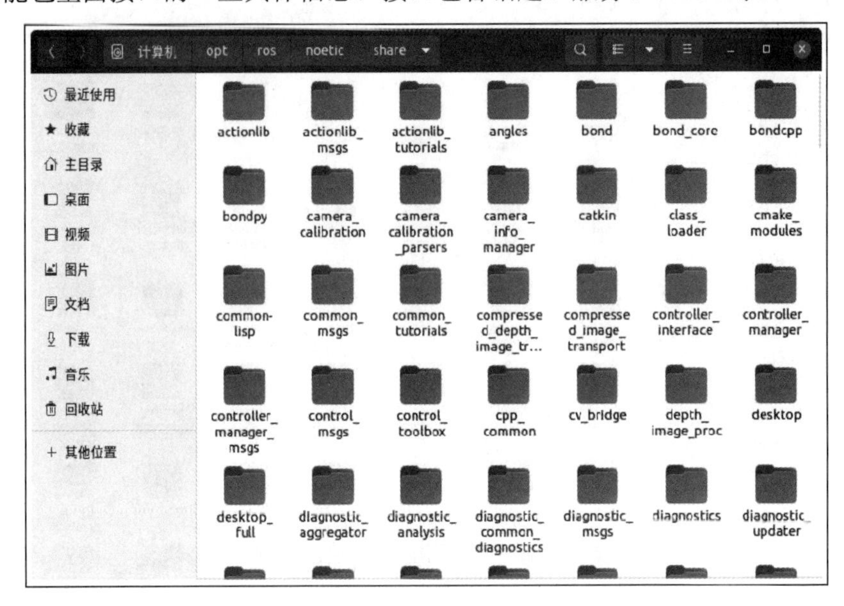

图 2-6　share 文件夹中的内容

2.2　测试 ROS

2.2.1　查看 ROS 安装版本

前面已经介绍了 ROS 安装的位置，并且明确了安装的 ROS 版本为“noetic”，接下来我们可以通过在终端中输入指令查看 ROS 版本。在终端中输入“rosversion -d”，在终端窗口里显示出了指令“noetic”，如图 2-7 所示。这个指令可以帮助我们快速了解计算机当前安装的 ROS 版本。

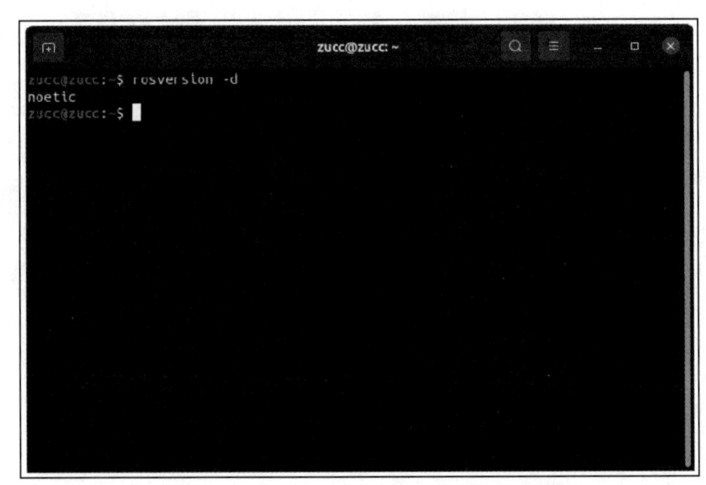

图 2-7　查看 ROS 版本

2.2.2　控制小乌龟

（1）打开一个终端，输入如下指令。

```
roscore
```

这条指令是启动 ROS 节点管理器，如图 2-8 所示。

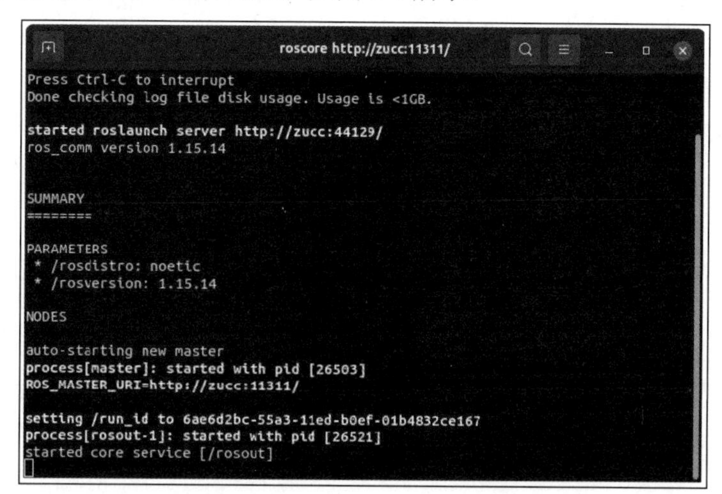

图 2-8　启动 ROS 节点管理器

（2）保持之前的终端不要关闭，打开一个新终端，输入如下指令。

```
rosrun turtlesim turtlesim_node
```

这条指令是启动小乌龟节点，运行后弹出一个“TurtleSim”窗口，在其中心有一只静止的小乌龟（见图 2-9）。

（3）保持之前的终端不要关闭，打开一个新的终端，输入如下指令。

```
rosrun turtlesim turtle_teleop_key
```

这条指令是启动键盘控制小乌龟移动的节点，运行后可以通过键盘上的方向键控制小乌龟在窗口内移动并留下轨迹（见图 2-10）。

图 2-9　小乌龟静止

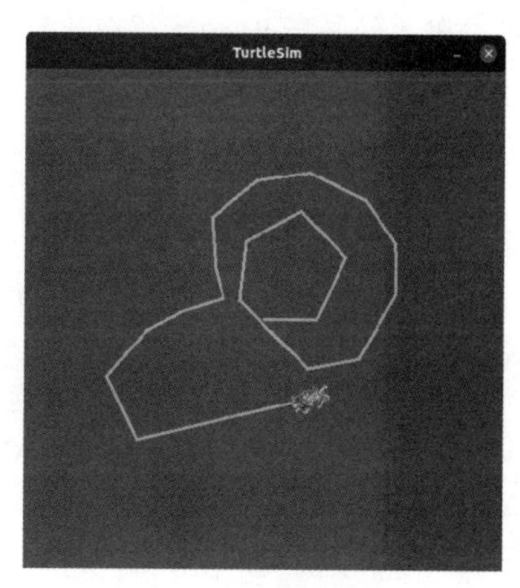

图 2-10　小乌龟移动

2.3 ROS 架构

ROS 架构分为三个部分：开源社区、文件系统和计算图，如图 2-11 所示。

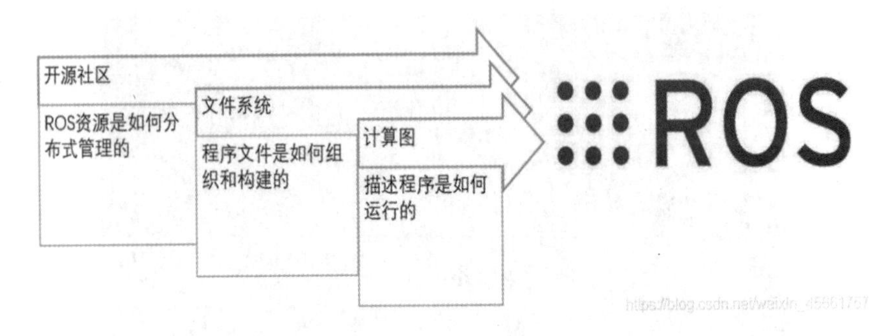

图 2-11 ROS 架构图

2.3.1 ROS 开源社区

ROS 用户可以在通过网络建立的开源社区中共享和获取知识、代码与算法。现在开源社区中的资源非常丰富，这些资源包括以下几种。

（1）ROS Distribution：它类似于 Linux 发行版，是一个特定版本的所有程序包集合。

（2）ROS Wiki：它是用于记录有关 ROS 信息的主要论坛，大家都可以进行注册、登录，分享、更正、更新和编写教程等。

（3）ROS Repository：ROS 依赖于共享开源代码与软件库，不同的机构组织能够在这里发布或共享各自的机器人软件或程序。

（4）ROS Answer：它是用于咨询 ROS 相关问题的网站。

2.3.2 ROS 文件系统

ROS 文件系统是指 ROS 代码在计算机系统硬盘上的组织形式。和其他操作系统相似，ROS 文件系统根据其中不同功能的组件，将其各个组件放置在不同的文件夹中，其结构如图 2-12 所示。

ROS 文件系统的组织形式是一个标准化的架构，编写的时候不要改变，以下是常用的各文件系统。

（1）catkin workspace：工作空间，是用户自定义的存放工程开发相关文件的文件夹，包含 3 个文件夹，即 src、Build、devel。

（2）src：源码空间，用于储存功能包、项目、克隆包等。

（3）Build：编译空间，用于储存 CMake 和 catkin 的缓存信息、配置信息及其他中间文件。

（4）devel：开发空间，用于储存变异后生成的目标文件，包括头文件、动态或静态链接库和可执行文件等，这些都是可以直接运行的程序。

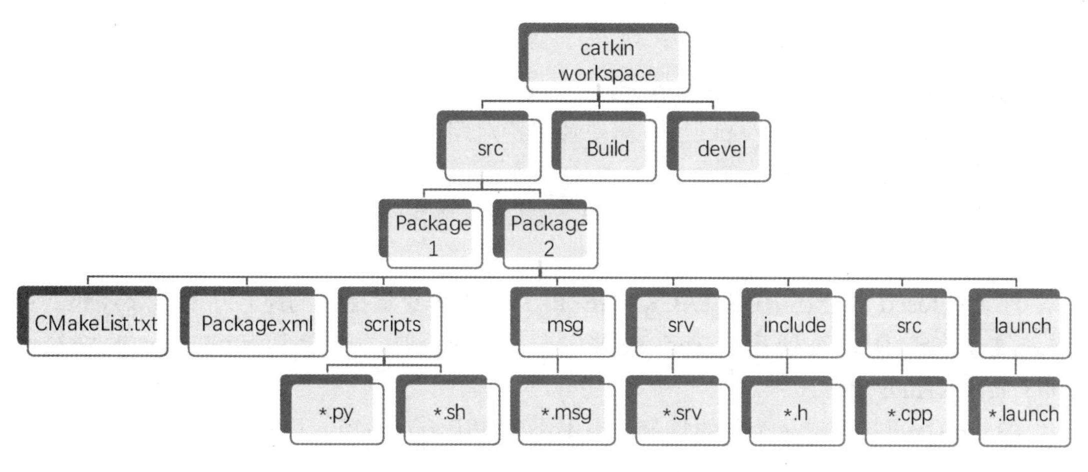

图 2-12 ROS 文件系统结构

（5）Package：功能包。单个功能包称为软件包，多个功能包称为堆。功能包是 ROS 程序的基本单元，每个功能包可以包含多个节点（进程或可执行文件）、程序库、脚本、配置文件及其他可以手动创建的东西。这些内容可以在逻辑上被定义为一个完整的软件模块。

（6）CMakeList.txt：编译规则文件，用于设定编译规则，如源文件、依赖项和目标文件等。

（7）Manifest（Package.xml）：功能包清单文件，是一个名为 Package.xml 的 XML 文件，它必须位于功能包文件夹中。它是对功能包相关信息的介绍，用于定义软件包相关信息之间的依赖关系，如功能包名称、版本、作者、描述（某功能的软件包）、维护者的邮箱、许可，这些可以改也可以不改，但是格式不能出错；这里面还包括编译标志及对其他功能包的依赖项。注意，系统包的依赖关系也应该在 Package.xml 中声明，当用户需要在设备上通过源代码来构建包时，这一点是非常有必要的。

（8）scripts：用于储存 Python 文件、Linux 操作系统下的 shell 文件和其他可执行文件。

（9）msg：在 ROS 框架中，节点（Node）之间通过将消息发布到话题（Topic）中来实现彼此的异步通信，这里的话题是一种数据结构，而消息文件的扩展名为.msg，它位于功能包 msg 中，即 msg 是用来储存消息通信格式的文件夹。

（10）srv：ROS 服务。ROS 节点还可以通过系统服务的调用来同步交换请求（Request）和响应（Response）消息。这些交换请求和响应消息位于 srv 文件夹中，扩展名为.srv。

（11）include：用于储存头文件。

（12）src：用来储存源文件。

（13）launch：用于储存 launch 文件。launch 文件的作用是一次性运行多个节点。

如果要获得关于 ROS 环境中的功能包和栈的信息，如它们的路径、依赖关系等，则需要用到 ROS 文件系统工具。它们可以帮助我们查询 ROS 工作空间中的相关文件，可以简化操作，常用的指令有如下几个。

（1）rospack 可以得到一个包的信息，rospack help 指令会运行出来许多相关操作，其中 find 的功能是得到一个功能包的路径。

格式：rospack find 功能包名。

实例：rospack find roscpp。

结果：/opt/ros/melodic/share/roscpp。

（2）roscd 可以直接进入 pkg，不需要使用绝对路径。

格式：roscd 包名。

实例：roscd roscpp。

结果：/opt/ros/melodic/share/roscpp$。

注意：roscd 只会在 ROS_PACKAGE_PATH 环境变量指定的路径中查找 ros 包，并进入这个包，所以在使用 roscd 来进入一个 pkg 前，一定要保证 pkg 的路径在 ROS_PACKAGE_PATH 中。

（3）rosls 直接列出一个包的目录，也不需要使用绝对路径，只需要一个包名即可。

格式：rosls 包名。

实例：roscd roscpp_tutorials。

结果：cmake launch Package.xml srv。

（4）Tab 自动补全。对于已经存在的文件，可以只输入文件名的前面几个字母，剩余部分使用“Tab”键补全。

2.3.3 ROS 计算图

ROS 软件的各功能以节点为单位独立运行。ROS 创建了连接所有节点的通信网络，通过这个网络，各个相互独立的节点可以进行交互。ROS 计算图如图 2-13 所示，计算图这一层级中包括节点、节点管理器、参数服务器、消息、主题、服务和消息记录包。

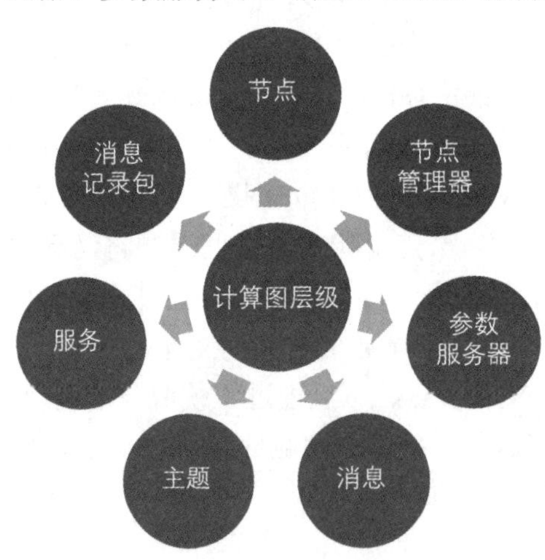

图 2-13　ROS 计算图

1. 节点

在 ROS 中，节点相当于模块，一个机器人具有很多的功能，每个功能都可以独立出来成为功能模块，而节点就相当于软件层面的功能模块，使软件设计更加便捷。像 2.2 节中运行 rosrun turtlesim turtlesim_node 和 rosrun turtlesim turtle_teleop_key 两步，就是启动了对应的节点。

2. 节点管理器

节点管理器在 ROS 中扮演着管理者的角色，管理着各个节点，保证节点正常运行，节点需要先在节点管理器中进行注册，才能融入 ROS 程序这个“大家庭”进行交流。2.2 节中的“roscore”指令的作用就是启动节点管理器。

3. 参数服务器

参数服务器相当于 ROS 程序“大家庭”中的“家族图书馆”，是可以通过网络访问的共享字典，节点将关键字储存在节点管理器中，节点使用参数服务器储存和检索参数。

4. 消息

消息相当于 ROS 程序“大家庭”中各成员联系所使用的“书信”，节点之间通过传递消息进行通信，每种消息都有自己严格的数据结构。

5. 主题

主题相当于 ROS 所在世界的“邮局”，可以有针对性地传递消息。在 2.2 节中已经运行的那两个指令的状态基础上，可以打开一个新的终端运行如下指令。

```
rqt_graph
```

运行后会弹出如图 2-14 所示的 rqt_graph_RosGraph-rqt 界面，可以看出节点“/teleop_turtle”和节点“/turtlesim”之间通过名为“/turtle1/cmd_vel”的主题进行通信。节点“/teleop_turtle”在此主题上发布按键输入消息，节点“/turtlesim”订阅此主题接收该消息。

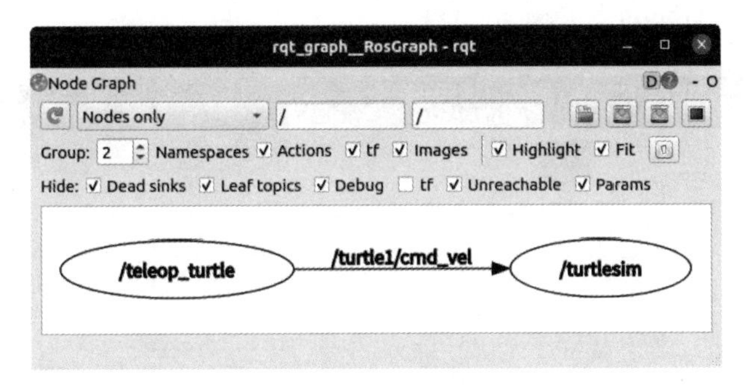

图 2-14 rqt_graph_RosGraph_rqt 界面

6. 服务

服务相当于升级版的主题，相对于主题来说，服务可以进行同步消息传递，其基于客户端/服务器（Client/Server）模型，包含两个部分的通信数据类型：一个用于请求；另一个用于应答，类似于 Web 服务器。与主题不同的是，ROS 中只允许有一个节点提供指定命名的服务。

本节介绍了 ROS 计算图下的各组成部分，在 2.2 节中，用到了“rosrun”指令，现在具体介绍一下“rosrun”指令格式。

指令格式：rosrun [package_name] [node_name]

如果需要启动多个节点，可以使用“roslaunch”指令批量运行。

指令格式：roslaunch [package_name] [launch_name.launch]

“roslaunch”会在启动节点前检测系统是否启动了节点管理器，如果没有，那么它会自动打开节点管理器。

2.4 工作空间

在前面的章节中已经介绍了工作空间及其内部结构，接下来我们就要自己手动创建一个工作空间以供后面实验使用。

工作空间直观理解就是一个文件夹，工作空间不是功能包，一个工作空间中可以有多个功能包。

2.4.1 创建工作空间

（1）打开终端，输入如下指令。

```
mkdir -p ~/catkin_ws/src
```

这条指令会先在主文件夹（用户文件夹）下创建一个名为“catkin_ws”的文件夹，然后在其下创建一个下一级的 src 文件夹，如图 2-15 所示。而使用“mkdir-p”这个指令可以依次创建目录，即使上一级目录不存在，也会按照目录层级自动创建目录。“-p”表示递归创建目录。“~/”表示当前用户名目录。src 文件夹即代码空间，用户不能自行用别的名称代替。工作空间名称是可以自定义的。

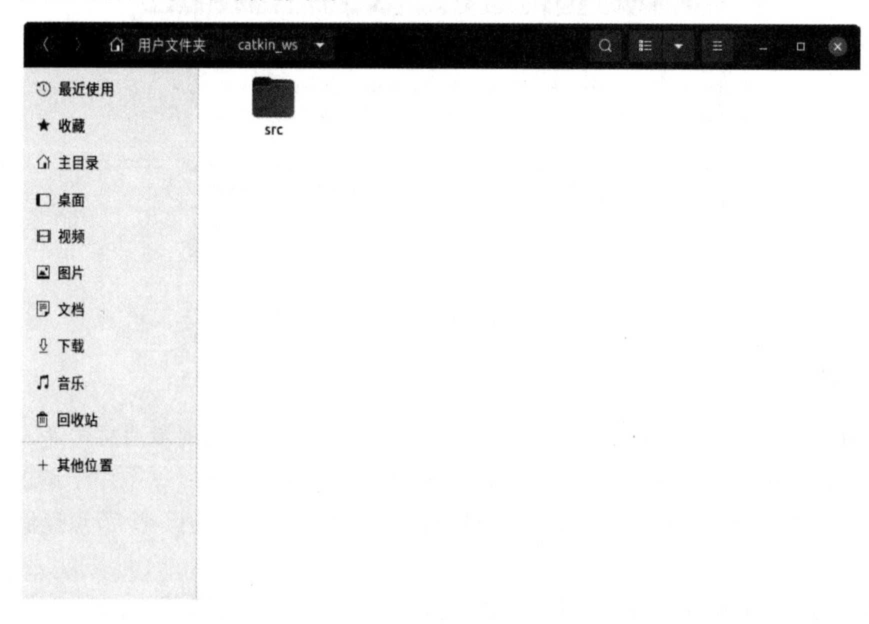

图 2-15 “catkin_ws”文件夹

（2）在终端中输入如下指令。

```
cd ~/catkin_ws/src
```

这条指令会使终端在“~/catkin_ws/src”目录下运行，如图 2-16 所示。

图 2-16　运行在“~/catkin_ws/src”目录下的终端

（3）在终端中输入如下指令。

```
catkin_init_workspace
```

这条指令是初始化 src 文件夹，将其变为 ROS 工作空间。运行后会在“src”文件夹中生成一个名为“CMakeLists.txt”的文件，如图 2-17 所示，此时一个最初始的 ROS 工作空间便创建成功。

图 2-17　生成“CMakeLists.txt”文件

2.4.2　编译工作空间

要编译工作空间，就要先回到工作空间的根目录。

（1）在终端中输入如下指令。

```
cd ~/catkin_ws/
```

这条指令会使终端在“~/catkin_ws”目录下运行，如图 2-18 所示。catkin_ws 是指自定义的工作空间名称。

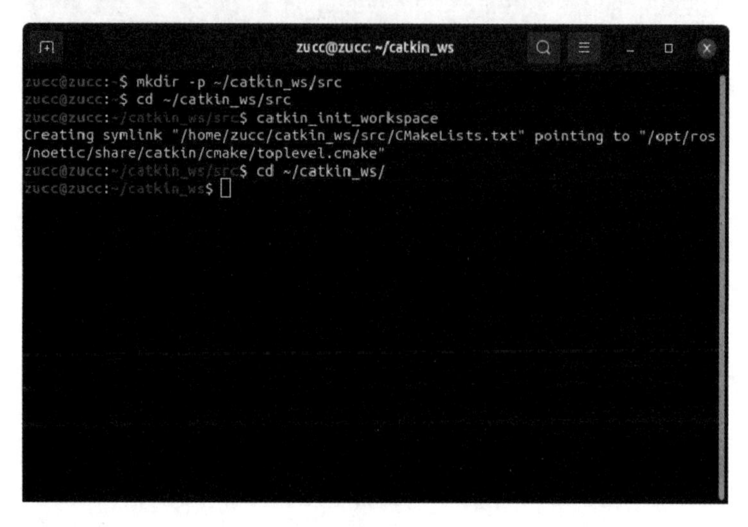

图 2-18　运行在“~/catkin_ws/”目录下的终端

（2）在终端中输入如下指令。

```
catkin_make
```

这条指令是进行编译的指令，编译成功后会在“~/catkin_ws”目录下生成“build”和“devel”两个文件夹，如图 2-19 所示。“devel”文件夹中存放了编译完成的内容。加上 2.4.1 节创建的“src”文件夹，此时 catkin_ws 文件夹下共有三个文件夹。需要注意的是，“catkin_make”如果不在工作空间文件夹下运行，则系统将会报错。

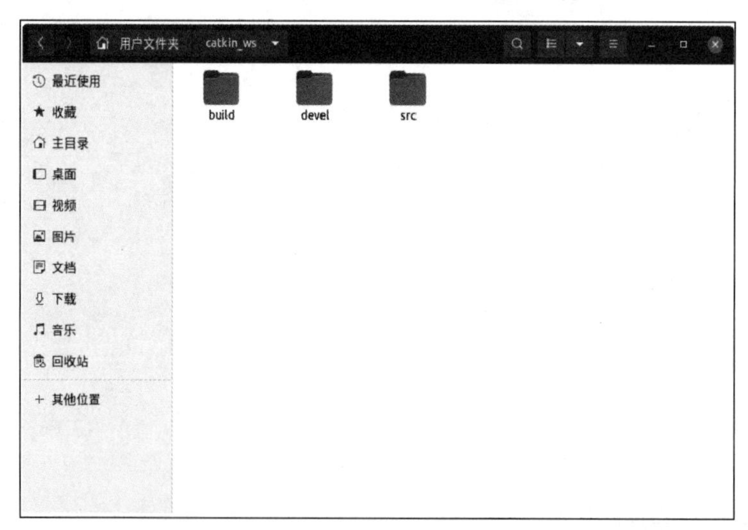

图 2-19　生成“build”和“devel”两个文件夹

2.4.3　添加环境变量

将工作空间添加到环境变量中可以省去每次打开终端时手动刷新的步骤，具体步骤如下。

（1）在终端中输入如下指令。

```
echo "source ~/catkin_ws/devel/setup.bash" >> ~/.bashrc
```

该指令的意思是把“source ~/catkin_ws/devel/setup.bash”这条指令加载到“~/.bashrc”这个脚本的后面。实际上，这与直接打开.bashrc 文件将“source ~/catkin_ws/devel/setup.bash”粘贴进去的结果是一样的。这样每次打开终端时，系统就会自动刷新工作空间环境。这个工作空间中的所有 Package 都可以在编译后直接运行，不用再 source。（读者可通过网络查看其他环境配置方式或手动配置。）

（2）在终端中输入如下指令。

```
source ~/.bashrc
```

使用该指令就可以成功将工作空间添加到环境变量中，添加后的“~/.bashrc”文件如图 2-20 所示，在其最后两行就包含第 1 章及这一步添加的环境变量。

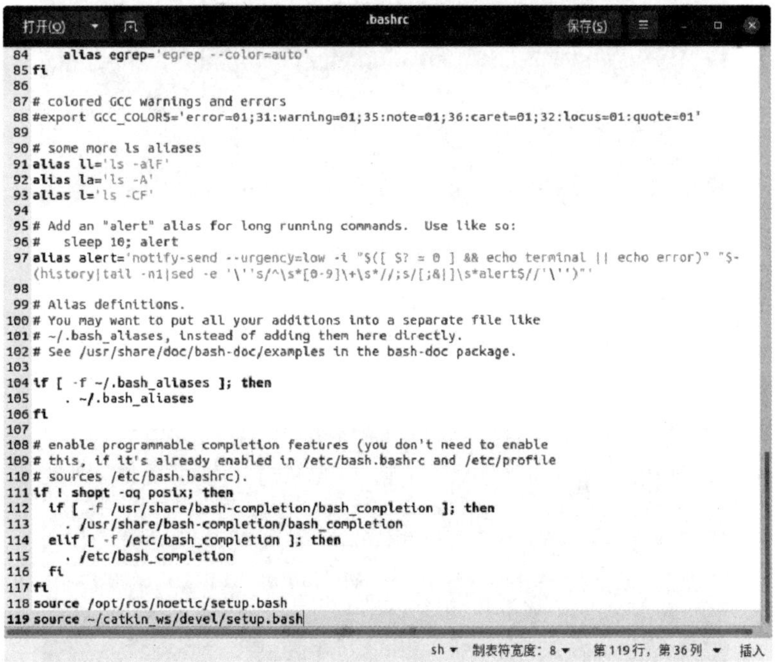

```
打开(O)  ▾  .bashrc  保存(S)
84     alias egrep='egrep --color=auto'
85 fi
86
87 # colored GCC warnings and errors
88 #export GCC_COLORS='error=01;31:warning=01;35:note=01;36:caret=01;32:locus=01:quote=01'
89
90 # some more ls aliases
91 alias ll='ls -alF'
92 alias la='ls -A'
93 alias l='ls -CF'
94
95 # Add an "alert" alias for long running commands.  Use like so:
96 #   sleep 10; alert
97 alias alert='notify-send --urgency=low -i "$([ $? = 0 ] && echo terminal || echo error)" "$-
   (history|tail -n1|sed -e '\''s/^\s*[0-9]\+\s*//;s/[;&|]\s*alert$//'\'')"'
98
99 # Alias definitions.
100 # You may want to put all your additions into a separate file like
101 # ~/.bash_aliases, instead of adding them here directly.
102 # See /usr/share/doc/bash-doc/examples in the bash-doc package.
103
104 if [ -f ~/.bash_aliases ]; then
105     . ~/.bash_aliases
106 fi
107
108 # enable programmable completion features (you don't need to enable
109 # this, if it's already enabled in /etc/bash.bashrc and /etc/profile
110 # sources /etc/bash.bashrc).
111 if ! shopt -oq posix; then
112   if [ -f /usr/share/bash-completion/bash_completion ]; then
113     . /usr/share/bash-completion/bash_completion
114   elif [ -f /etc/bash_completion ]; then
115     . /etc/bash_completion
116   fi
117 fi
118 source /opt/ros/noetic/setup.bash
119 source ~/catkin_ws/devel/setup.bash
sh ▾  制表符宽度：8 ▾  第 119 行，第 36 列 ▾  插入
```

图 2-20　添加后的“~/.bashrc”文件

工作空间生效后，通过指令“echo $ROS_PACKAGE_PATH”可以查看当前环境中的工作变量，在当前工作空间中运行以上指令后，会显示创建的工作空间和二进制安装的核心库与依赖包两个路径（/home/robot/catkin_ws/src:/opt/ros/melodic/share）。

2.5 创建功能包

本节将介绍如何创建一个新的 catkin 程序包及创建后能够做哪些工作。

进入之前创建的 catkin_ws 工作空间中的 src 目录。

（1）在终端中输入以下指令。

```
cd src/
```

按“Enter”键后得到如图 2-21 所示的终端界面。

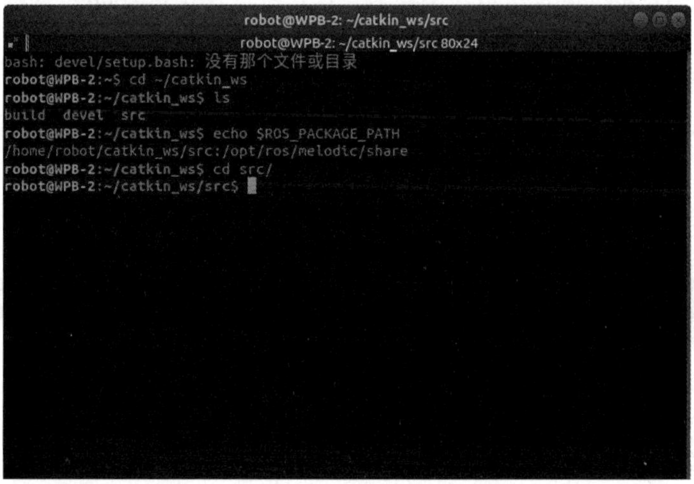

```
robot@WPB-2: ~/catkin_ws/src
robot@WPB-2: ~/catkin_ws/src 80x24
bash: devel/setup.bash: 没有那个文件或目录
robot@WPB-2:~$ cd ~/catkin_ws
robot@WPB-2:~/catkin_ws$ ls
build  devel  src
robot@WPB-2:~/catkin_ws$ echo $ROS_PACKAGE_PATH
/home/robot/catkin_ws/src:/opt/ros/melodic/share
robot@WPB-2:~/catkin_ws$ cd src/
robot@WPB-2:~/catkin_ws/src$
```

图 2-21　进入 src 目录指令终端示意图

输入“ls”指令可以查看当前文件夹中的文件。

输入“pwd”指令可以看到当前文件的路径。

“ls”指令和“pwd”指令如图 2-22 所示。

```
robot@WPB-2: ~/catkin_ws/src
robot@WPB-2: ~/catkin_ws/src 80x24
bash: devel/setup.bash: 没有那个文件或目录
robot@WPB-2:~$ cd ~/catkin_ws
robot@WPB-2:~/catkin_ws$ ls
build  devel  src
robot@WPB-2:~/catkin_ws$ echo $ROS_PACKAGE_PATH
/home/robot/catkin_ws/src:/opt/ros/melodic/share
robot@WPB-2:~/catkin_ws$ cd src/
robot@WPB-2:~/catkin_ws/src$ ls
CMakeLists.txt  vel_pkg  wpb_home
robot@WPB-2:~/catkin_ws/src$ pwd
/home/robot/catkin_ws/src
robot@WPB-2:~/catkin_ws/src$
```

图 2-22　“ls”指令和“pwd”指令

（2）首先进入工作空间中的 src 目录，在终端中的 src 目录下输入以下指令；其次按“Enter”键；最后用“ls”指令查看 src 目录中的文件。

```
cd src/
catkin_create_pkg beginner_tutorials std_msgs rospy roscpp
ls
```

```
catkin_create_pkg <pkg name> [depend1] [depend2] [depend3]
```

指令中的<pkg_name>为要创建的软件包名称。[depend1]、[depend2]和[depend3]是指这个软件包所需要的依赖项。

上面指令创建的功能包名称为“beginner_tutorials”，依赖项为 std_msgs、rospy、roscpp。

在 src 目录中创建功能包如图 2-23 所示。

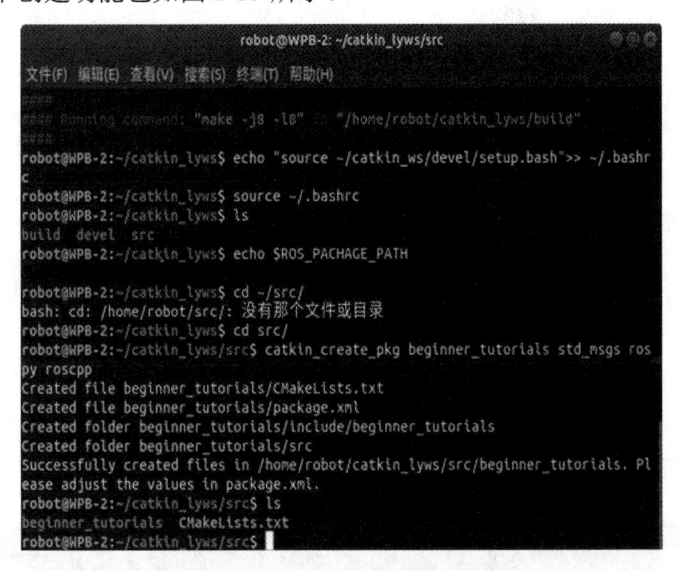

图 2-23　在 src 目录中创建功能包

2.6　本章小结

本章利用 ROS 自带的小乌龟脚本介绍了 ROS 运行程序的基本方法，并对 ROS 架构的三个部分进行了说明，还创建了属于自己的工作空间和功能包。

03 第3章 URDF 模型基础

3.1 在 URDF 模型内进行物理模型描述

3.1.1 获取开源项目

这里通过一个开源项目“wpr_simulation”来介绍统一机器人描述格式（URDF，Unified Robot Description Format）模型。

（1）获取开源项目，如图 3-1 所示，在终端中依次输入如下指令。

```
cd ~/catkin_ws/src
git clone https://github.com/6-robot/wpr_simulation.git
```

图 3-1　获取开源项目

说明：需要多运行几次获得开源项目的指令。

“git clone”指令执行成功后，可以在工作空间中的“src”目录下找到刚下载的开源项目“wpr_simulation”的文件夹。

（2）在 src 目录下，继续使用之前的终端，下载安装此开源项目所需的依赖项，在终端中输入以下指令。

```
~/catkin_ws/src/wpr_simulation/scripts/install_for_noetic.sh
```

指令运行后系统会提示输入管理员密码，之后系统会自动安装一系列此开源项目所需的依赖项，需要注意的是，有些依赖项需要手动输入“Y”同意安装。

（3）接之前的终端，即在 src 终端中编译此开源项目，如同第 2 章中的编译工作空间一样，依次在终端中输入如下指令。

```
cd ~/catkin_ws
catkin_make
```

待开源项目编译完成后，得到如图 3-2 所示的界面。

```
zucc@zucc: ~/catkin_ws
_vel_ctrl
[ 80%] Built target demo_vel_ctrl
Scanning dependencies of target wpb_home_sim
[ 83%] Building CXX object wpr_simulation/CMakeFiles/wpb_home_sim.dir/src/wpb_ho
me_sim.cpp.o
[ 86%] Linking CXX executable /home/zucc/catkin_ws/devel/lib/wpr_simulation/demo
_simple_goal
[ 86%] Built target demo_simple_goal
Scanning dependencies of target demo_cv_image
[ 88%] Building CXX object wpr_simulation/CMakeFiles/demo_cv_image.dir/src/demo_
cv_image.cpp.o
[ 91%] Linking CXX executable /home/zucc/catkin_ws/devel/lib/wpr_simulation/keyb
oard_vel_ctrl
[ 91%] Built target keyboard_vel_ctrl
[ 94%] Linking CXX executable /home/zucc/catkin_ws/devel/lib/wpr_simulation/wpr1
_sim
[ 94%] Built target wpr1_sim
[ 97%] Linking CXX executable /home/zucc/catkin_ws/devel/lib/wpr_simulation/demo
_cv_image
[ 97%] Built target demo_cv_image
[100%] Linking CXX executable /home/zucc/catkin_ws/devel/lib/wpr_simulation/wpb_
home_sim
[100%] Built target wpb_home_sim
zucc@zucc:~/catkin_ws$
```

图 3-2 开源项目编译完成

3.1.2 URDF 模型的结构及惯性描述

URDF 与计算机文件中的文本格式（.txt）、图像格式（.jpg）等类似，是一种基于 XML 规范、用于描述机器人结构的格式。

从机构学角度讲，机器人通常被建模为由连杆和关节组成的结构。连杆是带有质量属性的刚体，而关节是连接、限制两个刚体相对运动的结构。关节也被称为运动副。通过关节将连杆依次连接起来，就构成了一个个运动链（也就是这里所定义的 URDF 模型）。一个 URDF 文档就描述了这样的一系列关节与连杆的相对关系、惯性属性、几何特点和碰撞模型。具体来说，它包括机器人模型的运动学与动力学描述、机器人的几何表示和机器人的碰撞模型。

在一个 URDF 文件中，通常存在一个或多个<joint>和<link>及一个<robot>，其中<robot>为根节点，<joint>为关节子节点，<link>为连杆子节点，这些节点组合形成机器人完整的模型。其中，<joint>仅起到连接的作用，参数基本固定，而<link>通常描述的是机器人的某个零件，因此参数会根据零件不同而复杂多变，如惯性属性、几何特点和碰撞模型等参数都放在<link>中进行描述。

以上信息概括起来就是，URDF 是由一个声明信息和两个关键组件共同组成的。

1）声明信息

声明信息包含两部分，第一部分是 xml 的声明信息，放在第一行，格式如下。

```
<?xml version="1.0"? >
```

第二部分是机器人的声明，通过 robot 标签就可以声明一个机器人模型，格式如下。

```
  <robot name="wpb_home_gazebo">
</robot>
```

2）组件信息

机器人轮子、IMU 和雷达等称为机器人的 link。

link 与 link 之间的连接部分称为 joint 关节。

先给每个 link 和 joint 取个名字，然后就可以用 link 和 joint 来描述机器人。

3）link 写法

通过 link 标签声明一个 link，再用属性 name 指定部件名称。

```
<link name="base_footprint">
</link>
```

通过以上两行代码可以定义好 base_link，但现在 base_link 是空的，需要声明 base_link 长什么样子，通过 visual 子标签就可以声明机器人的 visual 形状。

- link 子标签列表
  - visual 显示形状
    - <geometry>（几何形状）

4）joint 写法

joint 是机器人关节，机器人关节用于连接机器人连杆，也就是连接机器人部件，主要写明父子关系。

案例：先建立一个雷达部件 laser_link，然后将其固定到 base_link，相关代码如下。

```
<?xml version="1.0"?>
<robot name="fishbot">

  <!-- base link -->
  <link name="base_link">
      <visual>
      <origin xyz="0 0 0.0" rpy="0 0 0"/>
      <geometry>
        <cylinder length="0.12" radius="0.10"/>
      </geometry>
    </visual>
  </link>
```

```
  <!-- laser link -->
  <link name="laser_link">
    <visual>
    <origin xyz="0 0 0" rpy="0 0 0"/>
    < geometry>
        <cylinder length="0.02" radius="0.02"/>
    </geometry>
    <material name="black">
            <color rgba="0.0 0.0 0.0 0.5"/>
    </material>
    </visual>
  </ link>

  <!-- laser joint-->
    <joint name="laser_joint" type="fixed">
        <parent link="base_link"/>
        <child link="laser_link"/>
        <origin xyz="0 0 0.075"/>
    </joint>

</robot>
```

代码中的主要参数意义如下。

joint：标签的属性。

name：关节名称。

type：关节类型。不同类型的关节参数如下。

（1）revolute：旋转关节，绕单轴旋转，旋转角度有上限和下限，如舵机的旋转角度为0°～180°。

（2）continuous：旋转关节，可以绕单轴无限旋转，如自行车的前后轮。

（3）fixed：固定关节，不允许运动的特殊关节。

（4）prismatic：滑动关节，沿某一轴线移动的关节，有位置极限。

（5）planer：平面关节，允许在 x、y、z、roll、pitch、yaw 六个方向运动。

（6）floating：浮动关节，允许进行平移、旋转运动。

5）具体实例

在开源项目“wpr_simulation”中，URDF 文件储存在 models 文件夹中，以“wpb_home.model”为例，截取其中第 20 行至第 52 行代码，具体如下。

```
<link name="base_link">
  <visual>
   <geometry>
    <box size="0.01 0.01 0.001" />
   </geometry>
   <origin rpy = "0 0 0" xyz = "0 0 0"/>
  </visual>
```

```
    </link>

    <!-- body -->
    <link name = "body_link">
      <visual>
        <geometry>
          <mesh filename="package://wpr_simulation/meshes/wpb_home/
wpb_home_std.dae" scale="1 1 1"/>
        </geometry>
        <origin rpy = "1.57 0 1.57" xyz = "-.225 -0.225 0"/>
      </visual>
      <collision>
        <origin xyz="0.001 0 .065" rpy="0 0 0" />
        <geometry>
          <cylinder length="0.13" radius="0.226"/>
        </geometry>
      </collision>
      <inertial>
        <mass value="20"/>
        <inertial  ixx="4.00538"  ixy="0.0"  ixz="0.0"  iyy="4.00538"  iyz="0.0"
izz="0.51076"/>
      </inertial>
    </link>
    <joint name = "base_to_body" type = "fixed">
      <parent link = "base_link"/>
      <child link = "body_link"/>
      <origin rpy="0 0 0" xyz="0 0 0"/> <!--pos-->
    </joint>
```

可以看到，其中有两组<link>和一组<joint>。其中具体参数信息如下。

（1）base_link。

其位于代码的第 20 行至第 27 行，其中 geometry 之间的代码为仿真里显示的模型，这里为“<box size="0.01 0.01 0.001" />”，转换为模型就是长和宽都为 0.01 米、高为 0.001 米的长方体，可以看出这个长方体非常小，它的主要作用就是标记坐标原点。

位于 origin 后的“rpy = "0 0 0" xyz = "0 0 0"”表示的是 geometry 中的模型位于 base_link 原点坐标系的位置，其中“rpy”中的“r”“p”“y”分别表示“roll”“pitch”“yaw”，即翻滚角、俯仰角和航向角，单位为弧度；“xyz”中的“x”“y”“z”分别表示模型相对于 base_link 坐标原点的偏移量，单位是米。

（2）body_link。

位于代码的第 30 行至第 47 行，其中第 31 行至第 36 行的 visual 之间的代码为三维模型的参数设置，这里的参数和 base_link 中作用相同，为显示的模型，只不过这里是调用了名为“wpb_home_std.dae”的模型文件。origin 后的参数同样为模型在坐标系中偏移的参数。

位于代码的第 37 行至第 42 行的 collision 之间的代码作用是对碰撞模型进行设置，和前面相同，geometry之间设置的是具体模型，这里的模型是高为0.13米、半径为0.226米的圆柱体。origin后仍为对其位于body_link坐标系中的位置的设定，通过这项设定，可以将碰撞模型和机器人模型重合在一起，使得碰撞模型正常生效。

位于代码的第43行至第46行的inertial之间的代码作用是对机器人部件的质量和惯性张量进行设置，其中mass后设置的是质量，单位为千克；inertial后设置的是机器人部件的惯性张量，其具体数学描述如式（3-1）所示。

$$\boldsymbol{I}=\begin{bmatrix} I_{xx} & I_{xy} & I_{xz} \\ I_{yx} & I_{yy} & I_{yz} \\ I_{zx} & I_{zy} & I_{zz} \end{bmatrix} \tag{3-1}$$

零件的形状尺寸和质量都会对其产生影响，可以根据零件的形状查找相应的公式进行计算。

（3）base_to_body。

位于代码的第48行至第52行，在第48行对其名称及类型进行了设定，其中parent link为父link，通常是靠近根关节的link；child link为子link，是靠近末端关节的link；origin后设置的是子关节坐标系在父关节坐标系中的位置和姿态。

3.1.3 常用的惯性参数

机器人的零件通常具有多个异构特征，想要精确地计算其惯性张量比较复杂，因此通常会对其进行抽象处理，去除其异构特点，将其表述为单个形状，如圆柱体、圆锥体、球体和长方体。

1）圆柱体

一个半径为r、高为h、质量为m的实心圆柱体，其惯性张量如式（3-2）所示。

$$\boldsymbol{I}=\begin{bmatrix} \frac{1}{12}m\left(3r^2+h^2\right) & 0 & 0 \\ 0 & \frac{1}{12}m\left(3r^2+h^2\right) & 0 \\ 0 & 0 & \frac{1}{2}mr^2 \end{bmatrix} \tag{3-2}$$

2）圆锥体

一个半径为r、高为h、质量为m的实心圆锥体，其惯性张量如式（3-3）所示。

$$\boldsymbol{I}=\begin{bmatrix} \frac{2}{5}mh^2+\frac{3}{20}mr^2 & 0 & 0 \\ 0 & \frac{2}{5}mh^2+\frac{3}{20}mr^2 & 0 \\ 0 & 0 & \frac{3}{10}mr^2 \end{bmatrix} \tag{3-3}$$

3）球体

一个半径为r、质量为m的实心球体，其惯性张量如式（3-4）所示。

$$I=\begin{bmatrix}\frac{2}{5}mr^2 & 0 & 0\\ 0 & \frac{2}{5}mr^2 & 0\\ 0 & 0 & \frac{2}{5}mr^2\end{bmatrix} \tag{3-4}$$

4）长方体

一个长为 d、宽为 w、高为 h、质量为 m 的实心长方体，其惯性张量如式（3-5）所示。

$$I=\begin{bmatrix}\frac{1}{12}m\left(h^2+d^2\right) & 0 & 0\\ 0 & \frac{1}{12}m\left(w^2+d^2\right) & 0\\ 0 & 0 & \frac{1}{12}m\left(w^2+h^2\right)\end{bmatrix} \tag{3-5}$$

3.2 在 URDF 模型内对各传感器进行描述

3.2.1 运动底盘各传感器参数

继续看回“wpb_home.model”文件，代码的第 229 行至第 238 行描述了一个全向移动底盘在仿真软件 Gazebo 中的参数，具体代码如下。

```
<gazebo>
  <plugin name="base_controller" filename="libwpr_plugin.so">
    <publishOdometryTf>true</publishOdometryTf>
    <commandTopic>cmd_vel</commandTopic>
    <odometryTopic>odom</odometryTopic>
    <odometryFrame>odom</odometryFrame>
    <odometryRate>20.0</odometryRate>
    <robotBaseFrame>base_footprint</robotBaseFrame>
  </plugin>
</gazebo>
```

里面的具体参数如下。

（1）plugin name：运动底盘插件的名称，filename 为调用的空文件名称。

（2）publishOdometryTf：设置是否发布里程计数据。

（3）commandTopic：控制底盘移动的 ROS 主题名称，这里为 cmd_vel，这个主题会发布速度信息。

（4）odometryTopic：发布里程计数据的主题名称。

（5）odometryFrame：里程计数据中里程计坐标系的名称。

（6）odometryRate：里程计发布主题的发布频率，这里为 20 赫兹。

（7）robotBaseFrame：里程计数据中机器人坐标系的名称。

3.2.2　激光雷达参数

此模型文件中包含激光雷达的描述，型号为 rplidar A2，位于代码的第 241 行至第 271 行，具体代码如下。

```
<gazebo reference="laser">
  <sensor type="ray" name="rplidar_sensor">
    <pose>0 0 0.06 0 0 0</pose>
    <visualize>true</visualize>
    <update_rate>10</update_rate>
    <ray>
      <scan>
        <horizontal>
          <samples>360</samples>
          <resolution>1</resolution>
          <min_angle>-3.14159265</min_angle>
          <max_angle>3.14159265</max_angle>
        </horizontal>
      </scan>
      <range>
        <min>0.24</min>
        <max>10.0</max>
        <resolution>0.01</resolution>
      </range>
      <noise>
        <type>gaussian</type>
        <mean>0.0</mean>
        <stddev>0.01</stddev>
      </noise>
    </ray>
    <plugin name="rplidar_ros_controller" filename="libgazebo_ros_laser.so">
      <topicName>scan</topicName>
      <frameName>laser</frameName>
    </plugin>
  </sensor>
</gazebo>
```

里面的具体参数如下。

（1）gazebo reference：传感器在模型中的位置，这里将其与 link “laser” 绑定，我们可以在代码的第 127 行找到此 link。

（2）sensor：type 是设定传感器的探测类型，name 是对传感器进行命名。

（3）pose：传感器相对所绑定 link 的坐标系的偏移量。

（4）visualize：设置激光射线是否可见。

（5）update_rate：数据输出频率，这里设置为 10 赫兹。

（6）horizontal：激光雷达扫描具体参数，samples 为扫描度数范围，这里为 360°；

resolution 为 1°范围内射出的激光数量；min_angle 和 max_angle 分别为激光初射及终止角度，为弧度制。

（7）range：激光雷达扫描范围，单位为米；resolution 为激光测距精度，单位是米。

（8）noise：人为设置噪声，用于模拟真实环境。

（9）plugin：name 为插件的名称；filename 为调用的库文件名称。

（10）topicName：仿真数据发布的主题名称。

（11）frameName：仿真数据中的坐标系名称。

3.2.3 深度相机参数

此模型文件中包含深度相机的描述，型号为 Kinect v2，位于代码的第 274 行至第 372 行，其分为三个部分：深度图像数据、高清彩色图像数据和半高清彩色图像数据。

1）深度图像数据

深度图像数据位于代码的第 274 行至第 314 行，具体内容如下。

```
<gazebo reference="kinect2_head_frame">
  <sensor type="depth" name="kinect2_depth_sensor" >
    <always_on>true</always_on>
    <update_rate>10.0</update_rate>
    <camera name="kinect2_depth_sensor">
      <horizontal_fov>1.221730456</horizontal_fov>
      <image>
          <width>512</width>
          <height>424</height>
          <format>B8G8R8</format>
      </image>
      <clip>
          <near>0.5</near>
          <far>6.0</far>
      </clip>
      <noise>
          <type>gaussian</type>
          <mean>0.1</mean>
          <stddev>0.07</stddev>
      </noise>
    </camera>
    <plugin name="kinect2_depth_control" filename="libgazebo_ros_openni_
kinect.so">
        <cameraName>kinect2/sd</cameraName>
        <alwaysOn>true</alwaysOn>
        <updateRate>20.0</updateRate>
        <imageTopicName>image_ir_rect</imageTopicName>
        <depthImageTopicName>image_depth_rect</depthImageTopicName>
        <pointCloudTopicName>points</pointCloudTopicName>
        <cameraInfoTopicName>depth_camera_info</cameraInfoTopicName>
        <frameName>kinect2_ir_optical_frame</frameName>
```

```
        <pointCloudCutoff>0.5</pointCloudCutoff>
        <pointCloudCutoffMax>6.0</pointCloudCutoffMax>
        <baseline>0.1</baseline>
        <distortionK1>0.0</distortionK1>
        <distortionK2>0.0</distortionK2>
        <distortionK3>0.0</distortionK3>
        <distortionT1>0.0</distortionT1>
        <distortionT2>0.0</distortionT2>
      </plugin>
    </sensor>
  </gazebo>
```

里面的具体参数如下。

（1）gazebo reference：传感器在模型中的位置，这里将其与 link“kinect2_head_frame”绑定，我们可以在代码的第 157 行找到此 link。

（2）sensor：传感器类型及命名。

（3）always_on：是否随着模型加载自动输出数据。

（4）update_rate：仿真数据输出频率，这里设置为 10 赫兹。

（5）camera name：传感器在 URDF 模型里的名称。

（6）horizontal_fov：相机的水平视角，单位为弧度。

（7）image：包括三个参数，描述深度图像尺寸和数据格式。

（8）clip：成像范围，只有在参数之间的物体才会成像。

（9）noise：模拟真实场景添加的动态噪声。

（10）plugin：name 为插件名称；filename 为调用的库文件名称。

（11）cameraName：相机发布的主题的名称。

（12）imageTopicName：深度图像转换成 8 位灰度图像后发布的主题名称。

（13）depthImageTopicName：发布的深度图像原始数据主题名称。

（14）pointCloudTopicName：发布的三维点云主题名称。

（15）cameraInfoTopicName：发布的相机参数信息主题名称。

（16）frameName：深度图像和三维点云中的坐标系名称。

（17）pointCloudCutoff：三维点云采样范围。

（18）baseline：三维成像的基线距离，单位为米。

（19）distortion：三维成像的畸变参数。

2）高清彩色图像数据

高清彩色图像数据位于代码的第 315 行至第 345 行，具体内容如下。

```
<gazebo reference="kinect2_rgb_optical_frame">
    <sensor type="camera" name="kinect2_rgb_sensor">
        <always_on>true</always_on>
        <update_rate>20.0</update_rate>
        <camera name="kinect2_rgb_sensor">
          <horizontal_fov>1.221730456</horizontal_fov>
          <image>
```

```
                <width>1920</width>
                <height>1080</height>
                <format>B8G8R8</format>
            </image>
            <clip>
                <near>0.2</near>
                <far>10.0</far>
            </clip>
            <noise>
                <type>gaussian</type>
                <mean>0.0</mean>
                <stddev>0.007</stddev>
            </noise>
          </camera>
          <plugin   name="kinect2_rgb_controller"   filename="libgazebo_ros_
camera.so">
            <alwaysOn>true</alwaysOn>
            <update_rate>20.0</update_rate>
            <cameraName>kinect2/hd</cameraName>
            <imageTopicName>image_color_rect</imageTopicName>
            <cameraInfoTopicName>camera_info</cameraInfoTopicName>
            <frameName>kinect2_rgb_optical_frame</frameName>
          </plugin>
      </sensor>
  </gazebo>
```

里面的具体参数如下。

（1）gazebo reference：传感器在模型中的位置，这里将其与 link“kinect2_rgb_optical_frame”绑定，我们可以在代码的第 214 行找到此 link。

（2）sensor：传感器类型及命名。

（3）always_on：是否随着模型加载自动输出数据。

（4）update_rate：仿真数据输出频率，这里设置为 20 赫兹。

（5）camera name：传感器在 URDF 模型里的名称。

（6）horizontal_fov：相机的水平视角，单位为弧度。

（7）image：包括三个参数，描述高清彩色图像尺寸和数据格式。

（8）clip：成像范围，只有在参数之间的物体才会成像。

（9）noise：模拟真实场景添加的动态噪声。

（10）plugin：name 为插件名称；filename 为调用的库文件名称。

（11）cameraName：相机发布的主题的名称。

（12）imageTopicName：发布的高清彩色图像主题名称。

（13）cameraInfoTopicName：发布的相机参数信息主题名称。

（14）frameName：高清彩色图像中的坐标系名称。

3）半高清彩色图像数据

半高清彩色图像数据位于代码的第 347 行至第 372 行，具体内容如下。

```
    <gazebo reference="kinect2_head_frame">
        <sensor type="camera" name="kinect2_qhd_rgb_sensor">
            <always_on>true</always_on>
            <update_rate>20.0</update_rate>
            <camera name="kinect2_qhd_rgb_sensor">
              <horizontal_fov>1.221730456</horizontal_fov>
              <image>
                  <width>960</width>
                  <height>540</height>
                  <format>R8G8B8</format>
              </image>
              <clip>
                  <near>0.2</near>
                  <far>10.0</far>
              </clip>
            </camera>
            <plugin name="kinect2_qhd_rgb_controller" filename="libgazebo_ros_
camera.so">
              <alwaysOn>true</alwaysOn>
              <update_rate>20.0</update_rate>
              <cameraName>kinect2/qhd</cameraName>
              <imageTopicName>image_color_rect</imageTopicName>
              <cameraInfoTopicName>camera_info</cameraInfoTopicName>
              <frameName>kinect2_head_frame</frameName>
            </plugin>
        </sensor>
    </gazebo>
```

里面的具体参数如下。

（1）gazebo reference：传感器在模型中的位置，这里将其与 link “kinect2_head_frame”绑定，我们同样在代码的第 157 行找到此 link。

（2）sensor：传感器类型及命名。

（3）always_on：是否随着模型加载自动输出数据。

（4）update_rate：仿真数据输出频率，这里设置为 20 赫兹。

（5）camera name：传感器在 URDF 模型里的名称。

（6）horizontal_fov：相机的水平视角，单位为弧度。

（7）image：包括三个参数，描述半高清彩色图像尺寸和数据格式。

（8）clip：成像范围，只有在参数之间的物体才会成像出来。

（9）noise：模拟真实场景添加的动态噪声。

（10）plugin：name 为插件名称；filename 为调用的库文件名称。

（11）cameraName：相机发布的主题的名称。

（12）imageTopicName：发布的半高清彩色图像主题名称。

（13）cameraInfoTopicName：发布的相机参数信息主题名称。

（14）frameName：半高清彩色图像中的坐标系名称。

3.3 本章小结

本章首先介绍了 URDF 物理模型和仿真中常用的惯性参数，然后对 URDF 模型中的仿真传感器的参数设置进行了介绍。

04 第 4 章 机器人运动应用实例

4.1 Gazebo 仿真软件

Gazebo 仿真软件是一个能够在三维环境中对机器人的运动功能和传感器数据等一系列功能进行仿真的软件，它提供了高保真度的物理引擎，能够准确高效地模拟机器人在复杂工况下的运行。Gazebo 仿真软件通常和 ROS 共同使用，在 ROS 中就集成了此软件，因此当安装 Full 版本的 ROS 时，Gazebo 仿真软件也会被同步安装，在第 1 章中安装的 ROS 就是 Full 版本。

4.1.1 获取开源项目

在第 3 章中我们已经获取了开源项目“wpr_simulation”，这里就不再赘述，只列出所需指令，详细步骤请看 3.1.1 节。

（1）下载源码。

```
cd ~/catkin_ws/src
git clone https://github.com/6-robot/wpr_simulation.git
```

（2）安装所需依赖项。

```
~/catkin_ws/src/wpr_simulation/scripts/install_for_noetic.sh
```

（3）进行编译。

```
cd ~/catkin_ws
catkin_make
```

4.1.2 启动 Gazebo 仿真软件

通过开源项目“wpr_simulation”中的一个简单仿真场景介绍，在终端中运行如下启动指令。

```
roslaunch wpr_simulation wpb_simple.launch
```

运行启动指令会启动 Gazebo 仿真软件，如图 4-1 所示，此界面可以大致分为场景、面板和工具栏三个区域。

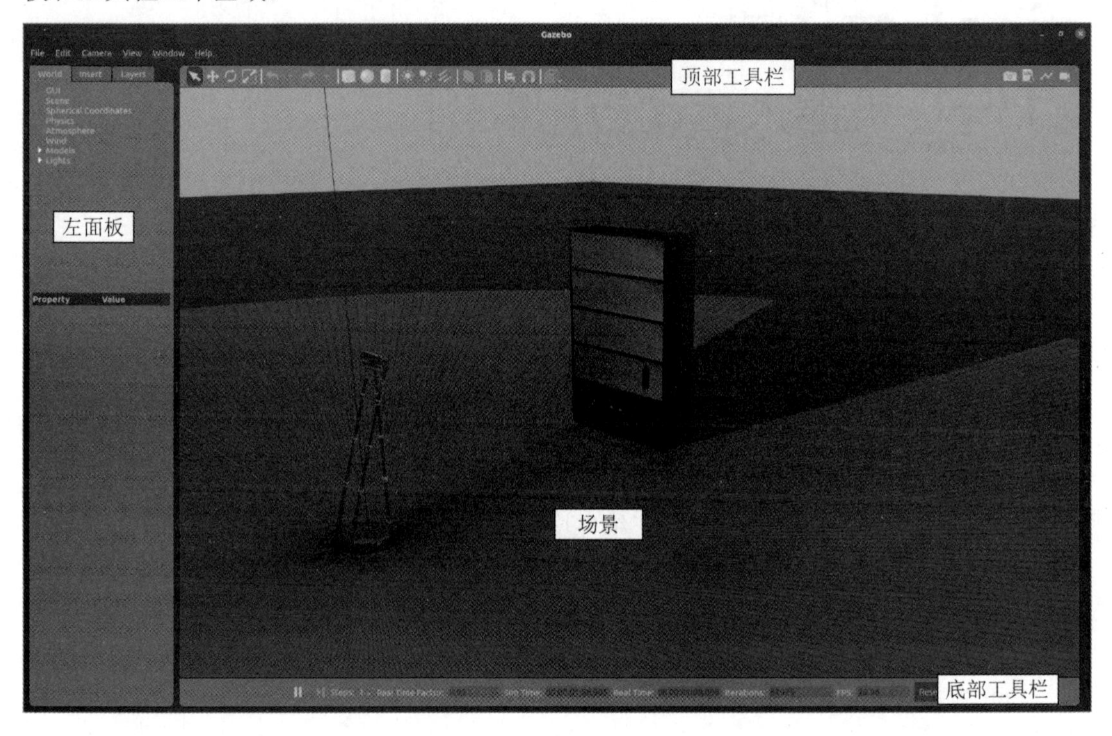

图 4-1 Gazebo 仿真软件

1. 场景

场景是此界面中最大的区域，也是最主要的部分，在这里可以观察并操作仿真模型，使其与仿真环境交互。

2. 面板

面板共有左面板、右面板两个，其中左面板默认显示，右面板默认隐藏（见图 4-2）。

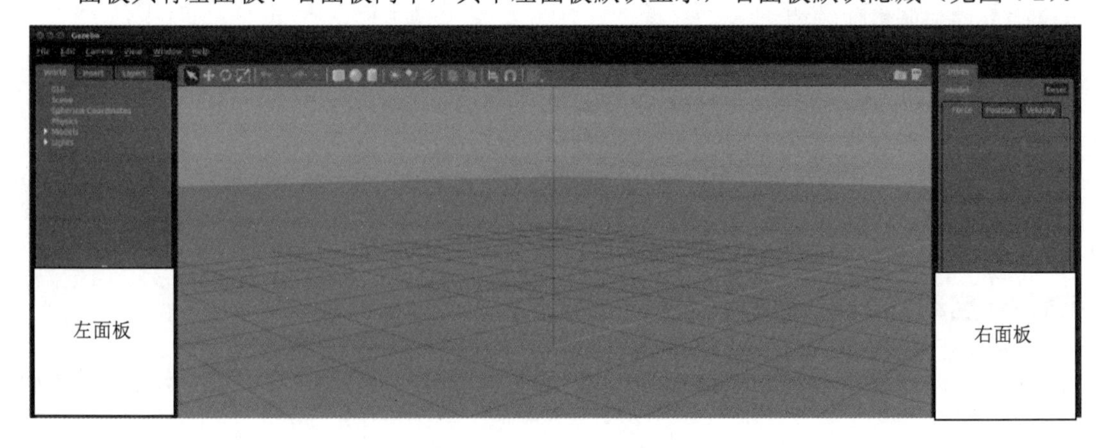

图 4-2 面板共左面板、右面板两个面板

左面板中有三个选项卡。

（1）World 选项卡显示了当前仿真场景中所有模型的参数，并且可以修改，也可以通过“GUI”选项调整相机视角；展开 Models 选项可以看到场景中都有哪些仿真模型。

（2）Insert 选项卡允许在仿真场景中添加新模型，找到要添加的模型并单击，在场景中再次单击即可创建一个选中的模型。

（3）Layers 选项卡显示仿真环境中可用的可视化组，并且可以自己进行组织，该选项卡为可选功能，多数情况下为空白。

3. 工具栏

工具栏分为顶部工具栏、底部工具栏和菜单栏。

1）顶部工具栏

Gazebo 顶部工具栏如图 4-3 所示，包含一些常用的与模型交互的选项，如选择、移动、旋转和缩放模型等；创建立方体、球体、圆柱体和灯光等；复制和粘贴等。

图 4-3　Gazebo 顶部工具栏

2）底部工具栏

Gazebo 底部工具栏如图 4-4 所示，底部工具栏显示有关时间的一些数据，如仿真时间和实际时间。仿真时间是指在仿真环境内部的时间，实际时间是指仿真环境运行时所用真实时间。

图 4-4　Gazebo 底部工具栏

3）菜单栏

Gazebo 顶部菜单栏如图 4-5 所示，在场景中可以右击打开上下文菜单选项。

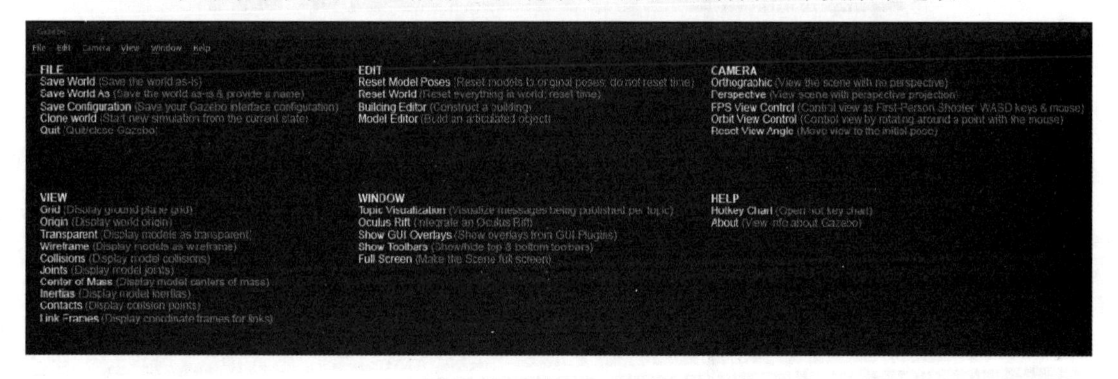

图 4-5　Gazebo 顶部菜单栏

4.2 Rviz 三维可视化软件

Rviz（Robot Visualization）是 ROS 中的三维可视化软件，它自身具有非常多的功能，可以订阅主题并将其可视化，还可以使用可拓展语言对机器人及周边一切物体进行描述。相对于 Gazebo 这个仿真软件，用 Rviz 创建一个虚拟的三维环境，就要利用已有数据，Rviz 是数据的使用者，即将已有的数据可视化显示。

4.2.1 获取开源项目

在后续的章节中，还会使用到一个名为“wpb_home”的开源项目，这里对其进行获取。

（1）在终端中输入如下指令。

```
cd ~/catkin_ws/src
git clone https://github.com/6-robot/wpb_home.git
```

获取“wpb_home”开源项目如图 4-6 所示。

图 4-6　获取“wpb_home”开源项目

（2）安装此开源项目所需的依赖项。

```
~/catkin_ws/src/wpb_home/wpb_home_bringup/scripts/install_for_noetic.sh
```

该条指令运行后系统会要求输入管理员密码，之后会自动安装一系列所需依赖项，需要注意的是，有些依赖项需要用户手动输入字母“Y”同意安装。

（3）进行编译。

```
cd ~/catkin_ws
catkin_make
```

开源程序编译成功如图 4-7 所示。

```
zucc@zucc: ~/catkin_ws
wpb_home_sound_local
[ 95%] Linking CXX executable /home/zucc/catkin_ws/devel/lib/wpb_home_tutorials/
wpb_home_serve_drinks
[ 95%] Built target wpb_home_sound_local
Scanning dependencies of target wpb_home_lidar_data
Scanning dependencies of target wpb_home_capture_image
[ 95%] Building CXX object wpb_home/wpb_home_tutorials/CMakeFiles/wpb_home_lidar
_data.dir/src/wpb_home_lidar_data.cpp.o
[ 95%] Building CXX object wpb_home/wpb_home_tutorials/CMakeFiles/wpb_home_captu
re_image.dir/src/wpb_home_capture_image.cpp.o
[ 95%] Built target wpb_home_serve_drinks
Scanning dependencies of target wpb_home_follow
[ 96%] Building CXX object wpb_home/wpb_home_tutorials/CMakeFiles/wpb_home_follo
w.dir/src/wpb_home_follow.cpp.o
[ 97%] Linking CXX executable /home/zucc/catkin_ws/devel/lib/wpb_home_tutorials/
wpb_home_lidar_data
[ 97%] Built target wpb_home_lidar_data
[ 98%] Linking CXX executable /home/zucc/catkin_ws/devel/lib/wpb_home_tutorials/
wpb_home_capture_image
[ 98%] Built target wpb_home_capture_image
[100%] Linking CXX executable /home/zucc/catkin_ws/devel/lib/wpb_home_tutorials/
wpb_home_follow
[100%] Built target wpb_home_follow
zucc@zucc:~/catkin_ws$
```

图 4-7　开源程序编译成功

4.2.2　启动 Rviz

首先在终端内启动 Gazebo 仿真环境。

```
roslaunch wpr_simulation wpb_simple.launch
```

然后打开一个新终端运行如下指令启动 Rviz。

```
roslaunch wpr_simulation wpb_rviz.launch
```

该条指令运行后系统会打开 Rviz，Rviz 软件界面如图 4-8 所示，其中有工具栏、面板和视图显示区。

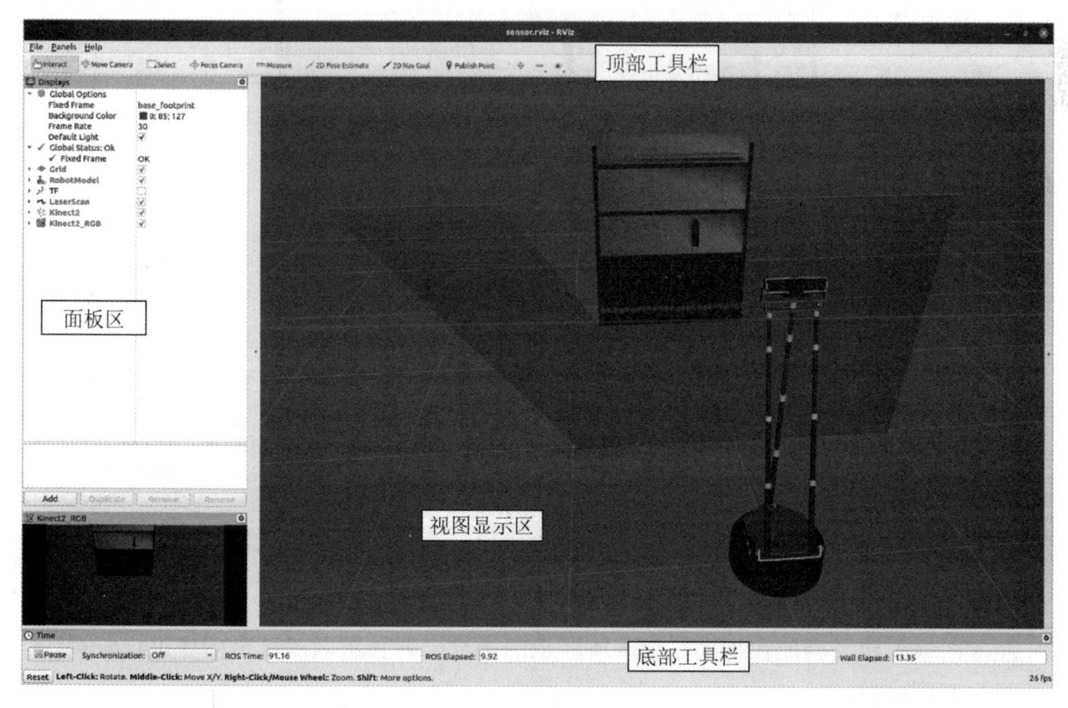

图 4-8　Rviz 软件界面

1. 工具栏

工具栏分为顶部工具栏和底部工具栏。

（1）顶部工具栏。

顶部工具栏如图 4-9 所示，顶部工具栏提供了包括视角控制、设置目标和地点发布等工具，还可以添加一些自定义插件。

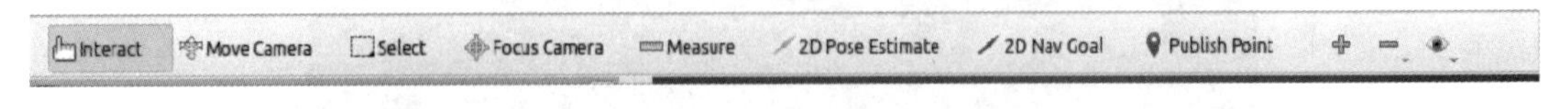

图 4-9　顶部工具栏

（2）底部工具栏。

底部工具栏如图 4-10 所示，底部工具栏为时间相关显示控制区域。

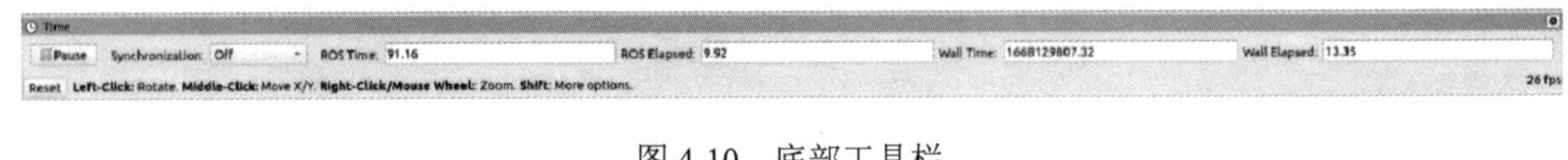

图 4-10　底部工具栏

图 4-11　菜单栏

（3）菜单栏。

菜单栏如图 4-11 所示，菜单栏由“File”“Panels”“Help”三部分组成。

2. 面板

面板分为左侧面板和右侧面板，如图 4-12 所示。

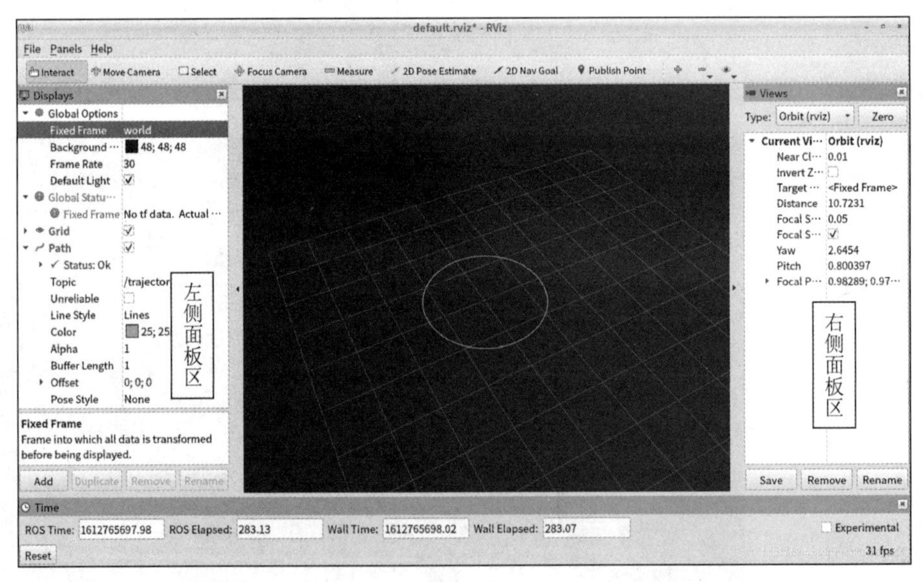

图 4-12　Rviz 左侧、右侧面板区

（1）左侧面板。

左侧面板列出了当前在视图显示区所显示的插件，并且可以对每个插件进行配置。

（2）右侧面板。

右侧面板列出了观测视角的一些设置选项，用户可以根据需求设置不同的观测视角。

3. 视图显示区

在视图显示区中可以看到机器人模型和机器人顶部相机观测到的点云信息。

4.3 机器人运动应用

为了深入了解控制机器人运动的细节，在本节我们手动编写一些代码来实现机器人的控制。

对机器人的速度控制是通过向机器人的核心节点发布速度消息——Twist 消息来实现的，Twist 消息的主题（Topic）是/cmd_vel，base controler 订阅 Twist 消息来控制电机，进而控制机器人运动。这个消息的类型在 ROS 里已经有了定义，那就是 geometry_msgs::Twist。

在终端中执行以下指令查看 Twist 消息的具体内容。

```
rosmsg show geometry_msgs/Twist
geometry_msgs/Twist
geometry_msgs/Vector3 linear
  float64 x
  float64 y
  float64 z
geometry_msgs/Vector3 angular
  float64 x
  float64 y
  float64 z
```

这个消息类型包含了两部分速度值，第一部分是 linear，包含 x、y、z 三个值，分别表示指向机器人在前方、左方、垂直三个方向上均满足右手定则，具体表示平移速度，单位是“米/秒”，对应的坐标轴正方向如图 4-13 所示。第二部分是 angular，也包含了 x、y、z 三个值，表示机器人在水平前后轴向、水平左右轴向、竖直上下轴向三个轴向上的旋转速度值，旋转方向的定义遵循右手定则，如图 4-14 所示，数值单位为“弧度/秒”。

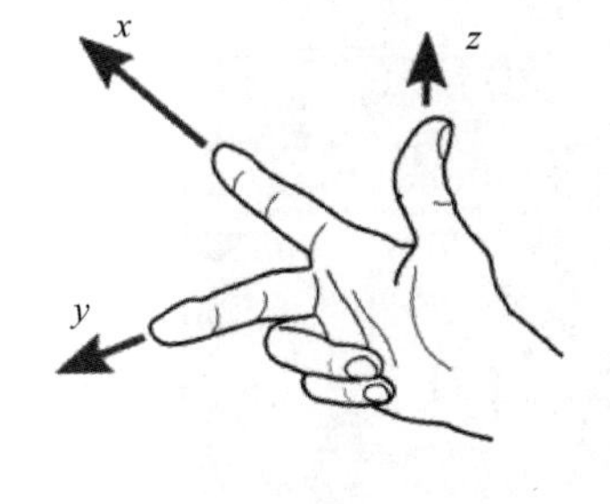

图 4-13　坐标轴正方向

图 4-14　右手定则

了解了速度消息的类型，还需要知道这个速度消息应该发送到哪个主题。对于大多数使用 ROS 的机器人来说，约定俗成的速度控制主题为“/cmd_vel”。只需要向这个主题发送类型为 geometry_msgs::Twist 的消息包，即可实现对机器人速度的控制。

4.3.1 在仿真环境中实现机器人运动控制

1. 编写节点代码

首先，需要创建一个 ROS 源码包。在 Ubuntu 里打开一个终端程序，输入如下指令进入 ROS 工作空间，如图 4-15 所示。

```
cd catkin_ws/src/
```

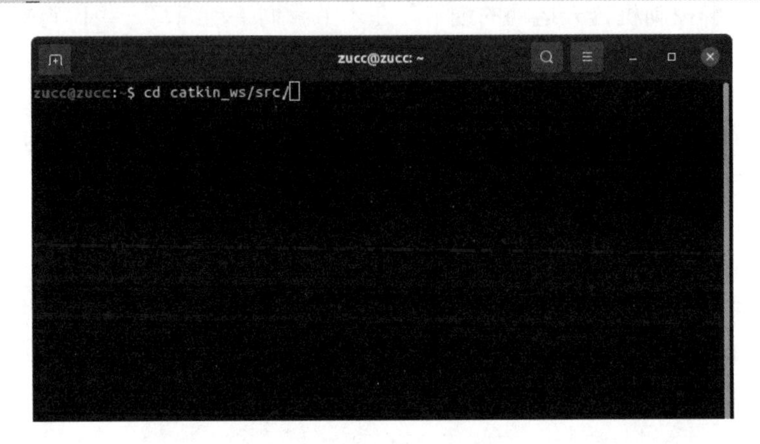

图 4-15 进入 ROS 工作空间

其次，输入如下指令创建 ROS 源码包。

```
catkin_create_pkg vel_pkg rospy geometry_msgs
```

最后，按下“Enter”键创建 vel_pkg 源码包，如图 4-16 所示，创建完成之后系统会提示 ROS 源码包创建成功，这时我们可以看到“catkin_ws/src”目录下出现了“vel_pkg”子目录。

图 4-16 创建 vel_pkg 源码包

可以看一下相关指令的具体含义（见表 4-1）。

表 4-1　创建 vel_pkg 源码包的指令含义

指令	含义
catkin_create_pkg	创建 ROS 源码包（Package）的指令
vel_pkg	新建的 ROS 源码包命名
rospy	Python 依赖项，因为本例程使用 Python 编写，所以需要这个依赖项
geometry_msgs	包含机器人移动速度消息包格式文件的包名称

接下来在 Visual Studio Code 中进行操作，首先需要在 vscode 中打开工作空间所在文件夹，选择文件菜单，单击打开文件夹，弹出图 4-17 所示的窗口，选中工作空间所属文件夹，单击右上角的“打开”按钮。

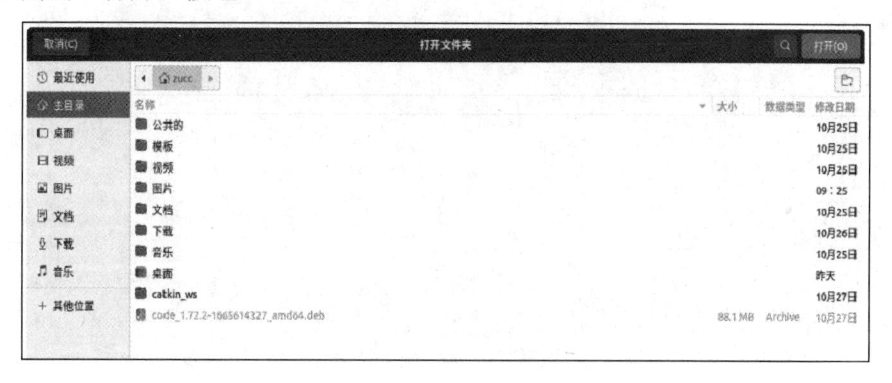

图 4-17　在 vscode 中打开文件夹

这时可以看到，位于 vscode 左侧的浏览面板中出现了所选目录（见图 4-18）。

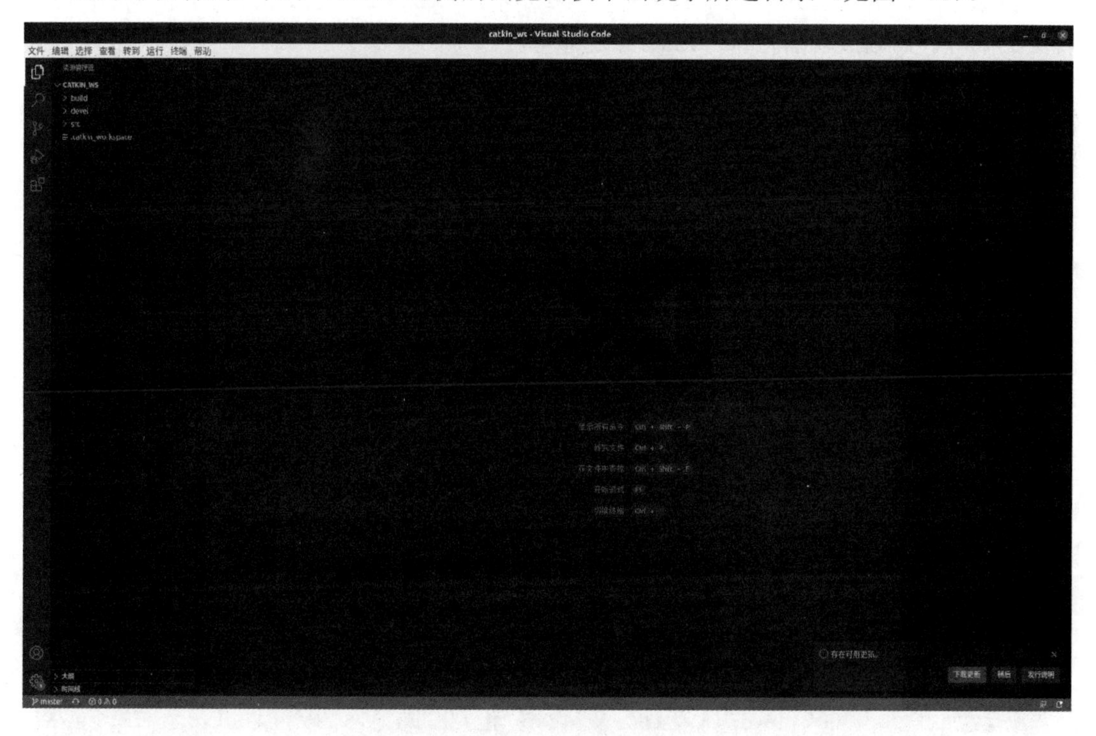

图 4-18　打开文件夹完成

将目录展开，找到前面新建的 vel_pkg 源码包并展开，可以看到是一个功能包最基础的结构，选中“vel_pkg”并对其右击，弹出图 4-19 所示的快捷菜单，选择“新建文件夹”。

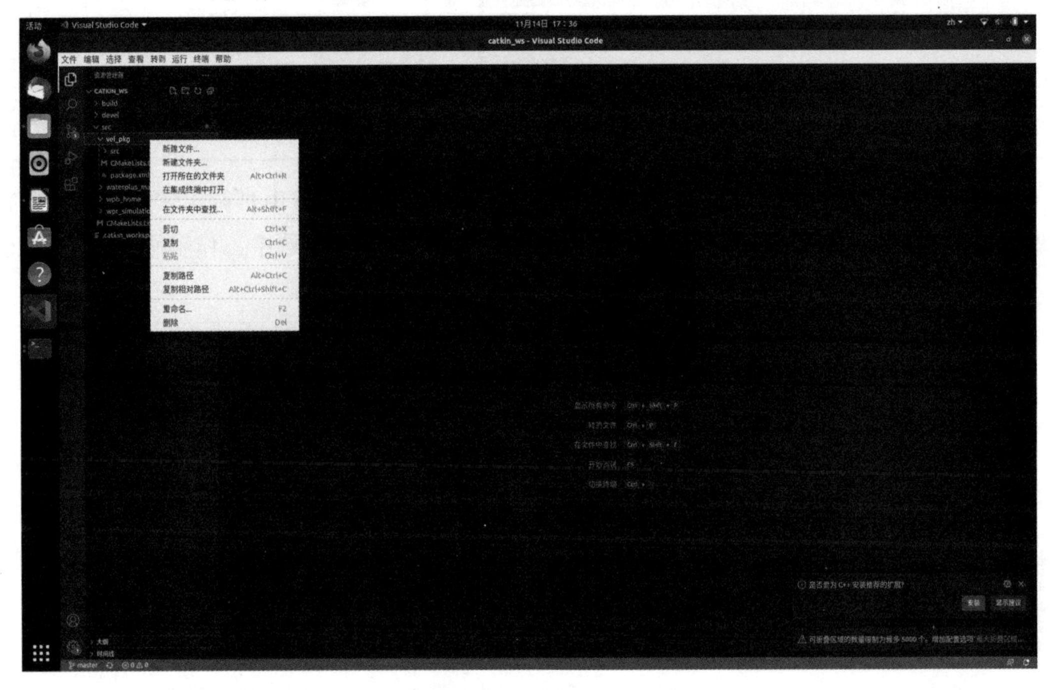

图 4-19　快捷菜单

将这个文件夹命名为“scripts”，如图 4-20 所示。在第 2 章的 2.3 节中，有对此名称文件夹的解释。命名成功后按下“Enter”键即可。

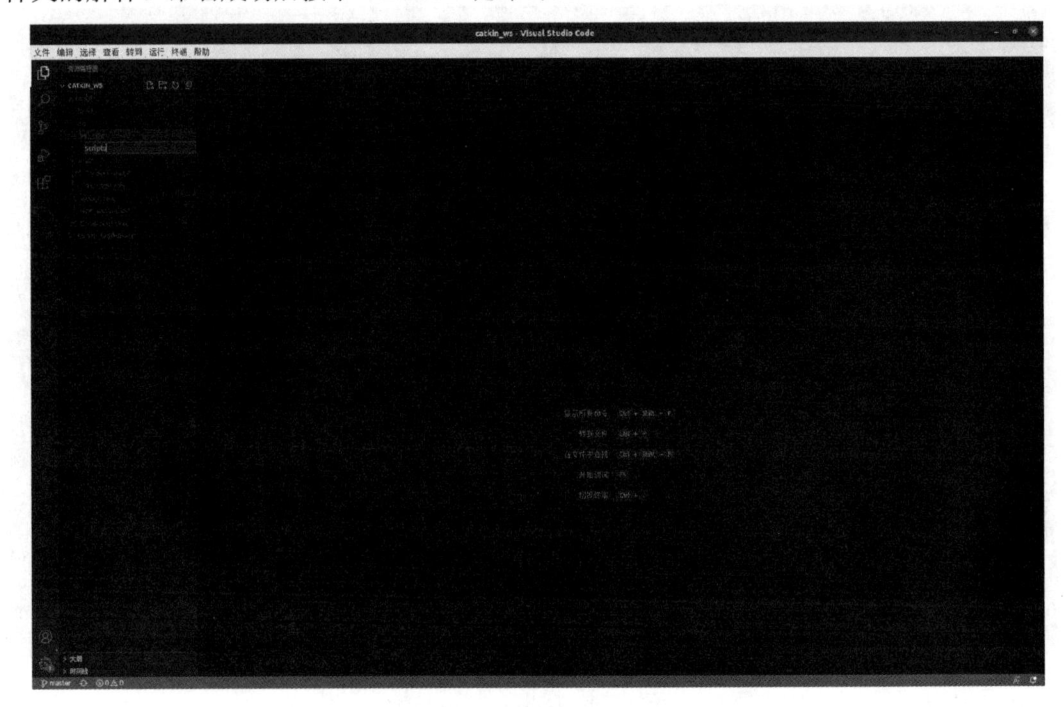

图 4-20　创建“scripts”文件夹

选中“scripts”文件夹并对其右击，弹出如图4-19所示的快捷菜单，选择“新建文件”。将这个Python节点文件命名为“vel_ctrl_node.py”。

命名完成后即可在IDE右侧开始编写“vel_ctrl_node.py”的代码，其内容如下。

```
#!/usr/bin/env python3
# coding=utf-8

import rospy
from geometry_msgs.msg import Twist

if __name__ == "__main__":
    rospy.init_node("vel_ctrl_node")
    # 发布速度控制话题
    vel_pub = rospy.Publisher("cmd_vel",Twist,queue_size=10)
    # 构建速度消息包并赋值
    msg = Twist()
    msg.linear.x = 0.1
    # msg.angular.z =0.1
    # 构建发送频率对象
    rate = rospy.Rate(10)
    while not rospy.is_shutdown():
        rospy.loginfo("发送一个速度消息包")
        vel_pub.publish(msg)
        rate.sleep()
```

（1）代码的开始部分，使用Shebang符号指定这个Python文件的解释器为python3。如果是Ubuntu 18.04或更早的版本，解释器可设为python。

（2）第二句代码指定该文件的字符编码为utf-8，这样就能在代码执行的时候显示中文字符。

（3）使用import导入两个模块，一个是rospy模块，包含了大部分的ROS接口函数；另一个是运动速度的消息类型，即“geometry_msgs.msg”里的“Twist”。

（4）当__name__为“__main__”时，说明这个程序是被直接执行的，下面就是需要执行的内容。

（5）调用rospy的init_node()函数进行该节点的初始化操作，参数是节点名称。

（6）调用rospy的Publisher()函数生成一个广播对象vel_pub，调用的参数里指明了vel_pub将会在话题“/cmd_vel”里发布geometry_msgs::Twist类型的数据。我们对机器人的控制就是通过这个消息发布形式实现的。这里就有一个疑问：为什么是往话题“/cmd_vel”里发布数据而不是其他的话题？机器人怎么知道哪个主题里是要执行的速度？

答案是：在ROS里有很多约定俗成的习惯，比如激光雷达数据发布话题通常是“/scan”，坐标系变换关系的发布话题通常是“/tf”，因此这里的机器人速度控制话题“/cmd_vel”也是这样一个约定俗成的情况。

（7）发布的渠道搭建好了，剩下的就是构造一个数据包进行发送了。声明一个消息包msg，其类型为geometry_msgs::Twist，接着将速度值赋值到这个消息包里。其中：

① msg.linear.x是机器人前后平移运动速度，正值往前，负值往后，单位是“米/秒”。

② msg.linear.y 是机器人左右平移运动速度，正值往左，负值往右，单位是“米/秒”。

③ msg.angular.z（注意此处为 angular）是机器人自转速度，正值左转，负值右转，单位是“弧度/秒”。

其他值对机器人来说没有意义，因此都赋值为零。

代码中对 msg.linear.x 赋值 0.1，意思是让机器人以 0.1 米/秒的速度向前移动；对 msg.angular.z 赋值 0.1，意思是让机器人以 0.1 弧度/秒的速度向左旋转，不过这里用#号注释掉了，暂时不会执行，后面可以作为实验扩展的部分，将其恢复，执行并对比运行效果。

（8）调用 rospy 的 Rate()函数定义一个 ros::Rate 类型的对象 rate，后面要使用这个对象控制速度指令的发送频率。在定义 rate 的时候，为构造函数传入参数 10，意思是后面要用 rate 去控制发送频率为 10 赫兹。

（9）为了连续不断地发送速度指令，使用一个 while 构建循环。在循环条件中，通过 rospy 的 is_shutdown()返回值判断这个 Python 程序是否退出。如果返回值为 False，说明没有退出，则进入后面的代码；如果返回值为 True，则会终结这个循环，让程序能够正常结束。

（10）在循环里的第一行，调用 rospy 的 loginfo()函数，在终端里显示一条字符串消息，提示将会发送一个速度消息包。

（11）调用广播对象 vel_pub 的 publish()函数，将前面构建的 msg 消息包发布到话题“/cmd_vel”上去。机器人的核心节点会从这个主题接收我们发过去的速度值，并转发到硬件底盘上去执行。

（12）调用 rate.sleep()函数让 while 循环短暂停顿一下，保持 while 的循环频率为定义 rate 对象时指定的参数 10 赫兹。

程序编写完后，代码并未马上保存到文件里，此时编辑区左上角的文件名“vel_ctrl_node.py”的右侧有个白色小圆点（见图 4-21），这表示此文件并未保存。

图 4-21　文件未保存状态

2. 添加执行权限

由于这个代码文件是新创建的，其默认不带有可执行属性，所以需要为其添加一个可执行属性才能让它运行起来。启动一个终端程序，输入如下指令进入这个代码文件所存放的目录（见图 4-22）。

```
cd ~/catkin_ws/src/vel_pkg/scripts/
```

图 4-22　进入目录

再执行如下指令为代码文件添加可执行属性。

```
chmod +x vel_ctrl_node.py
```

设置文件权限如图 4-23 所示，按“Enter”键执行该条指令后，这个代码文件就获得了可执行属性，可以在终端程序里运行了。

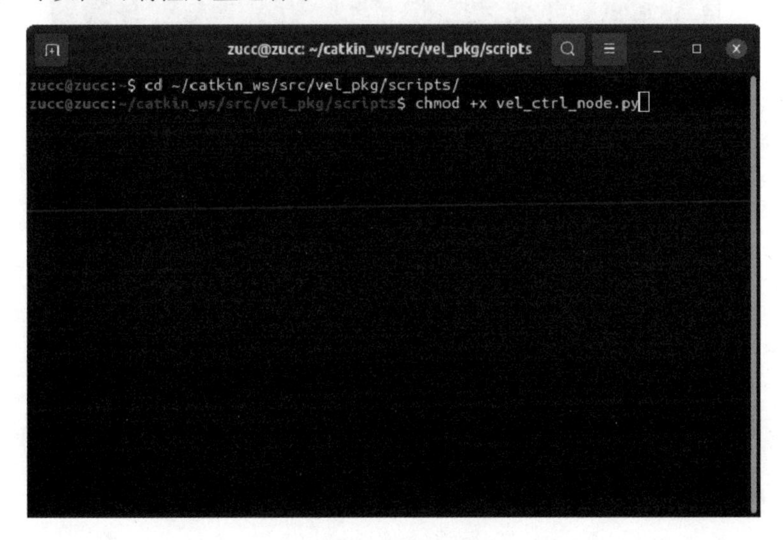

图 4-23　设置文件权限

3. 编译软件包

现在节点文件可以运行了，但是这个软件包还没有加入 ROS 的包管理系统，无法通过 ROS 指令运行其中的节点，所以还需要对这个软件包进行编译。在终端程序中输入如下指令进入 ROS 工作空间（见图 4-24）。

```
cd ~/catkin_ws/
```

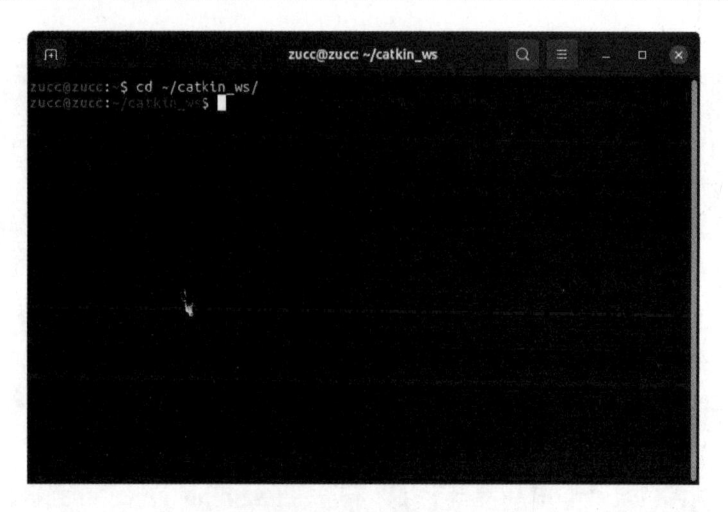

图 4-24　进入 ROS 工作空间

再执行如下指令对软件包进行编译。

```
catkin_make
```

编译完成界面如图 4-25 所示，这时就可以测试此节点了。

图 4-25　编译完成界面

4. 启动仿真环境

启动开源项目“wpr_simulation”中的仿真场景，如图 4-26 所示，打开终端程序，输入如下指令。

```
roslaunch wpr_simulation wpb_simple.launch
```

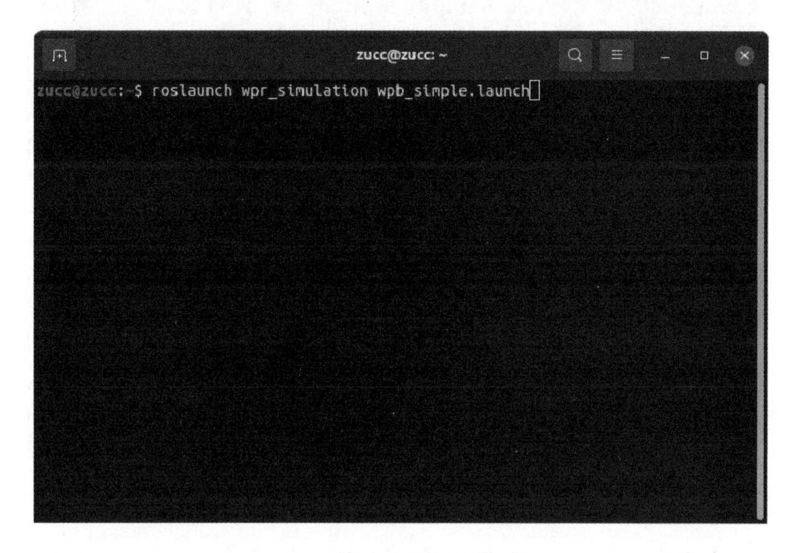

图 4-26　启动仿真场景

开源项目启动后会弹出如图 4-27 所示的仿真场景，机器人位于柜子前方。

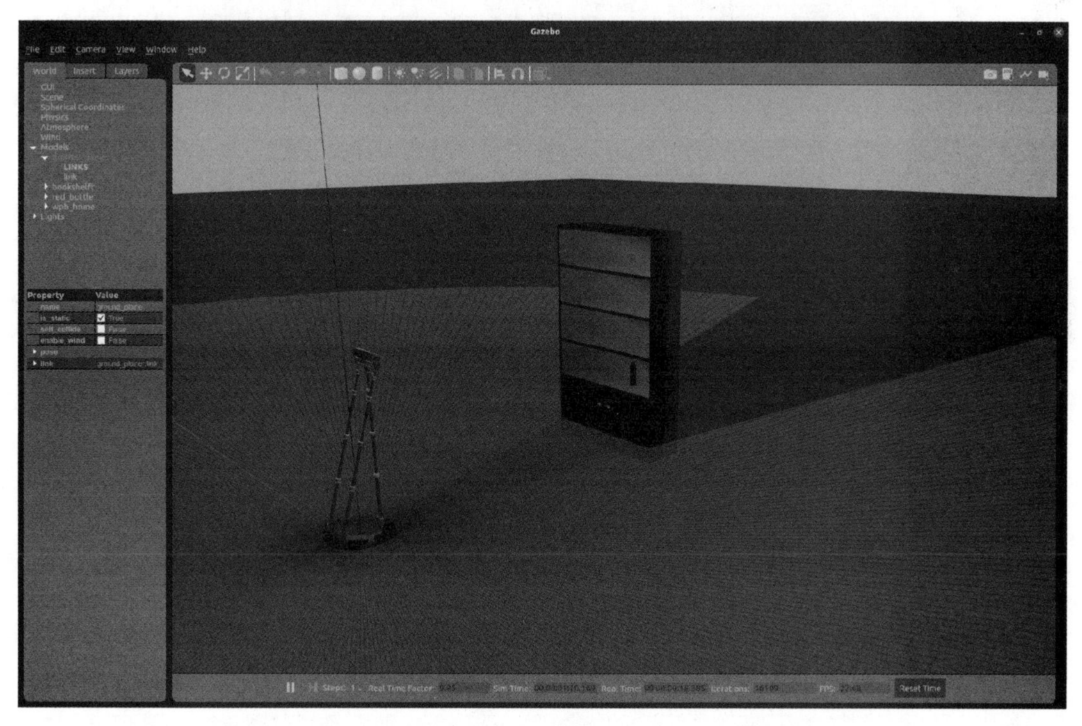

图 4-27　仿真场景

5. 运行图形界面

接下来启动 Rviz，如图 4-28 所示，打开一个新的终端程序，输入如下指令。

```
roslaunch wpr_simulation wpb_rviz.launch
```

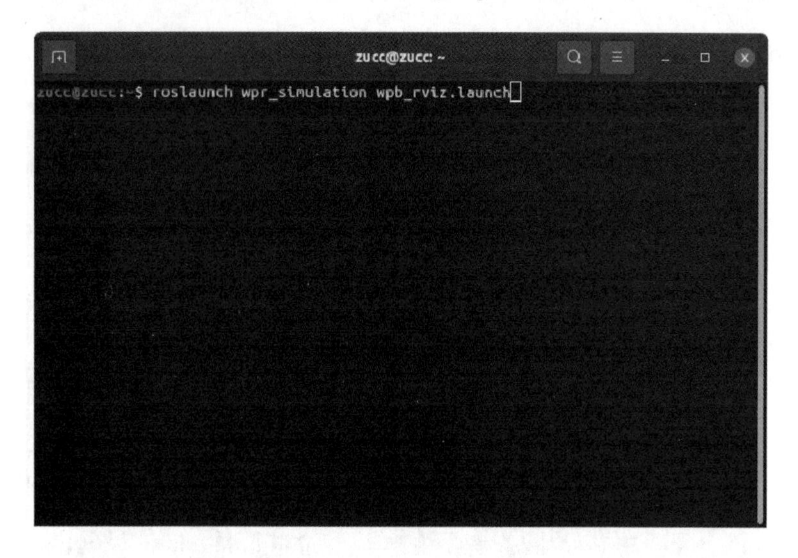

图 4-28　启动 Rviz

启动 Rviz 后会弹出如图 4-29 所示的 Rviz 界面。

图 4-29　Rviz 界面

6. 运行节点程序

启动运动控制节点，如图 4-30 所示，再打开一个新的终端程序，输入如下指令。

```
rosrun vel_pkg vel_ctrl_node.py
```

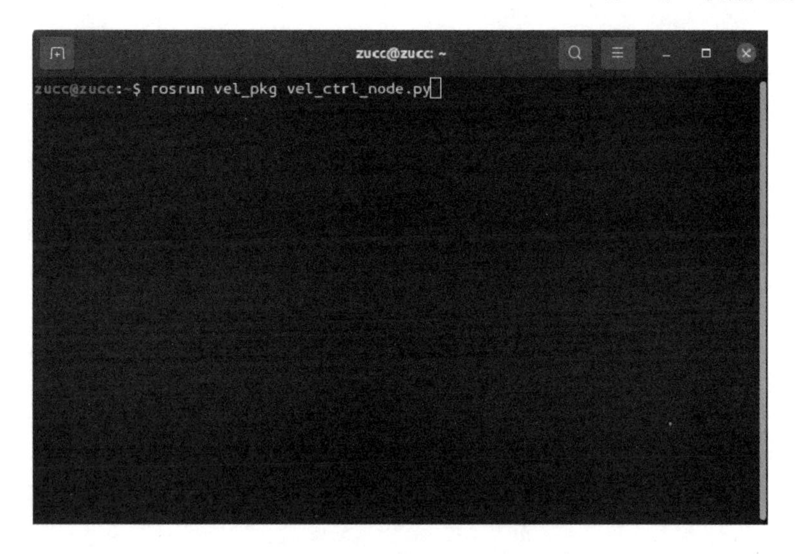

图 4-30　启动运动控制节点

这里需要注意的是：启动指令为 rosrun 指令而不是之前的 roslaunch。rosrun 是启动单个 ROS 节点的指令。按下“Enter”键后，可以看到机器人以 0.1 米/秒的速度缓慢向前移动，甚至撞上柜子都不会停下来。同时终端里显示数据包发送的提示信息（见图 4-31）。

```
zucc@zucc:~$ rosrun vel_pkg vel_ctrl_node.py
[INFO] [1668130645.613178, 0.000000]: 发送一个速度消息包
[INFO] [1668130645.778451, 167.898000]: 发送一个速度消息包
[INFO] [1668130645.781906, 167.899000]: 发送一个速度消息包
[INFO] [1668130645.935896, 167.999000]: 发送一个速度消息包
[INFO] [1668130646.067372, 168.099000]: 发送一个速度消息包
[INFO] [1668130646.184897, 168.199000]: 发送一个速度消息包
[INFO] [1668130646.308627, 168.299000]: 发送一个速度消息包
[INFO] [1668130646.451899, 168.399000]: 发送一个速度消息包
[INFO] [1668130646.592041, 168.502000]: 发送一个速度消息包
[INFO] [1668130646.777853, 168.605000]: 发送一个速度消息包
[INFO] [1668130646.918565, 168.699000]: 发送一个速度消息包
[INFO] [1668130647.033785, 168.799000]: 发送一个速度消息包
[INFO] [1668130647.165139, 168.899000]: 发送一个速度消息包
[INFO] [1668130647.326653, 168.999000]: 发送一个速度消息包
[INFO] [1668130647.503461, 169.099000]: 发送一个速度消息包
[INFO] [1668130647.651132, 169.199000]: 发送一个速度消息包
[INFO] [1668130647.780979, 169.299000]: 发送一个速度消息包
[INFO] [1668130647.916268, 169.399000]: 发送一个速度消息包
[INFO] [1668130648.064722, 169.499000]: 发送一个速度消息包
[INFO] [1668130648.175684, 169.599000]: 发送一个速度消息包
[INFO] [1668130648.297822, 169.699000]: 发送一个速度消息包
[INFO] [1668130648.420136, 169.799000]: 发送一个速度消息包
```

图 4-31　终端提示信息

7. 修改速度值

可以尝试在代码里给 msg.linear.x 赋值一个负数，编译运行，查看机器人的移动状况。用同样的方法，再对 msg.linear.y 和 msg.angular.z 进行类似的实验，看看有什么不一样。

8. 查看节点网络状况

这时可以通过指令查看 ROS 的节点网络状况，打开一个新的终端程序（见图 4-32）。输入如下指令。

```
rqt_graph
```

图 4-32　启动 rqt 工具

运行后会弹出图 4-33 所示的 rqt 界面，该界面会显示当前 ROS 里的节点网络情况。

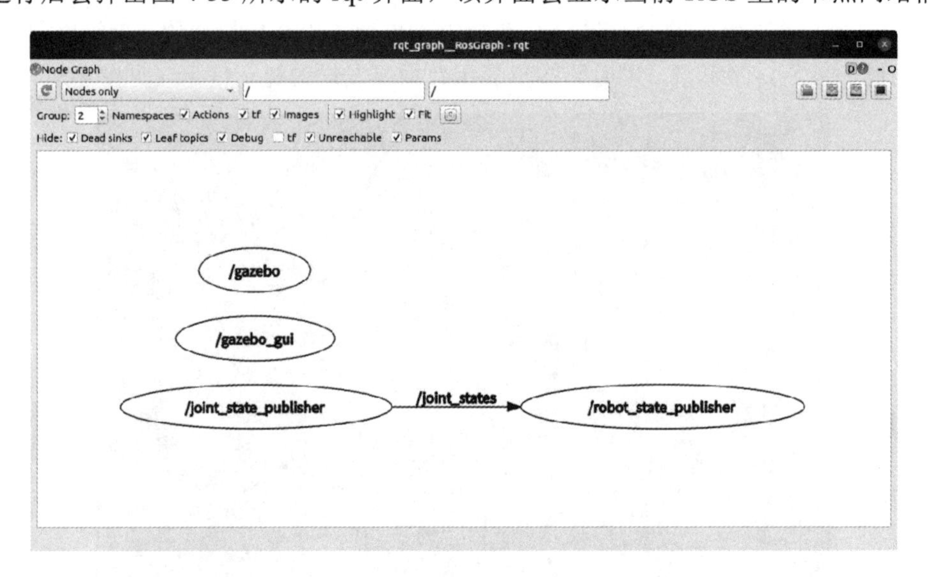

图 4-33　rqt 界面

9. 小结

可以看到，我们编写的 vel_ctrl_node 节点，通过主题“/cmd_vel”向 Gazebo 发送速度消息包。Gazebo 获得速度消息后，将其发送到仿真机器人，控制机器人运动。

4.3.2　在真实环境中实现机器人运动控制

4.3.1 节编写的速度控制程序可以在启智 ROS 机器人上运行，具体步骤如下。

（1）根据配套启智 ROS 实验指导书对运行环境和驱动源码包进行配置。

（2）把本章所创建的源码包“vel_pkg”复制到机载计算机的“~/catkin_ws/src”目录下，进行编译。

（3）连接好设备上的硬件。

（4）使用机载计算机打开终端程序，输入如下指令。

```
roslaunch wpb_home_bringup minimal.launch
```

（5）运行“vel_ctrl_node”节点，打开一个新的终端程序，运行如下指令。

```
rosrun vel_pkg vel_ctrl_node.py
```

按“Enter”键运行指令后，即可利用“vel_ctrl_node”节点对启智 ROS 机器人进行控制。这里需要注意的是，和仿真实验一样，机器人撞到东西不会停下来，所以需要在其发生碰撞前按下急停开关，终止其行为。

4.4　本章小结

本章首先介绍 Gazebo 免费的机器人仿真软件是界面和使用；然后介绍了 Rviz 可视化机器人系统的开源工具的界面和使用；最后介绍了仿真环境和真实环境中 ROS 机器人运动的实现。

05 第5章 激光雷达应用实例

激光雷达是地面移动机器人常用的一种传感器，其工作原理如图 5-1 所示，即用一个高速旋转的激光测距探头，将周围 360° 的障碍物分布状况测量出来。

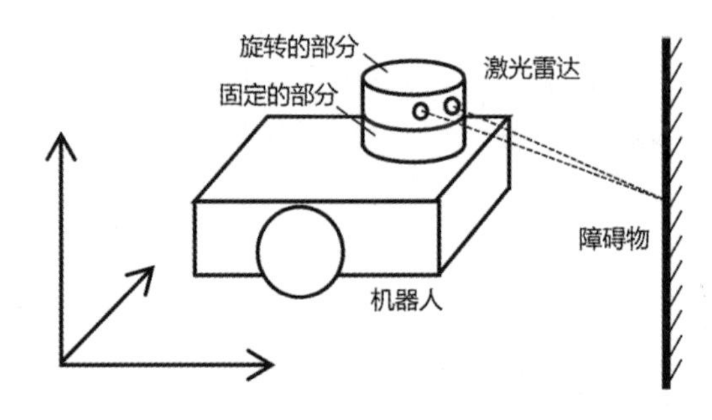

图 5-1 激光雷达工作原理

激光雷达的旋转部分搭载激光雷达，其在旋转的过程中每隔一定角度就会测量一次距离值。当其旋转一圈时，刚好可以得到一幅周围障碍物轮廓的俯视二维点阵图。激光雷达二维点阵图如图 5-2 所示，这个二维点阵图中的点阵就是激光雷达的输出数值。

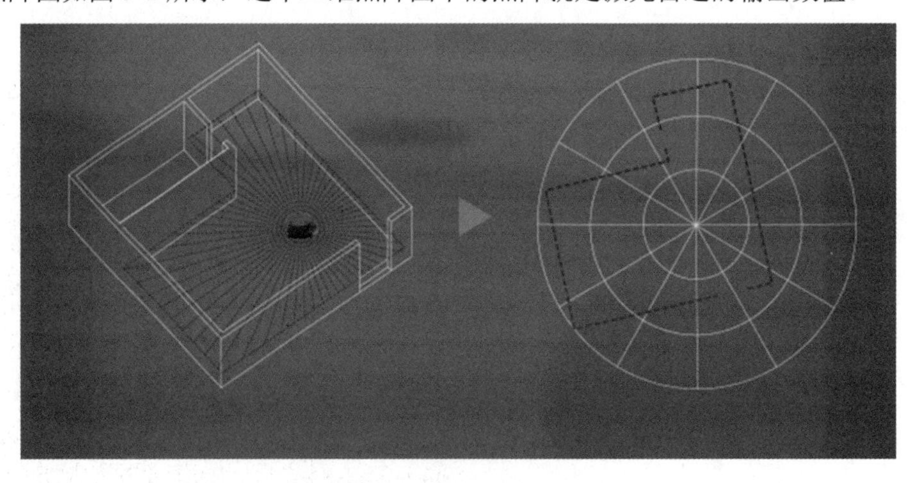

图 5-2 激光雷达二维点阵图

5.1　获取激光雷达数据

5.1.1　在仿真环境中实现获取激光雷达数据

1. 编写节点代码

首先需要创建一个 ROS 源码包。在 Ubuntu 里打开一个终端程序，输入如下指令进入 ROS 工作空间（见图 5-3）。

```
cd catkin_ws/src/
```

图 5-3　进入 ROS 工作空间

然后输入如下指令创建 ROS 源码包。

```
catkin_create_pkg lidar_pkg rospy std_msgs sensor_msgs
```

按下“Enter”键后，系统会提示 ROS 源码包创建成功（见图 5-4），这时我们可以看到“catkin_ws/src”目录下出现了“lidar_pkg”子目录。

图 5-4　创建 lidar_pkg 源码包

创建 lidar_pkg 源码包的指令含义，如表 5-1 所示。

表 5-1 创建 lidar_pkg 源码包的指令含义

指令	含义
catkin_create_pkg	创建 ROS 源码包（Package）的指令
lidar_pkg	新建的 ROS 源码包命名
rospy	Python 依赖项，因为本例程使用 Python 编写，所以需要这个依赖项
std_msgs	标准消息依赖项，需要里面的 String 格式做文字输出
sensor_msgs	传感器消息依赖项，激光雷达数据格式需要此项

接下来在 Visual Studio Code 中进行操作，将目录展开，找到前面新建的“lidar_pkg”并展开，可以看到它是一个功能包最基础的结构，选中“lidar_pkg”并对其右击，弹出图 5-5 所示的快捷菜单，选择“新建文件夹”。

图 5-5 快捷菜单

将这个文件夹命名为“scripts”，如图 5-6 所示。在第 2 章的 2.3 节中，有对此名称文件夹的解释。命名成功后按“Enter”键则创建成功。

图 5-6 创建“scripts”文件夹

选中此文件夹并对其右击，弹出图 5-5 所示的快捷菜单，选择“新建文件”。将这个 Python 节点文件命名为“lidar_data_node.py”。

命名完成后即可在 IDE 右侧开始编写“lidar_data_node.py”的代码，其内容如下。

```
#!/usr/bin/env python3
# coding=utf-8

import rospy
from sensor_msgs.msg import LaserScan

# 激光雷达回调函数
def cbScan(msg):
    rospy.loginfo("雷达数据个数 = %d",len(msg.ranges))
    rospy.logwarn("正前方测距数值 = %.2f",msg.ranges[180])

# 主函数
if __name__ == "__main__":
    rospy.init_node("lidar_data")
    # 订阅激光雷达的数据话题
    lidar_sub = rospy.Subscriber("scan",LaserScan,cbScan,queue_size=10)
    rospy.spin()
```

（1）代码的开始部分，使用 Shebang 符号指定这个 Python 文件的解释器为 python3。如果是 Ubuntu 18.04 或更早的版本，解释器可设为 python。

（2）第二句代码指定该文件的字符编码为 utf-8，这样就能在代码执行的时候显示中文字符。

（3）使用 import 导入两个模块，一个是 rospy 模块，包含了大部分的 ROS 接口函数；另一个是激光雷达数据的消息类型，即 sensor_msgs.msg 里的 LaserScan。

（4）定义一个回调函数 cbScan()，用来处理激光雷达数据。ROS 每接收到一帧激光雷达数据，就会自动调用一次回调函数。激光雷达的测距数值会以参数的形式传递到这个回调函数里。

（5）在回调函数 cbScan()中，从参数 msg 里获取激光雷达数据，先调用 rospy 的 loginfo()函数显示激光雷达测距数据的个数（通常是 360 个），然后调用 rospy 的 logwarn()函数显示下标为 180 的测距数值，也就是最中间那个测距值，对应的是机器人正前方的测距值。参数 msg 是一个 sensor_msgs::LaserScan 类型的数据包，其数据格式定义如图 5-7 所示，其中 float32[] ranges 数组存放的是激光雷达的测距数值。这里机器人使用的是 RPLidar A2 型激光雷达，其旋转一周可测量 360 个距离值，所以在代码里，ranges 是一个有 360 个成员的距离数组。

（6）判断__name__为“__main__”时，执行这个文件的主函数代码。

（7）调用 rospy 的 init_node()函数进行该节点的初始化操作，参数是节点名称。

（8）调用 rospy 的 Subscriber()函数生成一个订阅对象 lidar_sub，在函数的参数中指明这个对象订阅的是“scan”话题，数据类型为 LaserScan，回调函数设置为之前定义的回调函数，缓冲长度为 10。

（9）调用 rospy 的 spin()对这个主函数进行阻塞，保持这个节点程序不会结束退出。

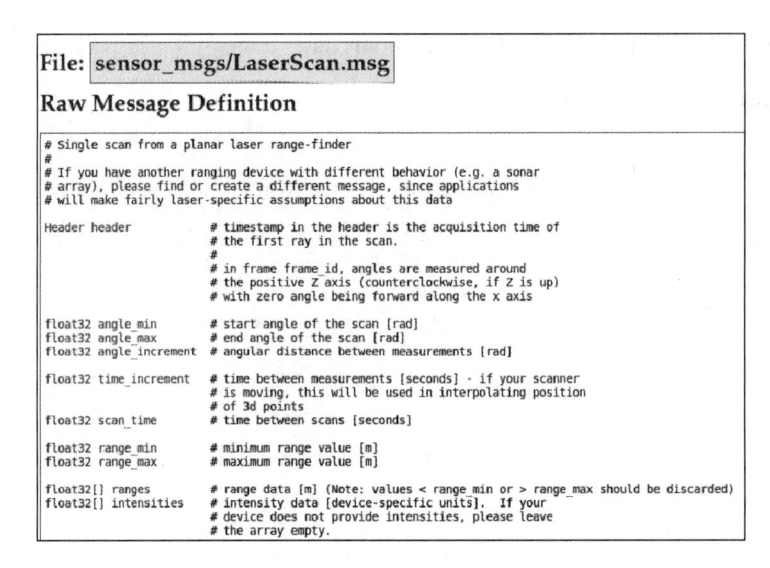

File: sensor_msgs/LaserScan.msg

Raw Message Definition

```
# Single scan from a planar laser range-finder
#
# If you have another ranging device with different behavior (e.g. a sonar
# array), please find or create a different message, since applications
# will make fairly laser-specific assumptions about this data

Header header            # timestamp in the header is the acquisition time of
                         # the first ray in the scan.
                         #
                         # in frame frame_id, angles are measured around
                         # the positive Z axis (counterclockwise, if Z is up)
                         # with zero angle being forward along the x axis

float32 angle_min        # start angle of the scan [rad]
float32 angle_max        # end angle of the scan [rad]
float32 angle_increment  # angular distance between measurements [rad]

float32 time_increment   # time between measurements [seconds] - if your scanner
                         # is moving, this will be used in interpolating position
                         # of 3d points
float32 scan_time        # time between scans [seconds]

float32 range_min        # minimum range value [m]
float32 range_max        # maximum range value [m]

float32[] ranges         # range data [m] (Note: values < range_min or > range_max should be discarded)
float32[] intensities    # intensity data [device-specific units].  If your
                         # device does not provide intensities, please leave
                         # the array empty.
```

图 5-7　sensor_msgs::LaserScan 类型的格式

程序编写完后，代码并未马上保存到文件里，此时界面左上编辑区的文件名“lidar_data_node.py”右侧有个白色小圆点（见图 5-8），这表示此文件并未保存。在按下“Ctrl+S”键进行保存后，白色小圆点会变成关闭按钮“×”。

图 5-8　文件未保存状态

2. 添加可执行权限

由于这个代码文件是新创建的，其默认不带有可执行属性，所以需要为其添加一个可执行属性才能让它运行起来。启动一个终端程序，输入如下指令进入这个代码文件所存放的目录（见图 5-9）。

```
cd ~/catkin_ws/src/lidar_pkg/scripts/
```

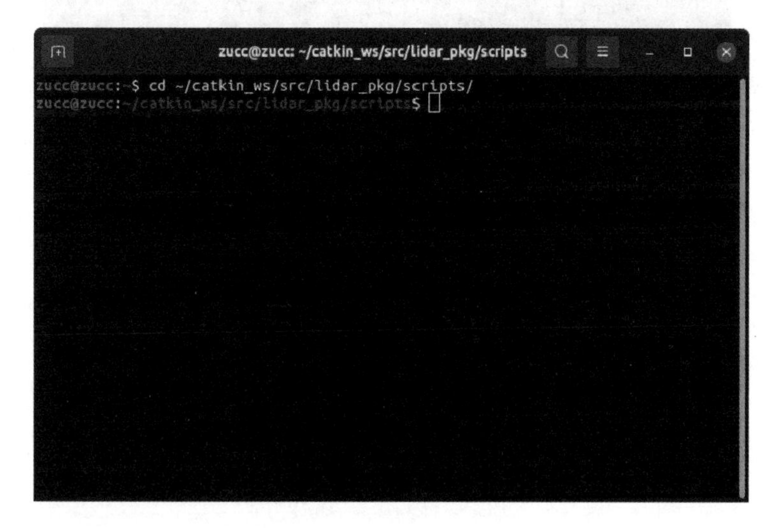

图 5-9　进入目录

再执行如下指令为代码文件添加可执行属性。

```
chmod +x lidar_data_node.py
```

设置文件权限如图 5-10 所示，按“Enter”键执行后，这个代码文件就获得了可执行属性，可以在终端程序里运行了。

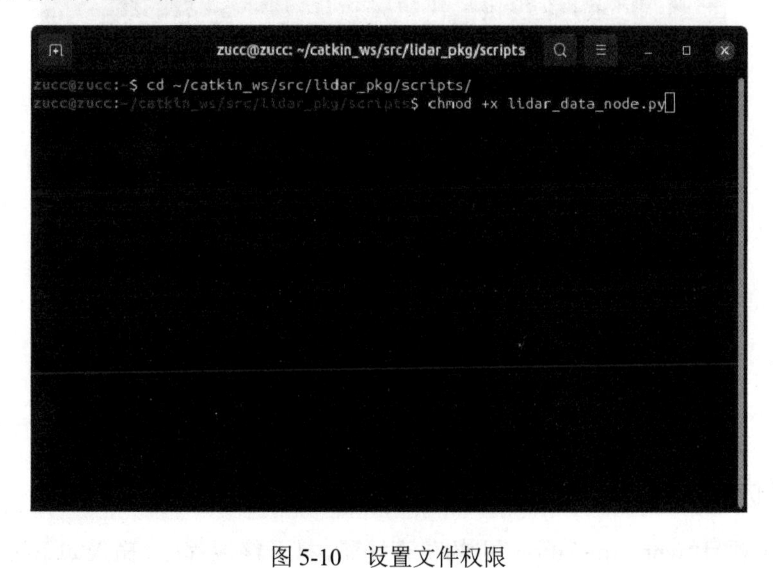

图 5-10　设置文件权限

3. 编译软件包

现在节点文件可以运行了，但是这个软件包还没有加入 ROS 的包管理系统，无法通过 ROS 指令运行其中的节点，所以还需要对这个软件包进行编译。在终端程序中输入如下指令进入 ROS 工作空间（见图 5-11）。

```
cd ~/catkin_ws/
```

```
zucc@zucc: ~/catkin_ws
zucc@zucc: $ cd ~/catkin_ws/src/lidar_pkg/scripts/
zucc@zucc:~/catkin_ws/src/lidar_pkg/scripts$ chmod +x lidar_data_node.py
zucc@zucc:~/catkin_ws/src/lidar_pkg/scripts$ cd ~/catkin_ws/
zucc@zucc:~/catkin_ws$ 
```

图 5-11　进入 ROS 工作空间

再输入如下指令对软件包进行编译。

```
catkin_make
```

编译完成如图 5-12 所示，这时就可以测试此节点了。

```
zucc@zucc: ~/catkin_ws
[ 76%] Built target wpb_home_plane_detect
[ 76%] Built target wpb_home_tutorials_gencpp
[ 78%] Built target wpb_home_simple_goal
[ 80%] Built target wpb_home_behavior_node
[ 81%] Built target wpb_home_grab_object
[ 82%] Built target wpb_home_cruise
[ 82%] Built target wpb_home_tutorials_generate_messages
[ 83%] Built target wpb_home_imu_turn
[ 84%] Built target wpb_home_face_detect
[ 85%] Built target wpb_home_sr_xfyun
[ 86%] Built target wpb_home_obj_detect
[ 87%] Built target wpb_home_speak
[ 88%] Built target wpb_home_joystick_demo
[ 89%] Built target wpb_home_image_node
[ 90%] Built target wpb_home_speech_recognition
[ 91%] Built target wpb_home_voice_cmd
[ 92%] Built target wpb_home_mani_ctrl
[ 93%] Built target wpb_home_grab_client
[ 94%] Built target wpb_home_capture_image
[ 95%] Built target wpb_home_sound_local
[ 96%] Built target wpb_home_serve_drinks
[ 97%] Built target wpb_home_lidar_data
[100%] Built target wpb_home_follow
zucc@zucc:~/catkin_ws$ 
```

图 5-12　编译完成

4．启动仿真环境

启动开源项目“wpr_simulation”中的仿真场景，打开终端程序，输入如下指令，如图 5-13 所示。

```
roslaunch wpr_simulation wpb_simple.launch
```

输入指令并按“Enter”键后会弹出图 5-14 所示的仿真场景，机器人位于柜子前方。

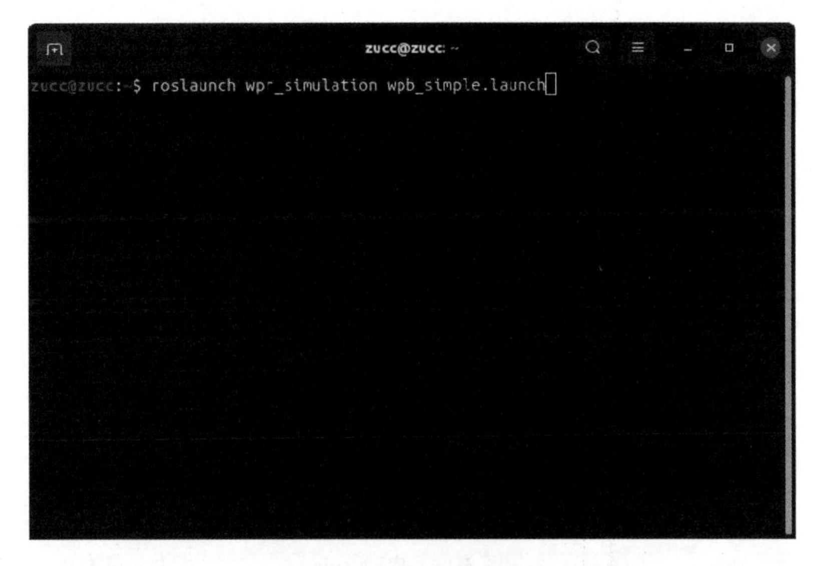

图 5-13　启动仿真场景

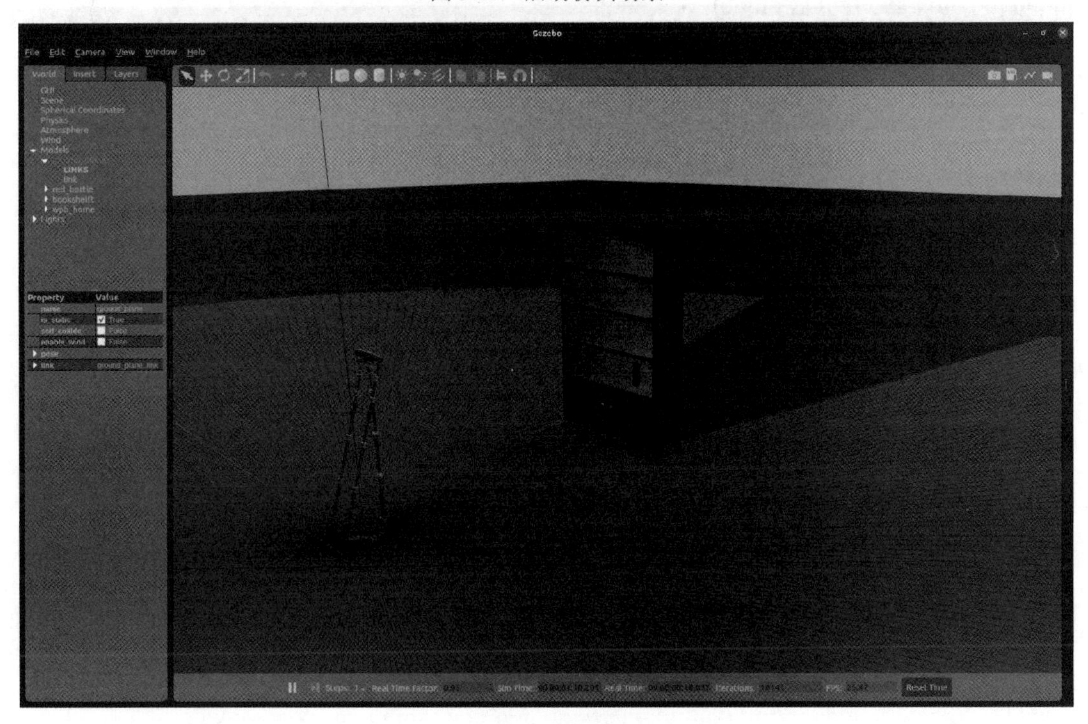

图 5-14　仿真场景

5. 启动图形界面

接下来启动 Rviz，如图 5-15 所示，打开一个新的终端程序，输入如下指令。

```
roslaunch wpr_simulation wpb_rviz.launch
```

启动 Rviz 后会弹出图 5-16 所示的 Rviz 界面。

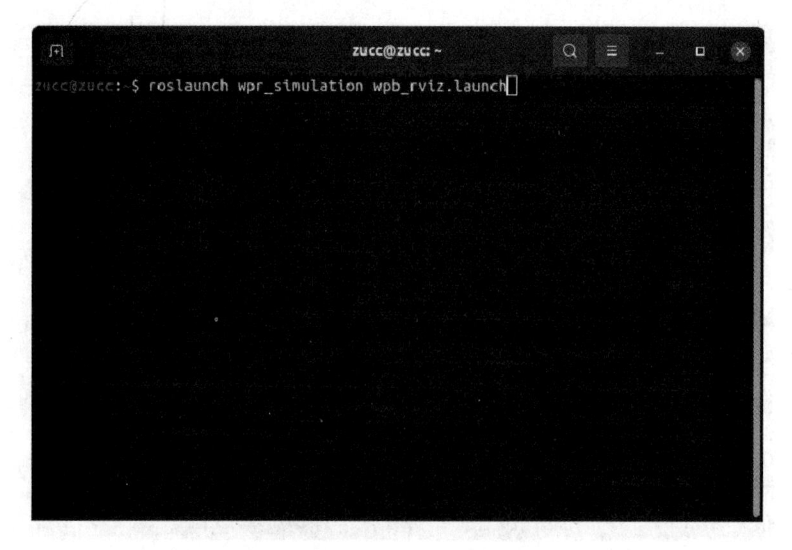

图 5-15 启动 Rviz

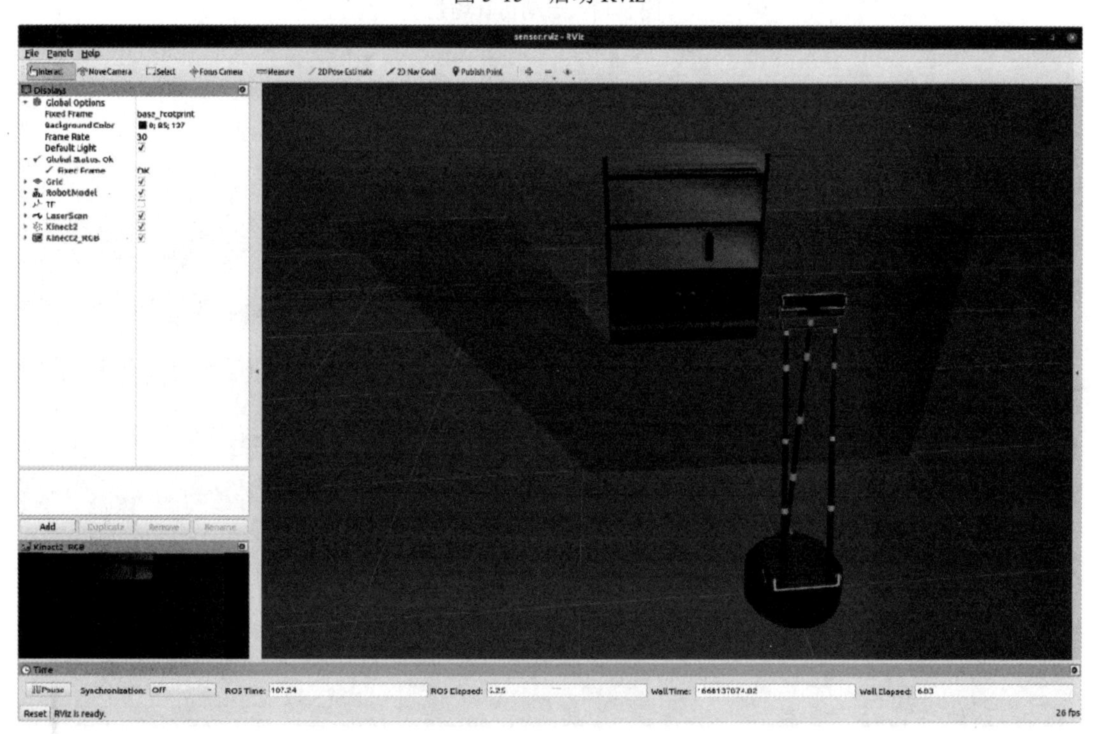

图 5-16 Rviz 界面

6. 运行节点程序

启动雷达数据获取节点如图 5-17 所示，再打开一个新的终端程序，输入如下指令。

```
rosrun lidar_pkg lidar_data_node.py
```

这条指令会启动前面编写的 lidar_data_node.py。按照程序逻辑，系统会从激光雷达的“/scan”主题里不断获取激光雷达数据包，并把测距数值显示在终端程序里。其中接收到的每一帧激光雷达数据的个数都是 360。正前方的测距数值是一个浮点数，单位是米。比如终端里显示“正前方距离数值 =1.75”，表示激光雷达在 180° 的这个角度也就是机器人的正前方测量到的其与障碍物的距离值是 1.75 米，以此类推。

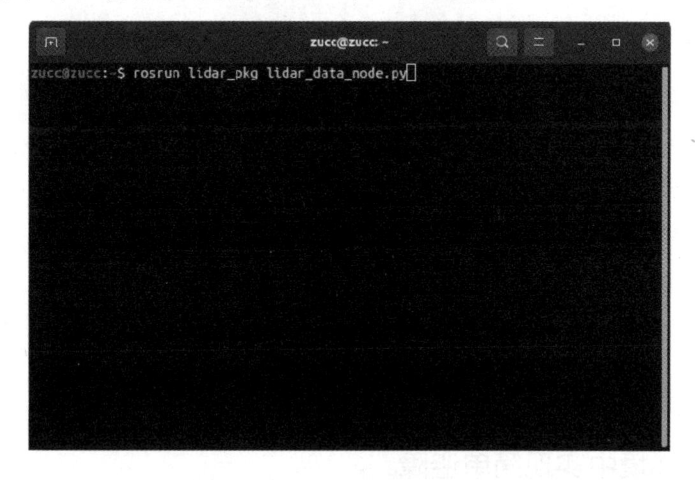

图 5-17　启动雷达数据获取节点

5.1.2　在真实环境中实现获取激光雷达数据

这里的程序可以在启智 ROS 机器人上运行，具体步骤如下。

（1）根据启智 ROS 的实验指导书对运行环境和驱动源码包进行配置。

（2）把本章所创建的源码包“lidar_pkg”复制到机载计算机的“~/catkin_ws/src”目录下进行编译。

（3）连接好设备上的硬件。

（4）使用机载计算机打开终端程序，输入如下指令。

```
roslaunch wpb_home_bringup lidar_base.launch
```

（5）运行“lidar_data_node”节点，打开一个新的终端程序，运行如下指令。

```
rosrun lidar_pkg lidar_data_node.py
```

按“Enter”键运行后，即可利用“lidar_data_node”节点获取启智 ROS 机器人的雷达数据信息。

5.2　利用激光雷达实现简单避障

前面介绍了机器人运动终止的方法，也介绍了激光雷达的数据获取方法，本节将把它们结合起来，实现一个根据激光雷达测距信息进行避障运动的闭环行为。在开始之前，我们需要先了解一下在本节所使用的开源仿真项目中，激光雷达是如何安装在机器人上的（见图 5-18），激光雷达旋转一周的扫描角度范围为 0° 到 360° ，机器人正前方的激光射线角度为扫描角度范围的中间值，也就是 360° 的一半，为 180° 。在程序实现的时候，我们只需要将 180° 方向上的激光雷达测距数值作为判断依据，控制机器人旋转和直行即可。

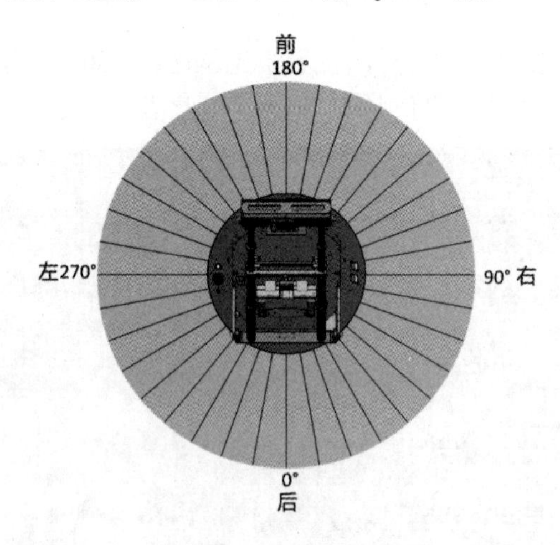

图 5-18　激光雷达在机器人上的安装方式

5.2.1　在仿真环境中实现简单避障

1. 编写节点代码

首先需要创建一个 ROS 源码包。在 Ubuntu 里打开一个终端程序，输入如下指令进入 ROS 工作空间，如图 5-19 所示。

```
cd catkin_ws/src/
```

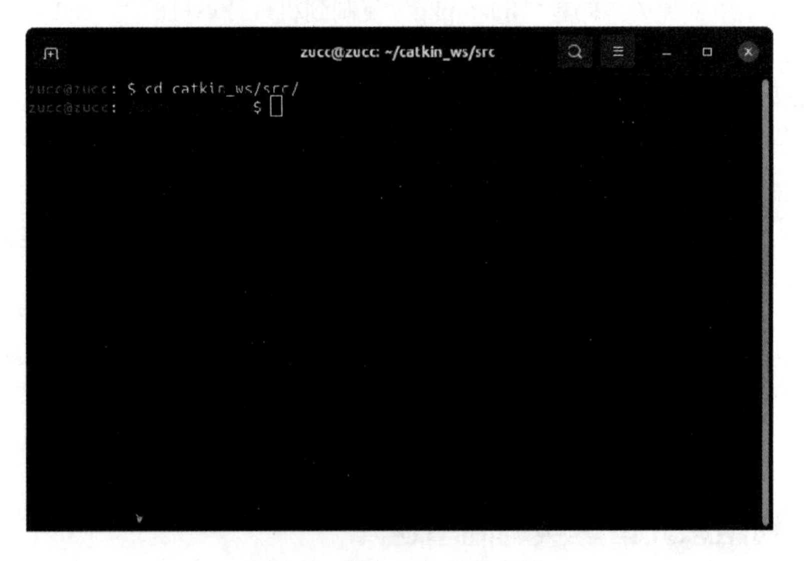

图 5-19　进入 ROS 工作空间

然后输入如下指令创建 ROS 源码包。

```
catkin_create_pkg behavior_pkg rospy std_msgs sensor_msgs geometry_msgs
```

按下“Enter”键后即创建 behavior_pkg 源码包，如图 5-20 所示，系统会提示 ROS 源码包创建成功，这时我们可以看到“catkin_ws/src”目录下出现了“behavior_pkg”子目录。

创建 behavior_pkg 源码包的指令含义，如表 5-2 所示。

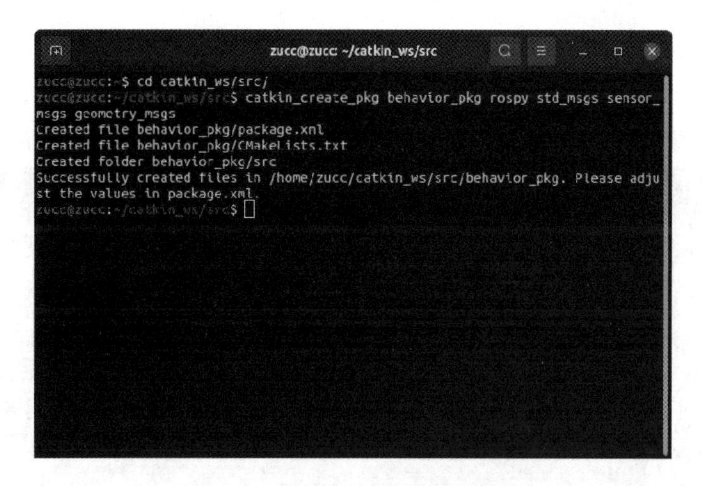

图 5-20　创建 behavior_pkg 源码包

表 5-2　创建 behavior_pkg 源码包的指令含义

指令	含义
catkin_create_pkg	创建 ROS 源码包（Package）的指令
behavior_pkg	新建的 ROS 源码包命名
rospy	Python 依赖项，因为本例程使用 Python 编写，所以需要这个依赖项
std_msgs	标准消息依赖项，需要里面的 String 格式做文字输出
sensor_msgs	传感器消息依赖项，激光雷达数据格式需要此项
geometry_msgs	速度消息依赖项，需要里面的 Twist 格式描述运动速度

接下来在 Visual Studio Code 中进行操作，将目录展开，找到前面新建的“behavior_pkg”并展开，可以看到它是一个功能包最基础的结构，选中“behavior_pkg”并对其右击，弹出图 5-21 所示的快捷菜单，选择“新建文件夹”。

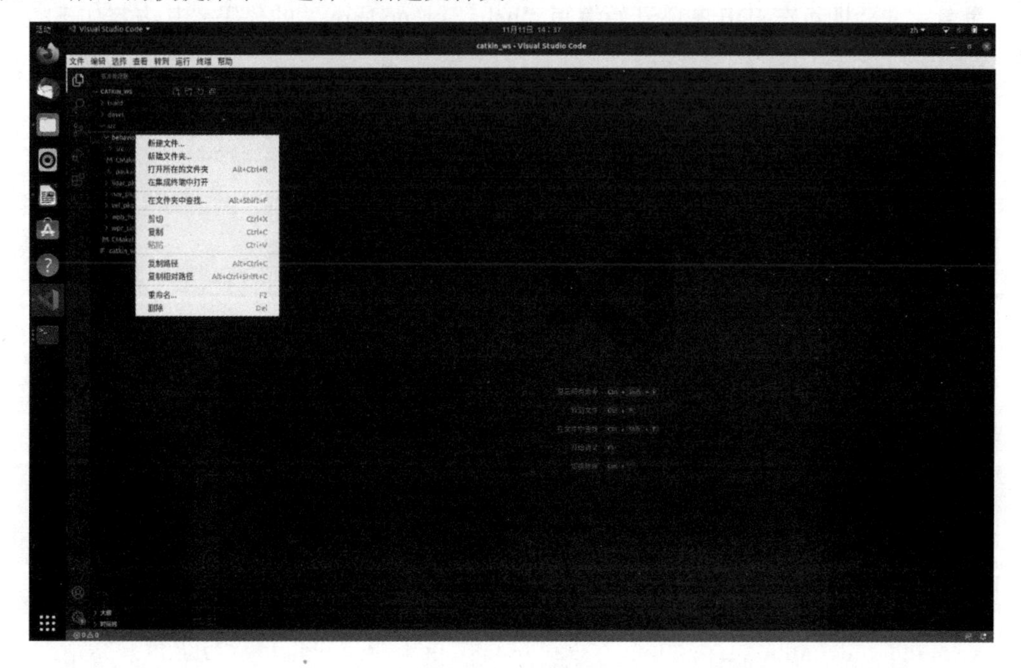

图 5-21　快捷菜单

将这个文件夹命名为“scripts”，如图 5-22 所示。在第 2 章的 2.3 节中，有对此名称文件夹的解释。命名成功后按“Enter”键则创建成功。

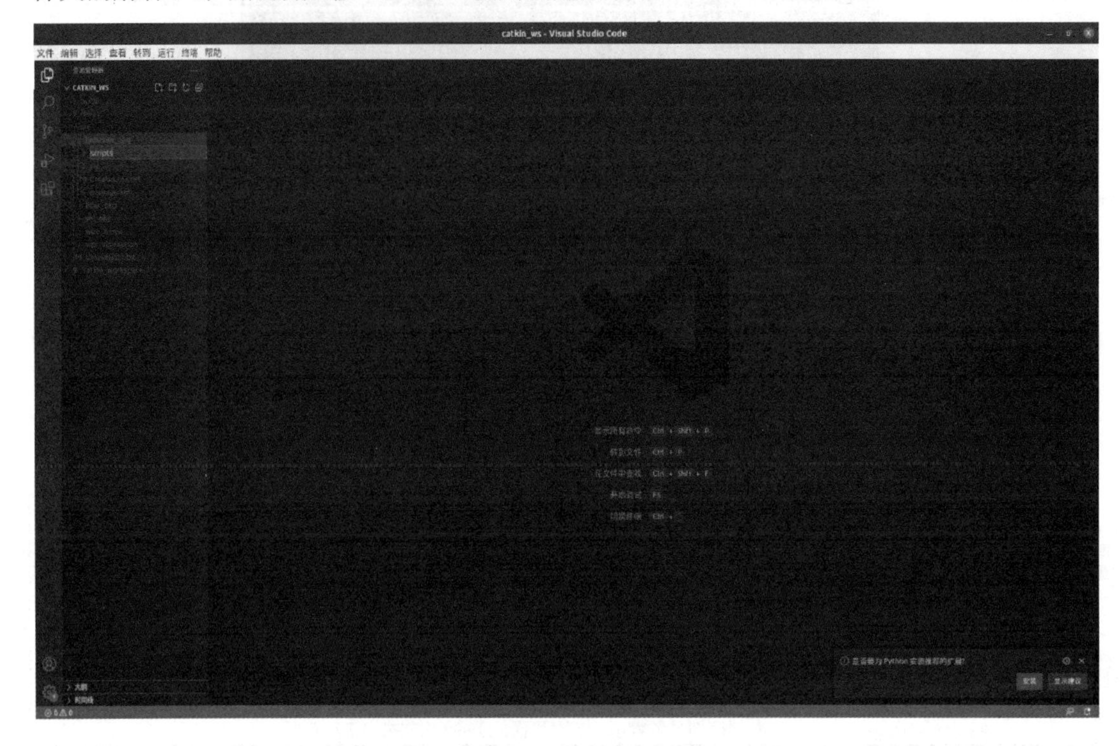

图 5-22　创建“scripts”文件夹

选中此文件夹并对其右击，弹出图 5-21 所示的快捷菜单，选择“新建文件”。将这个 Python 节点文件命名为“behavior_node.py”。

命名完成后即可在 IDE 右侧开始编写“behavior_node.py”的代码，其内容如下。

```
#!/usr/bin/env python3
# coding=utf-8

import rospy
from sensor_msgs.msg import LaserScan
from geometry_msgs.msg import Twist

count = 0

# 激光雷达回调函数
def cbScan(msg):
    global vel_pub
    global count
    vel_msg = Twist()
    dist = msg.ranges[180]
    rospy.logwarn("正前方测距数值 = %.2f",dist)
    if count > 0:
        count = count -1
```

```
        rospy.loginfo("持续转向 count = %d",count)
        return
    if dist > 1.5:
        vel_msg.linear.x = 0.05
    else:
        vel_msg.angular.z = 0.3
        count = 50
    vel_pub.publish(vel_msg)

# 主函数
if __name__ == "__main__":
    rospy.init_node("behavior_node")
    # 发布机器人运动控制话题
    vel_pub = rospy.Publisher("cmd_vel",Twist,queue_size=10)
    # 订阅激光雷达的数据话题
    lidar_sub = rospy.Subscriber("scan",LaserScan,cbScan,queue_size=10)
    rospy.spin()
```

（1）代码的开始部分，使用 Shebang 符号指定这个 Python 文件的解释器为 python3。如果是 Ubuntu 18.04 或更早的版本，解释器可设为 python。

（2）第二句代码指定该文件的字符编码为 utf-8，这样就能在代码执行的时候显示中文字符。

（3）使用 import 导入三个模块，第一个是 rospy 模块，包含了大部分的 ROS 接口函数；第二个是激光雷达数据的消息类型，即 sensor_msgs.msg 里的 LaserScan；第三个是运动速度的消息类型，即 geometry_msgs.msg 里的 Twist，其数据格式如图 5-23 所示。

File: geometry_msgs/Twist.msg

Raw Message Definition

```
# This expresses velocity in free space broken into its linear and angular parts.
Vector3  linear
Vector3  angular
```

图 5-23　Twist.msg 数据格式

其中 linear 是运动控制的线性分量，也就是机器人直线移动的分量，angular 是机器人旋转运动的分量。这两个分量都是 Vector3 类型，其数据格式如图 5-24 所示。

File: geometry_msgs/Vector3.msg

Raw Message Definition

```
# This represents a vector in free space.
# It is only meant to represent a direction. Therefore, it does not
# make sense to apply a translation to it (e.g., when applying a
# generic rigid transformation to a Vector3, tf2 will only apply the
# rotation). If you want your data to be translatable too, use the
# geometry_msgs/Point message instead.

float64 x
float64 y
float64 z
```

图 5-24　Vector3.msg 数据格式

由此可见，Vector3 类型包含三个浮点数：*x*、*y* 和 *z*。对于 linear 来说，*x*、*y* 和 *z* 对应的是沿 *X* 轴、*Y* 轴和 *Z* 轴的速度分量，分量数值单位为“米/秒”。对于 angular 来说，*x*、*y* 和 *z* 对应的是以 *X* 轴、*Y* 轴和 *Z* 轴为旋转轴的旋转速度分量，分量数值单位为“弧度/秒”。

（4）接下来定义一个全局变量 count 并赋初值为 0，后面会用这个变量做一个计时器，控制机器人转向运动的时长，以躲避障碍物。

（5）定义一个回调函数 cbScan()，用来处理激光雷达数据。ROS 每接收到一帧激光雷达数据，就会自动调用一次回调函数。雷达的测距数值会以参数的形式传递到这个回调函数里。

（6）在回调函数 cbScan()中首先声明两个全局变量：一个是机器人运动速度的发布对象 vel_pub，这个会在后面的主函数里进行定义；另一个就是刚才定义的变量 count。

（7）定义一个运动速度消息包 vel_msg，其格式为 Twist。后面会发送它到机器人的核心节点，控制机器人的底盘运动。

（8）在 5.1 节的实验里，我们知道回调函数 cbScan()的参数 msg 的 range 是存放了激光雷达测距数值的数组，总共有 360 个，测距范围为机器人周围一圈 360 个方向。其中，下标为 180 的测距数值对应机器人的正前方（见图 5-20），将这个测距值保存到变量 dist 里，后面用来作为避障行为的激活条件。

（9）调用 rospy 的 logwarn()函数将机器人正前方的测距数值显示在终端里。

（10）为了便于理解程序流程，count 数值的判断这段先不看，调到下面对 dist 数值的判断处。当 dist 大于 1.5 米时，说明机器人正前方还没检测到有碰撞危险的障碍物，这时候对速度消息包 vel_msg 的 linear.x 赋值 0.05，让机器人以 0.05 米/秒的速度继续前进；当 dist 小于 1.5 米时，说明机器人正前方存在有碰撞危险的障碍物，这时候对速度消息包 vel_msg 的 angular.z 赋值 0.3，让机器人以 0.3 弧度/秒的速度向左旋转。同时还对 count 赋值 50，现在回到前面对 count 的判断代码块。在程序开始时，count 的初值为 0，只有当机器人检测到正前方有障碍物时，才会给 count 设置一个 50。因此，如果 count 的数值大于 0，说明机器人正在转向避障当中，系统会先将 count 的数值减 1，然后 return 返回。这样可以跳过后面对 dist 的判断语句，避免机器人转到一半，检测到前方 1.5 米内无障碍物后，马上停止转向恢复直行，这样会有侧面碰撞障碍物的风险。因为这里我们判断障碍物只用到了 180° 这一条射线的测距值，扫描的宽度特别窄，远小于机器人的正面横截面积，所以索性让机器人检测到障碍物后，直接转一个大角度，彻底避开正前方的障碍物之后再恢复前进直行状态。将 count 设置为 50，也就是这个 cbScan()函数回调 50 次之后，才重新判断机器人前方的障碍物，在这之前让机器人一直处于旋转避障状态。

（11）在回调函数 cbScan()的最后，调用机器人运动速度发布对象 vel_pub 的 publish()函数，将赋值后的速度消息包 vel_msg 发布到速度控制话题中，让机器人的核心节点接收到，并控制机器人底盘执行这个速度指令。

（12）调用 rospy 的 init_node()函数进行该节点的初始化操作，参数是节点名称。

（13）调用 rospy 的 Publisher()函数生成一个广播对象 vel_pub，调用的参数里指明了 vel_pub 将会在话题“/cmd_vel”里发布 geometry_msgs::Twist 类型的数据。我们对机器人的控制，就是通过这个发布消息实现的。

（14）调用 rospy 的 Subscriber()函数生成一个订阅对象 lidar_sub，在函数的参数中指明这个对象订阅的是“scan”话题，数据类型为 LaserScan，回调函数设置为之前定义的 cbScan()，缓冲长度为 10。通过这个订阅行为，系统就可以在每次获取新的激光雷达数据的时候，自动调用一次回调函数 cbScan()，从而激活一次我们编写的避障行为代码。

（15）调用 rospy 的 spin()对这个主函数进行阻塞，保持这个节点程序不会结束退出。

程序编写完后，代码并未马上保存到文件里，此时会看到界面左上编辑区的文件名“behavior_node.py”右侧有个白色小圆点（见图 5-25），这表示此文件并未保存。在按下“Ctrl+S”键进行保存后，白色小圆点会变成关闭按钮“×”。

图 5-25 文件未保存状态

2. 设置可执行权限

由于这个代码文件是新创建的，其默认不带有可执行属性，所以我们需要为其添加一个可执行属性让它能够运行起来。启动一个终端程序，输入如下指令进入这个代码文件所存放的目录（见图 5-26）。

```
cd ~/catkin_ws/src/behavior_pkg/scripts/
```

再输入如下指令为代码文件添加可执行属性。

```
chmod +x behavior_node.py
```

设置文件权限，如图 5-27 所示，按“Enter”键执行后，这个代码文件就获得了可执行属性，可以在终端程序里运行了。

图 5-26　进入目录

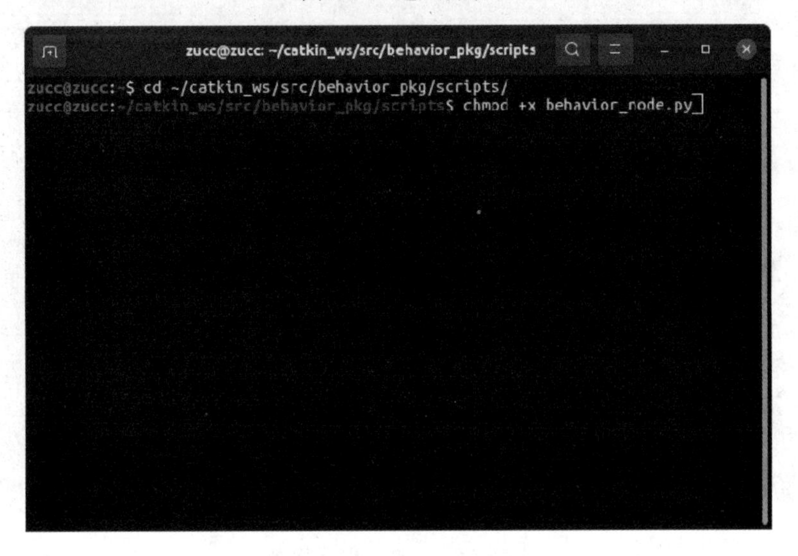

图 5-27　设置文件权限

3. 编译软件包

现在节点文件可以运行了，但是这个软件包还没有加入 ROS 的包管理系统，无法通过 ROS 指令运行其中的节点，所以还需要对这个软件包进行编译。在终端程序中输入如下指令进入 ROS 工作空间（见图 5-28）。

```
cd ~/catkin_ws/
```

再输入如下指令对软件包进行编译。

```
catkin_make
```

编译完成如图 5-29 所示，这时就可以测试此节点了。

```
zucc@zucc: ~/catkin_ws
zucc@zucc:~$ cd ~/catkin_ws/src/behavior_pkg/scripts/
zucc@zucc:~/catkin_ws/src/behavior_pkg/scripts$ chmod +x behavior_node.py
zucc@zucc:~/catkin_ws/src/behavior_pkg/scripts$ cd ~/catkin_ws/
zucc@zucc:~/catkin_ws$
```

图 5-28　进入 ROS 工作空间

```
zucc@zucc: ~/catkin_ws
[ 76%] Built target wpb_home_plane_detect
[ 76%] Built target wpb_home_tutorials_gencpp
[ 78%] Built target wpb_home_simple_goal
[ 80%] Built target wpb_home_grab_object
[ 81%] Built target wpb_home_behavior_node
[ 82%] Built target wpb_home_cruise
[ 82%] Built target wpb_home_tutorials_generate_messages
[ 83%] Built target wpb_home_imu_turn
[ 84%] Built target wpb_home_sr_xfyun
[ 85%] Built target wpb_home_face_detect
[ 86%] Built target wpb_home_obj_detect
[ 87%] Built target wpb_home_joystick_demo
[ 88%] Built target wpb_home_speak
[ 89%] Built target wpb_home_image_node
[ 90%] Built target wpb_home_speech_recognition
[ 91%] Built target wpb_home_mani_ctrl
[ 92%] Built target wpb_home_voice_cmd
[ 93%] Built target wpb_home_grab_client
[ 94%] Built target wpb_home_capture_image
[ 95%] Built target wpb_home_serve_drinks
[ 96%] Built target wpb_home_sound_local
[ 97%] Built target wpb_home_lidar_data
[100%] Built target wpb_home_follow
zucc@zucc:~/catkin_ws$
```

图 5-29　编译完成

4. 启动仿真环境

启动开源项目“wpr_simulation”中的仿真场景，如图 5-30 所示，打开终端程序，输入如下指令。

```
roslaunch wpr_simulation wpb_simple.launch
```

图 5-30　启动仿真场景

启动后会弹出图 5-31 所示的仿真场景，机器人位于柜子前方。

图 5-31　仿真场景

5. 启动图形界面

启动 Rviz，如图 5-32 所示，打开一个新的终端程序，输入如下指令。

```
roslaunch wpr_simulation wpb_rviz.launch
```

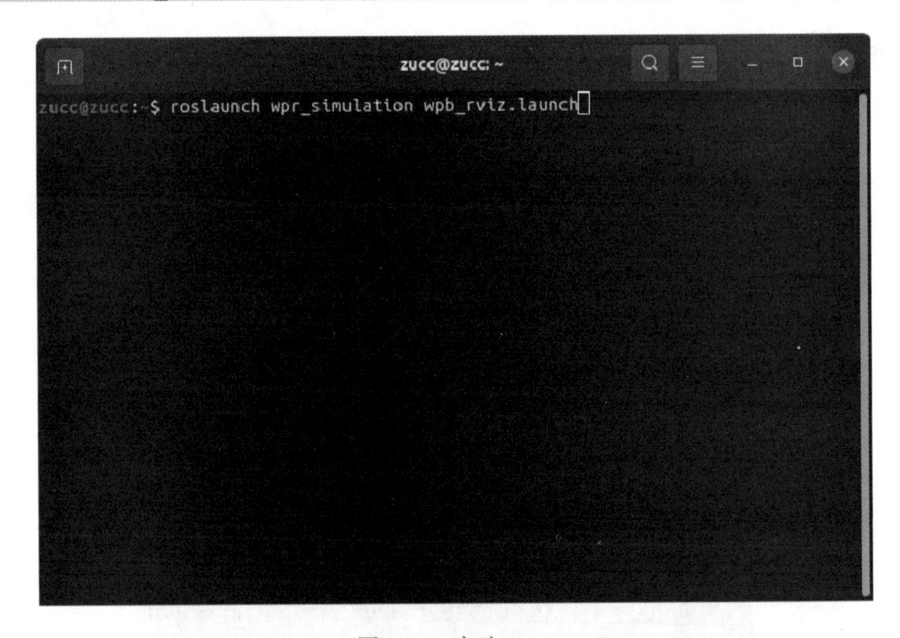

图 5-32　启动 Rviz

执行指令后系统会弹出图 5-33 所示的 Rviz 界面。

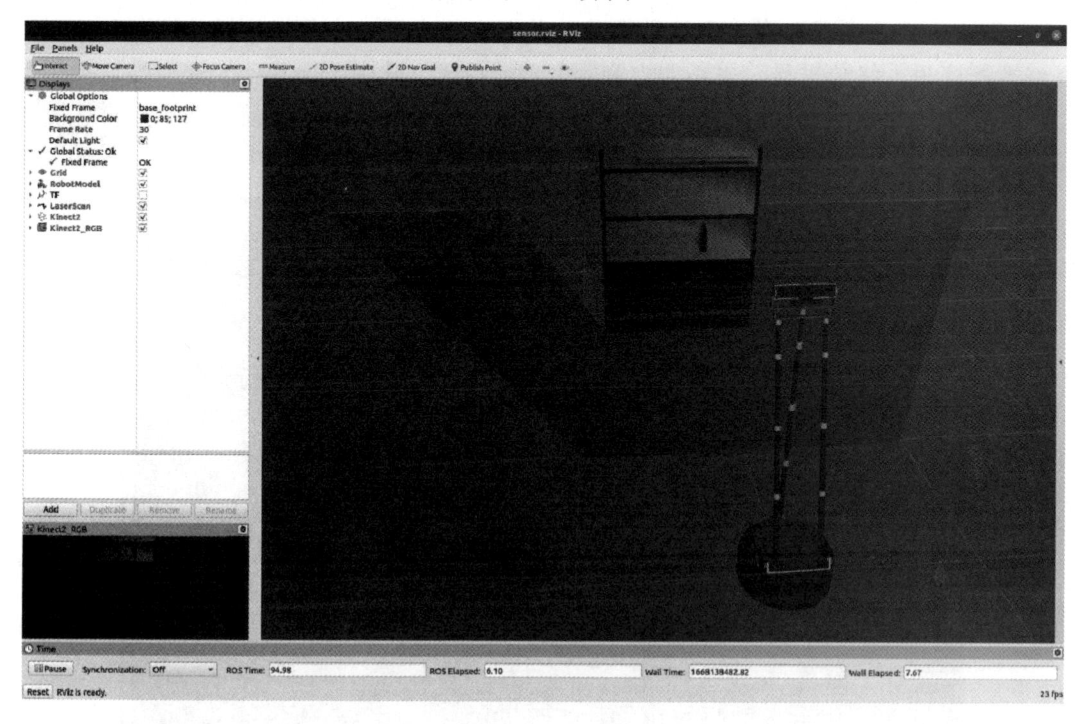

图 5-33　Rviz 界面

6. 运行节点程序

启动简单避障节点，如图 5-34 所示，再打开一个新的终端程序，输入如下指令。

```
rosrun behavior_pkg behavior_node.py
```

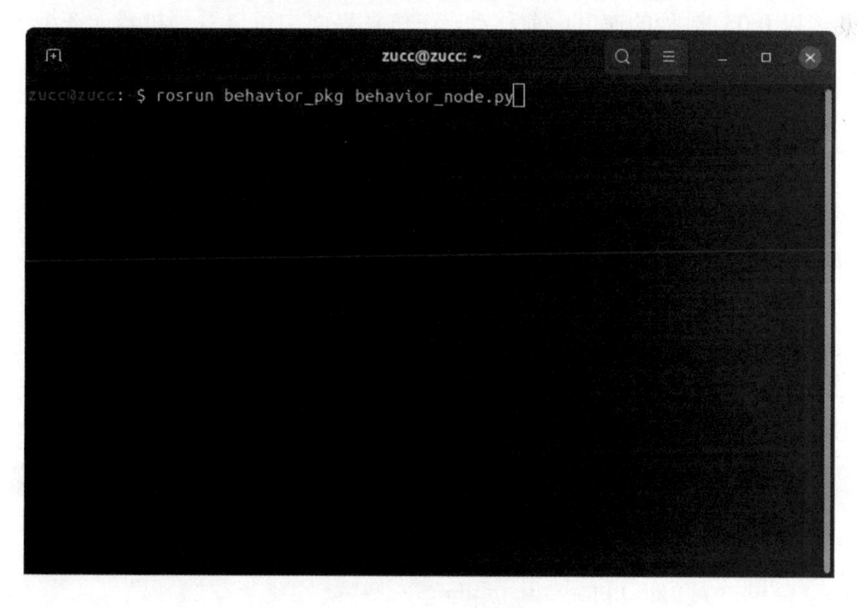

图 5-34　启动简单避障节点

这条指令会启动上面所编写的 behavior_node.py。按照程序逻辑，会从激光雷达的“/scan”主题里不断获取激光雷达数据包，并把机器人正前方的激光雷达测距数值显示在终端程序里。终端里显示“正前方测距数值= xxx”，其中 xxx 为一个浮点数，单位是“米”（见图 5-35），比如“正前方测距数值 = 2.61”表示机器人正前方的激光雷达测距值为 2.61 米。

```
zucc@zucc: ~
zucc@zucc:~$ rosrun behavior_pkg behavior_node.py
[WARN] [1668138508.629830, 113.342000]: 正前方测距数值 = 2.61
[WARN] [1668138508.756588, 113.435000]: 正前方测距数值 = 2.60
[WARN] [1668138508.936327, 113.542000]: 正前方测距数值 = 2.59
[WARN] [1668138509.122572, 113.643000]: 正前方测距数值 = 2.59
[WARN] [1668138509.298374, 113.741000]: 正前方测距数值 = 2.60
[WARN] [1668138509.435891, 113.842000]: 正前方测距数值 = 2.59
[WARN] [1668138509.548402, 113.939000]: 正前方测距数值 = 2.57
[WARN] [1668138509.667633, 114.040000]: 正前方测距数值 = 2.56
[WARN] [1668138509.786606, 114.135000]: 正前方测距数值 = 2.57
[WARN] [1668138509.905670, 114.241000]: 正前方测距数值 = 2.57
[WARN] [1668138510.045613, 114.343000]: 正前方测距数值 = 2.58
[WARN] [1668138510.220045, 114.444000]: 正前方测距数值 = 2.55
[WARN] [1668138510.339215, 114.544000]: 正前方测距数值 = 2.54
[WARN] [1668138510.486147, 114.641000]: 正前方测距数值 = 2.55
[WARN] [1668138510.633948, 114.749000]: 正前方测距数值 = 2.54
[WARN] [1668138510.782819, 114.845000]: 正前方测距数值 = 2.53
[WARN] [1668138510.944088, 114.949000]: 正前方测距数值 = 2.52
[WARN] [1668138511.091897, 115.046000]: 正前方测距数值 = 2.52
[WARN] [1668138511.224621, 115.163000]: 正前方测距数值 = 2.50
[WARN] [1668138511.375272, 115.253000]: 正前方测距数值 = 2.50
[WARN] [1668138511.524421, 115.352000]: 正前方测距数值 = 2.52
[WARN] [1668138511.672688, 115.456000]: 正前方测距数值 = 2.49
```

图 5-35　正前方测距数值

程序启动后，机器人开始以 0.05 米/秒的速度向前移动。当机器人前方 1.5 米处出现障碍物时，机器人停止移动，以 0.3 弧度/秒的速度原地转动。当机器人转到一定角度后，停止转动，继续以 0.05 米/秒的速度向前移动。在仿真界面中可以看到机器人在柜子前转向绕开柜子。

5.2.2　在真实环境中实现简单避障

这里的程序可以在启智 ROS 机器人上运行，具体步骤如下。

（1）根据启智 ROS 的实验指导书对运行环境和驱动源码包进行配置。

（2）把本章所创建的源码包“behavior_pkg”复制到机载计算机的“~/catkin_ws/src”目录下，进行编译。

（3）连接好设备上的硬件。

（4）使用机载计算机打开终端程序，输入如下指令。

```
roslaunch wpb_home_bringup lidar_base.launch
```

（5）运行“behavior_node”节点，打开一个新终端程序，输入如下指令。

```
rosrun behavior_pkg behavior_node.py
```

按“Enter”键运行后即可利用“behavior_node”节点控制启智 ROS 机器人进行简单避障。

5.3　本章小结

在这个实验里，我们首先通过获取激光雷达数据，进行障碍物的距离判断；然后计算出机器人速度值，并发送给机器人底盘；最终实现了机器人移动避障的功能。

06 第6章 建图及导航应用实例

6.1 SLAM 建图

“SLAM”，英文全称是“Simultaneous Localization And Mapping”，翻译过来就是“即时定位与地图构建”。SLAM 最早由 Smith、Self 和 Cheeseman 于 1988 年提出，因为它重要的理论和应用价值，所以被认为是使机器人实现真正自主移动的重点。激光雷达的数据特点如图 6-1 所示，其为雷达激光所在平面与障碍物相切所得的切面图，即激光雷达数据的点阵形状。

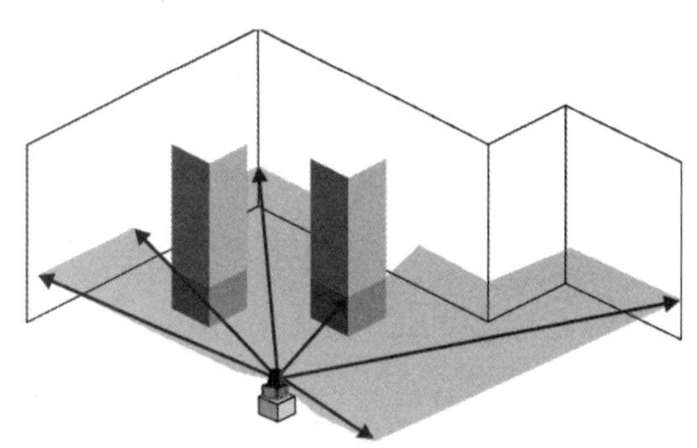

图 6-1　激光雷达的数据特点

而激光雷达在环境中某一位置的扫描范围具有局限性，只能扫描到对应位置的障碍物信息。但是又因为相邻位置所扫描到的障碍物有一部分是重合的，所以可以将相邻位置所扫描到的障碍物轮廓进行组合，即将连续的激光雷达扫描到的障碍物轮廓组合起来，这样就形成了一个完整的环境地图，这个地图是根据激光雷达扫描平面上所有障碍物的轮廓得到的。系统根据构建地图时障碍物轮廓的重合关系，可以反推出机器人对应的位置关系和机器人位于地图中的位置，这样就实现了机器人在进行地图构建的同时进行自身实时定位的功能，这就是 SLAM 的由来。

ROS 所支持的 SLAM 算法有很多，大多数用户使用的是 Hector SLAM 和 Gmapping，这两者的区别为：Hector SLAM 可以仅依靠激光雷达进行工作；Gmapping 则因为需要多传感器的数据进行融合使用，所以建图质量优于 Hector SLAM。本章中使用 Gmapping 进行地图的构建。

6.1.1　在仿真环境中实现 SLAM 建图

（1）确保在前面已经对两个开源项目完成了部署。

（2）启动开源项目“wpr_simulation”中 SLAM 建图的仿真场景，在终端程序中输入如下指令。

```
roslaunch wpr_simulation wpb_gmapping.launch
```

指令运行后会弹出图 6-2 所示的 Gazebo 仿真界面，以及图 6-3 所示的 Rviz 工具界面。可以在左侧任务栏中单击对应图标切换窗口。

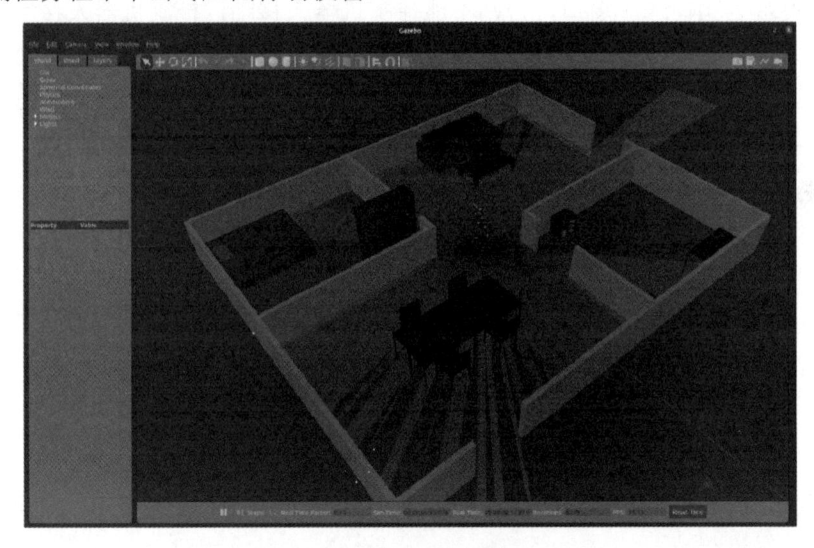

图 6-2　Gazebo 仿真界面

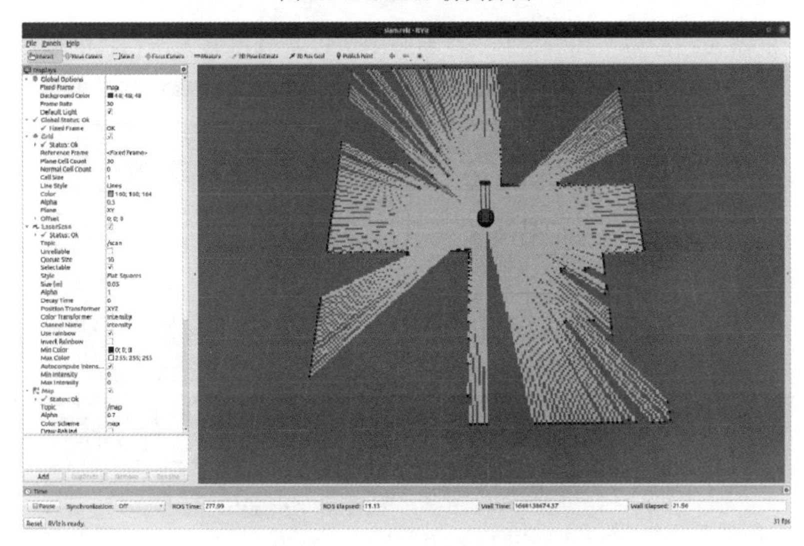

图 6-3　Rviz 工具界面

从图 6-2 中可以看到，在仿真场景中用隔板将场景分为了 4 片区域，模拟了一个正常的家庭环境，将整场景分为厨房、餐厅、客厅和卧室，并在每个房间中放置了对应的家具。

从 Rviz 工具界面中可以看到，由激光雷达所扫描到的区域为灰白色，激光雷达扫描到的障碍物为黑色，未扫描到的区域为深灰色。

（3）控制机器人在环境中移动，以便于扫描完整地图，一般情况下会使用遥控手柄控制机器人移动。启动的 launch 文件中已经包含了手柄控制的节点，可以直接使用手柄遥控。

如果没有遥控手柄，可以使用键盘控制的方式移动机器人，打开一个新的终端程序，输入如下指令。

```
rosrun wpr_simulation keyboard_vel_ctrl
```

指令运行后，终端中会提示控制机器人移动所用的按键（见图 6-4），需要注意的是，必须保证此终端为当前选中窗口，否则不能控制机器人移动，控制机器人移动的对应按键为加速制，即按下对应按键后，机器人速度为累加制，当需要转换机器人运动方向时，需先停止，再按下对应方向按键。

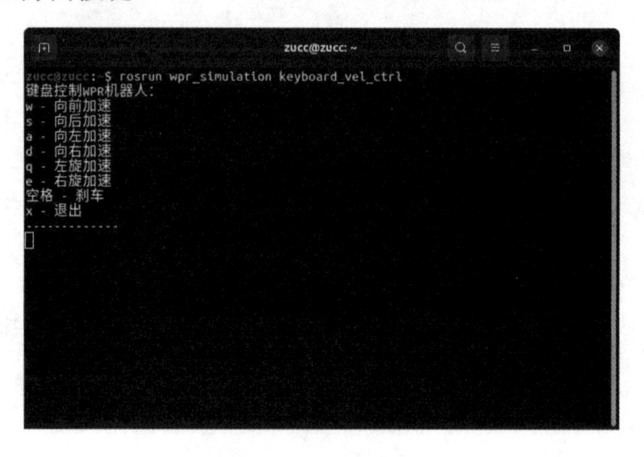

图 6-4　键盘控制机器人

（4）控制机器人扫描整个场景之后，在系统中可以看到机器人所扫描的地图（见图 6-5）。

图 6-5　地图扫描完成

将地图保存下来，打开一个新的终端程序，输入如下指令。

```
rosrun map_server map_saver -f map
```

这条指令的意思是，启动 map_server 包的 map_saver 程序，将当前 SLAM 建好的图保存为名为“map”的地图。按下“Enter”键，确认保存，此时系统会提示如图 6-6 所示的地图保存完成信息，同时在系统的主文件夹中会出现两个名为“map”的文件，如图 6-7 所示，一个名为“map.pgm”，另一个名为“map.yaml”。其中“map.pgm”为图片格式，双击可以查看图片内容，它的内容就是建好的地图图案。

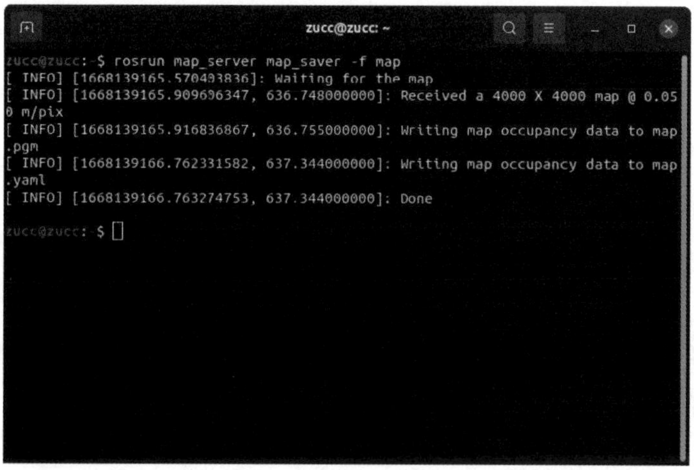

zucc@zucc: ~
zucc@zucc:~$ rosrun map_server map_saver -f map
[INFO] [1668139165.570483836]: Waiting for the map
[INFO] [1668139165.909696347, 636.748000000]: Received a 4000 X 4000 map @ 0.050 m/pix
[INFO] [1668139165.916836867, 636.755000000]: Writing map occupancy data to map.pgm
[INFO] [1668139166.762331582, 637.344000000]: Writing map occupancy data to map.yaml
[INFO] [1668139166.763274753, 637.344000000]: Done
zucc@zucc:~$

图 6-6　地图保存完成信息

用户文件夹
最近使用
收藏
主目录
桌面
视频
图片
文档
下载
音乐
回收站
其他位置
公共的
模板
视频
图片
文档
下载
音乐
桌面
catkin_ws
map.pgm
map.yaml
选中了 2 项 (16.0 MB)

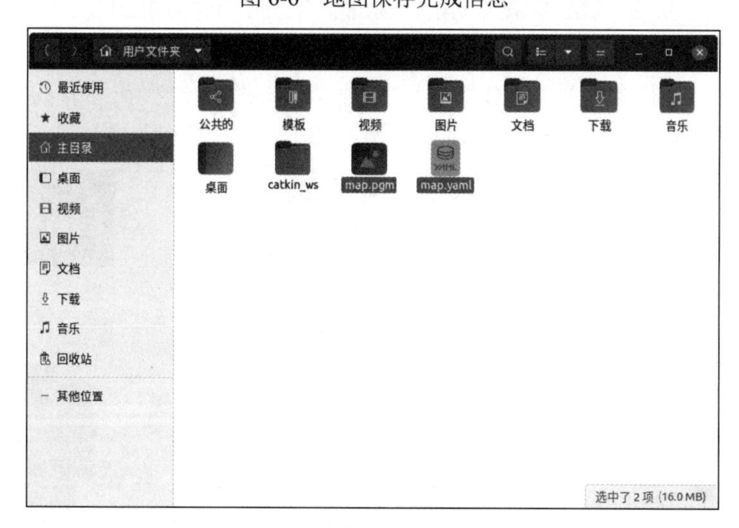

图 6-7　两个地图文件

6.1.2　在真实环境中实现 SLAM 建图

这里的程序可以在启智 ROS 机器人上运行，具体步骤如下。

（1）根据启智 ROS 的实验指导书对运行环境和驱动源码包进行配置。

（2）连接好设备上的硬件。

（3）打开机器人底盘上的电源开关（按下去）。

（4）打开机器人的红色急停开关（沿按钮上的箭头方向旋转，让其弹起），底盘电机会处于上电抱死状态，强行推动机器人会感觉到阻力。

（5）使用机载计算机打开终端程序，输入如下指令。

```
roslaunch wpb_home_tutorials gmapping.launch
```

（6）控制机器人扫描地图。

（7）运行“map_saver”节点保存地图，打开一个新的终端程序，运行如下指令。

```
rosrun map_server map_saver -f map
```

按“Enter”键运行后，即可保存地图文件至主文件夹，以便后续使用。

6.2 Navigation 自主导航

在本节中，将使用之前建好的地图进行机器人导航，在进行实际操作之前，先来了解一下机器人导航的原理。在 6.1 节的实验中，使用激光雷达 SLAM 建立的地图为栅格地图，这种地图是室内移动机器人进行导航时常用的地图格式，它是一种在二维空间上描述障碍物分布状况的地图形式。栅格地图将整个环境状况在一个切面上分割成一个横竖排列的栅格小空间，每一个小空间用不同的颜色标记出这个空间的情况。Rviz 中的二维地图如图 6-8 所示，它是用 ROS 的 SLAM 算法建立的二维平面地图在 Rviz 里的显示，如果放大观察，这个二维地图的细节部分如图 6-9 所示，是由一个个正方形的栅格组成的。白色表示该栅格空间内无障碍物，机器人可以通行；黑色表示该栅格空间内存在障碍物，机器人不能通行；灰色表示该栅格空间尚未探索，可通行情况不明。

图 6-8　Rviz 中的二维地图

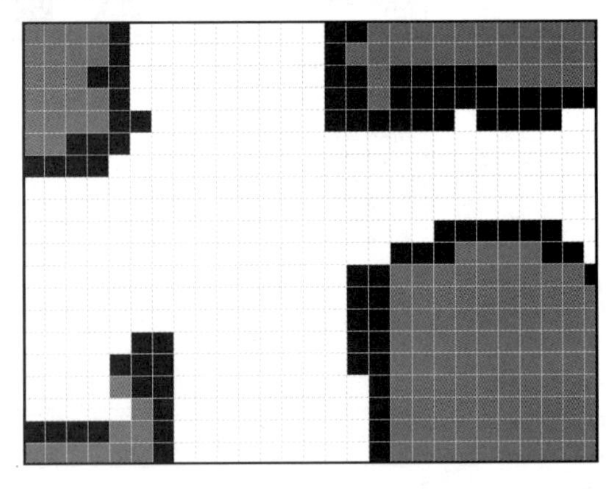

图 6-9　二维地图的细节部分

有了栅格地图，机器人的地图导航问题就变成在栅格地图中寻找机器人能通过的空间区域并驱动机器人从起点移动到终点，这里面包含了两个部分的任务。

（1）机器人定位。机器人需要知道自己当前在地图中的位置，才能确定导航的起点在哪。机器人在移动过程中，也需要时刻确定自己的位置是否贴合规划的路径。

（2）路径规划与导航。路径规划示意图如图 6-10 所示，路径规划算法就是在栅格地图中寻找一条可通行的路径，即连续的可通行栅格，其从机器人当前位置一直延伸到导航的目标终点。

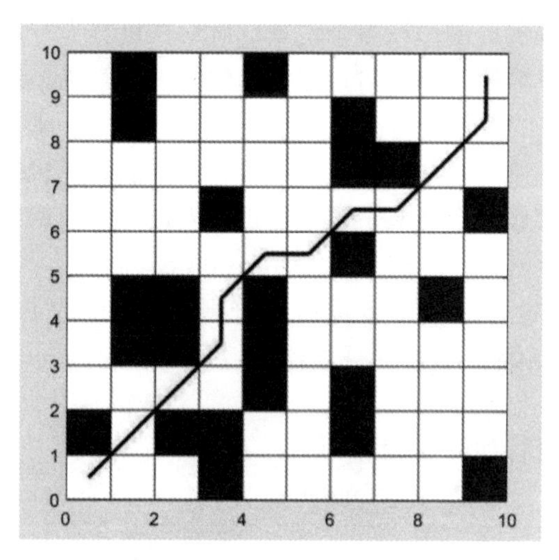

图 6-10　路径规划示意图

在实际的机器人路径规划中，除了考虑白色可通行栅格的连通情况，还需要考虑机器人本身体积所占用的空间，只有白色栅格空间大于机器人的底盘直径，机器人才能安全通过。因此通常会在黑色障碍物域膨胀出一条碰撞安全边界，这条边界的宽度为机器人底盘半径长度，它的意义是：当机器人位于这条安全边界里时提示它会与障碍物发生碰撞。这样，机器人的可通行路径会避开这一条安全边界，在剩余的可通行区域里规划。

在 ROS 中启动 Navigation 导航系统后，可以在 Rviz 里看到障碍物栅格周围有一圈淡蓝色的安全边界。机器人的路径规划会避开黑色障碍物栅格和淡蓝色的安全边界，在剩余的白色可通行区域里寻找出一条最短路径，图 6-11 中的曲线就是 Navigation 导航系统规划出的路径。

图 6-11　机器人自主规划路径

ROS 的 Navigation 导航系统按照上述功能分为两个主要部分。

（1）AMCL：英文全称为“Adaptive Monte Carlo Localization”（蒙特卡洛自适应定位算法），这是一种使用概率理论在已知地图中对机器人自定位置进行估计的方法。这种方法会先在机器人可能通过的位置周围假设多个位置，然后在机器人行进过程中，依据激光雷达和电机码盘里程计等设备输出的信息对这些假设位置进行筛选，逐步剔除明显不可信的假设位置，留下可信度较高的定位位置。比如在图 6-11 中，地面上那些分散的绿色箭头就是机器人的假设位置，一开始的时候绿色箭头很多、很分散，在机器人运动过程中，这些箭头会逐渐收敛，最终汇聚成一个箭头，它就是机器人最可信的定位位置（读者可自行操作体会）。

（2）Move_Base：这是 Navigation 系统里扮演核心中枢的 ROS 包，它将机器人导航需要用到的地图、坐标、路径和行为规划器连接到了一起，同时还提供了导航参数的设置接口。

Move_Base 的工作流程如图 6-12 所示。

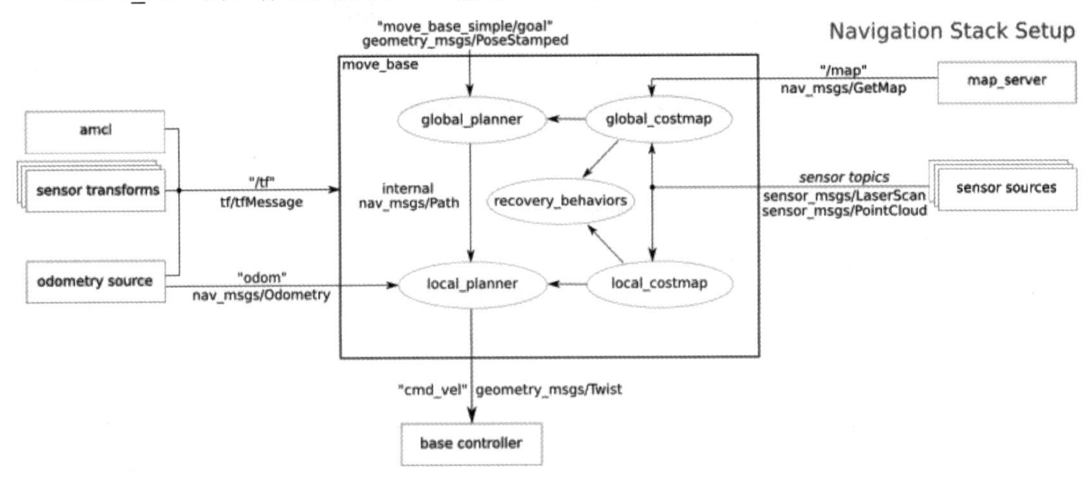

图 6-12　Move_Base 的工作流程

具体如下。

（1）map_server 在主题“/map”里提供全局地图信息，global_costmap 从这个主题里获得全局地图信息，再加上从 sensor sources 获得的激光雷达和点云等的信息，融合成一个全局的栅格代价地图。

（2）全局的栅格代价地图交给 global_planner 进行全局路径规划，再结合外部节点发送到主题“/move_base_simple/goal”里的移动终点得出紫色的全局移动路径。

（3）local_costmap 从 global_costmap 中截取机器人周围一定距离内的地图，结合传感器信息生成一个局部的代价地图。

（4）local_planner 从 global_planner 获得全局规划路径，结合从 local_costmap 获得的局部代价地图及 amcl 提供的机器人位置信息，计算出机器人当前应该执行的速度，发送到主题“cmd_vel”里，驱动机器人沿着全局路径进行移动。

从上面部分可以看出，ROS 的 Navigation 系统已经包含了导航需要的大部分功能，只需要提供全局地图和导航目的地即可进行 Navigation 导航。

6.2.1　在仿真环境中实现 Navigation 自主导航

（1）复制地图文件，如图 6-13 所示，将 6.1 节中建立的两个地图文件复制到工作空间“~/catkin_ws/src/wpr_simulation/maps”内。

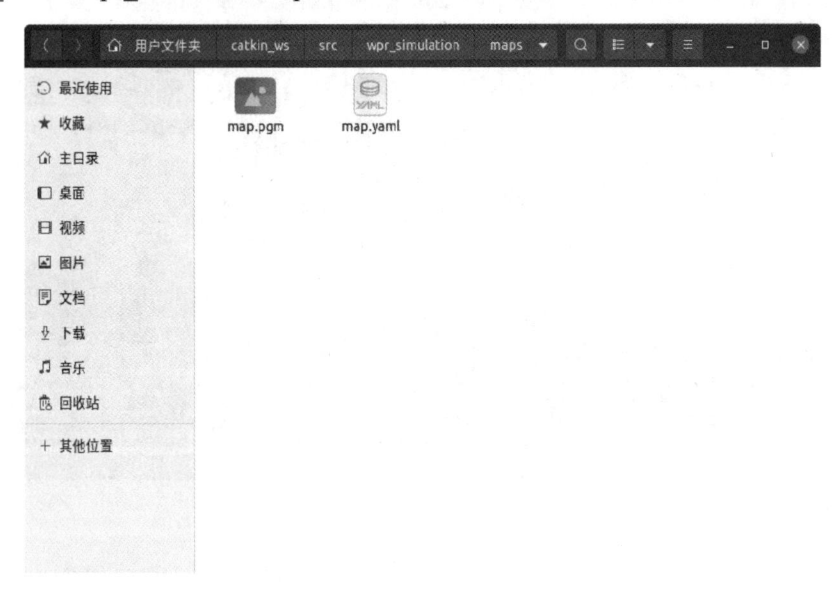

图 6-13　复制地图文件

（2）在终端程序中输入如下指令启动仿真程序（见图 6-14）。

```
roslaunch wpr_simulation wpb_navigation.launch
```

图 6-14　启动仿真程序

仿真程序运行后会弹出图 6-15 所示的导航仿真场景，场景内的布局和建图的仿真场景一致，只是机器人初始位置发生了改变。

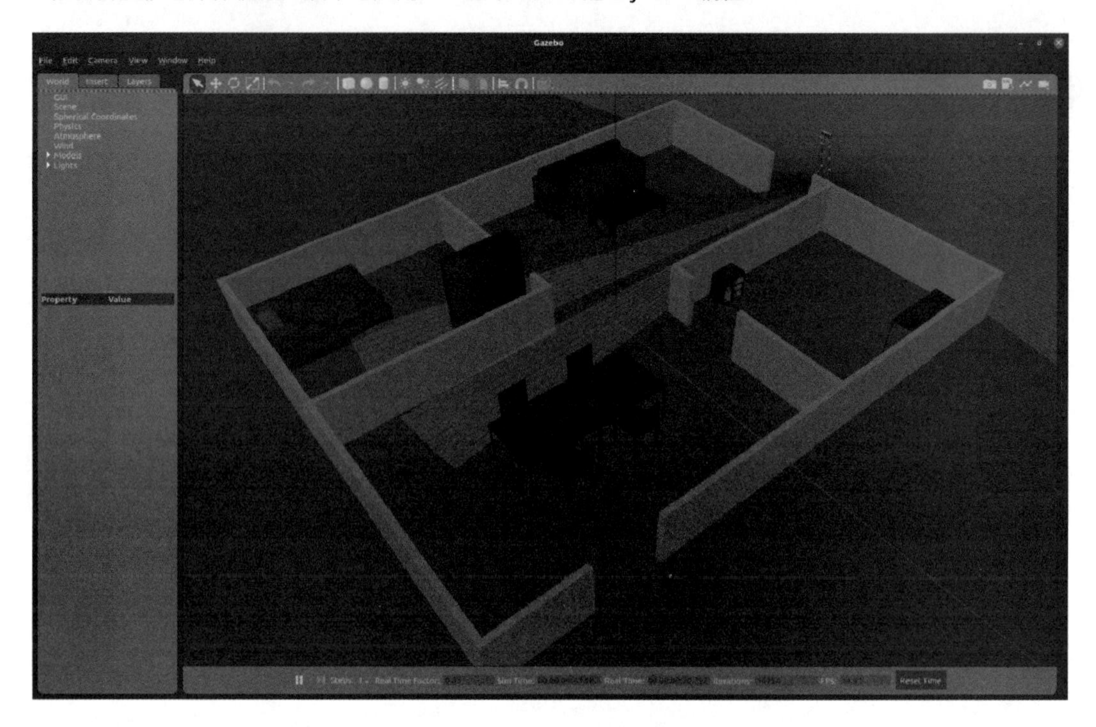

图 6-15　导航仿真场景

启动 Gazebo 的同时，Rviz 也会启动，可以在左侧任务栏进行窗口切换，Rviz 界面如图 6-16 所示，在 Rviz 界面中就可以看到 6.1 节创建好的地图。

图 6-16　Rviz 界面

在这个界面中可以看到规划器根据地图固定障碍物膨胀出来的安全边界。

（3）在 Rviz 刚启动时，机器人的默认位置是地图的起始点，就是 6.1 节建图时机器人出发的地方。而在导航开始时，现实世界中机器人很有可能并不在之前建图时机器人出发的位置。这一点也可以通过观察 Rviz 中红色激光雷达数据点和静态障碍物轮廓是否贴合判断出来。如果现实世界中的机器人位置和 Rviz 中显示的位置有偏差，那么需要在导航前先纠正这个偏差，具体过程如下。

先单击 Rviz 界面上方工具栏（见图 6-17）里的“2D Pose Estimate”按钮，然后单击 Rviz 界面里现实机器人所处的位置。这时，界面里会出现一个箭头，代表的是机器人在初始位置的朝向（见图 6-18）。按住鼠标左键不放，在屏幕上画圈，可以控制箭头的朝向，选定方向后即可松开按键。

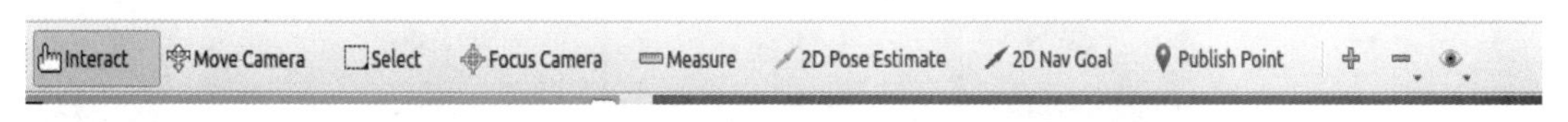

图 6-17　Rviz 工具栏

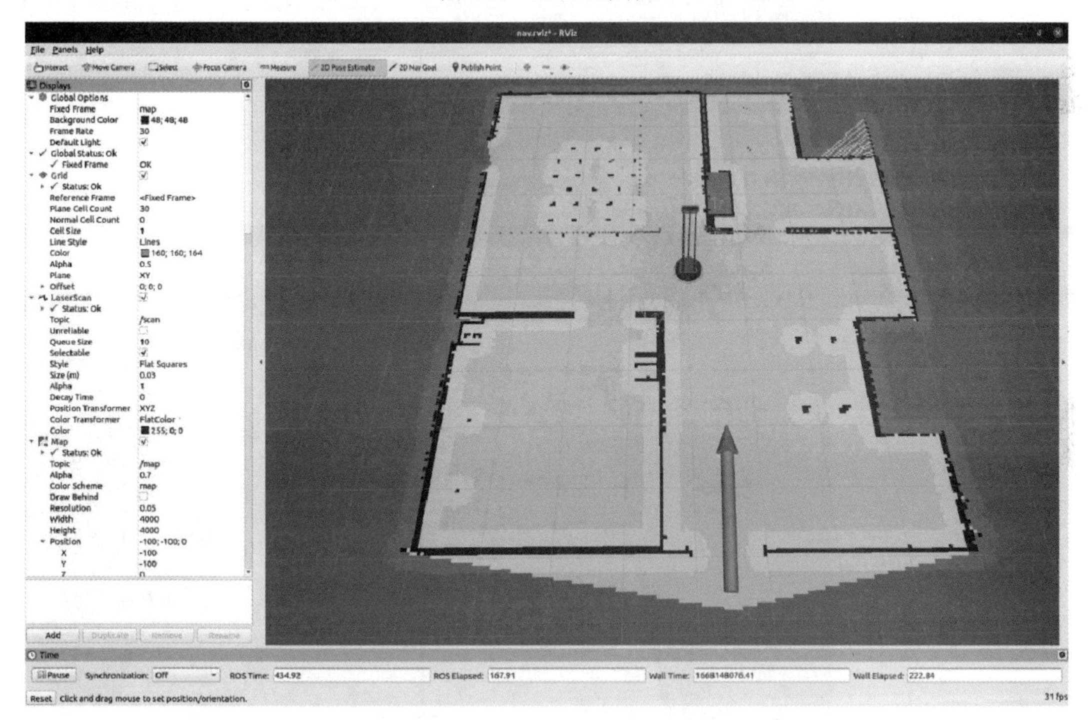

图 6-18　设置初始位置

初始位置可能会需要多次进行调整，直至激光雷达数据和固定障碍物轮廓大致重合。

（4）设置好机器人的初始位置后，就可以为机器人指定导航的目标地点。先单击 Rviz 工具栏里的“2D Nav Goal”按钮，然后单击 Rviz 界面上的导航目标点（通常在白色区域里选择一个地点）。此时会再次出现箭头，和前面的操作一样，按住鼠标左键不放在屏幕上拖动，设置机器人移动到终点后的朝向。

选择完目标朝向后，松开鼠标左键即可看到图 6-19 所示的路径规划，全局规划器会自动规划出一条路径，机器人会沿着此路径移动到目标点，并在调整朝向后停止（见图 6-20）。

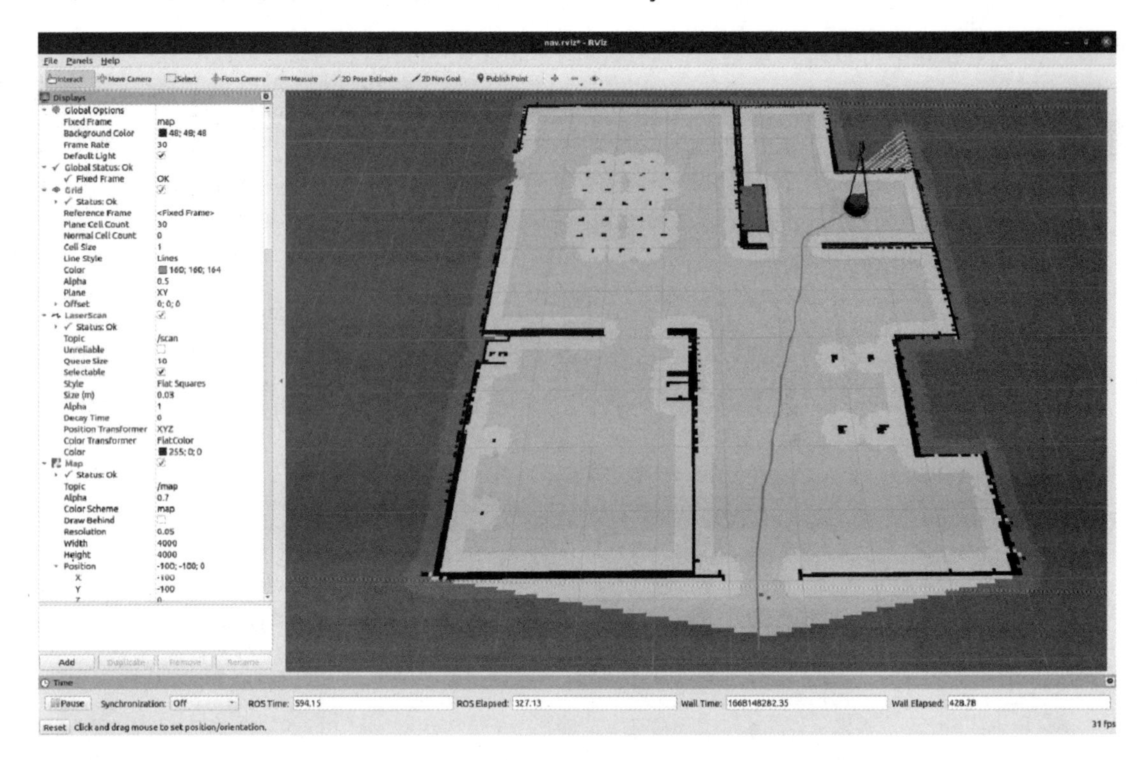

图 6-19　路径规划

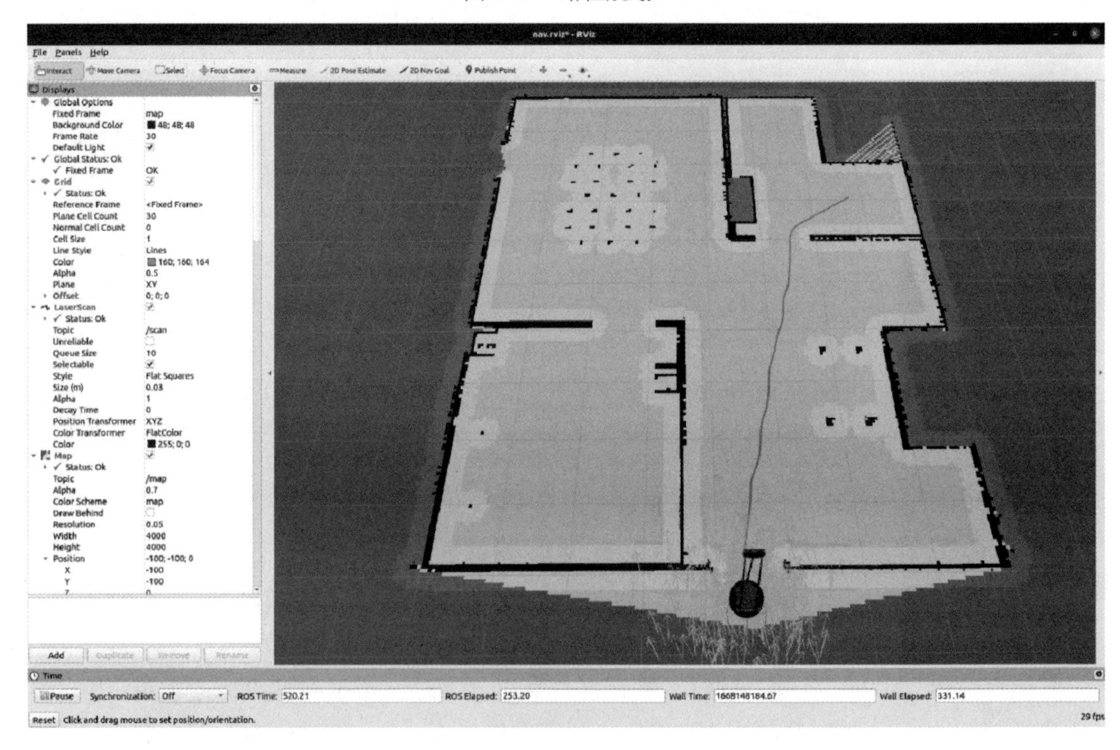

图 6-20　移动至目标点

同时，我们在 Gazebo 仿真界面中也可以看到机器人在场景中移动到目标点位。接下来可以尝试设置其他位置目标点，观察机器人规划的路径及移动过程。

6.2.2　在真实环境中实现 Navigation 自主导航

这里的程序可以在启智 ROS 机器人上运行，具体步骤如下。

（1）根据启智 ROS 的实验指导书对运行环境和驱动源码包进行配置。

（2）连接好设备上的硬件。

（3）打开机器人底盘上的电源开关（按下去）。

（4）按照 6.1 节的内容进行环境地图的建立，并将地图复制到目录“catkin_ws/src/wpb_home/wpb_home_tutorials/maps”中。

（5）打开机器人的红色急停开关（沿按钮上的箭头方向旋转，让其弹起），底盘电机会处于上电抱死状态，强行推动机器人会感觉到阻力。

（6）使用机载计算机打开终端程序，输入如下指令。

```
roslaunch wpb_home_tutorials nav.launch
```

（7）运行后会出现和仿真时类似的 Rviz 界面，按照仿真时导航的步骤设置初始位置和导航目标点即可。

6.3　本章小结

本章先介绍了 SLAM 即时定位与地图构建的作用、ROS 所支持大多数用户使用 Hector SLAM 和 Gmapping 两种 SLAM 方法，以及仿真环境和真实环境机器人的 SLAM 实践；然后介绍了机器人导航的原理及基于建好的 SLAM 地图进行机器人导航的方法；最后介绍了仿真环境和真实环境下的导航实践。

07 第 7 章 基于代码的导航应用实例

第 6 章介绍了 move_base 的工作流程，并且通过 Rviz 中的导航工具进行了导航，本章将介绍如何通过编写代码的方式进行导航目标点的设定。

与手动在 Rviz 里设置操作不同，利用编写代码的方式设置操作需要考虑函数调用接口和 ROS 节点关系的设计。好在 ROS 已经替我们考虑好了这一切，Navigation 系统支持标准的 Actionlib 接口，这个接口可以让我们在发送导航终点坐标之后，还能实时获得导航执行的进度消息。只需要编写一个 ROS 节点，就可以通过这个 Actionlib 接口和 Navigation 系统进行调用和交互。

7.1 利用编写代码的方式进行导航

7.1.1 在仿真环境中实现编写代码控制机器人导航

1. 编写代码节点

首先要创建一个 ROS 源码包。在 Ubuntu 里打开一个终端程序，输入如下指令进入 ROS 工作空间（见图 7-1）。

```
cd catkin_ws/src/
```

图 7-1 进入 ROS 工作空间

然后输入如下指令创建 ROS 源码包。

```
catkin_create_pkg nav_pkg rospy move_base_msgs actionlib
```

输入指令按“Enter”键后，系统会提示 ROS 源码包创建成功（见图 7-2），这时我们可以看到“catkin_ws/src”目录下出现了“nav_pkg”子目录。

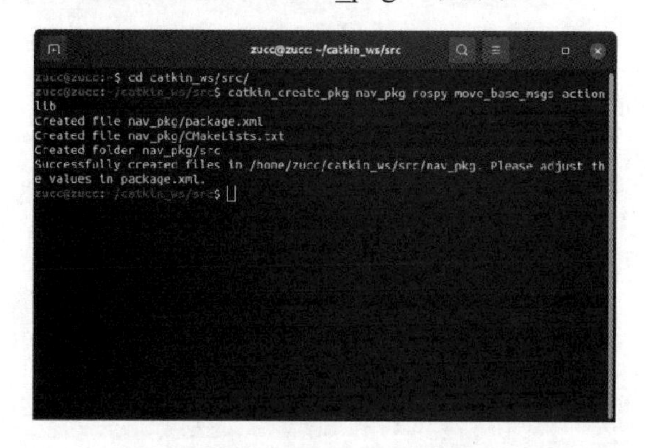

图 7-2　创建 nav_pkg 源码包

创建 nav_pkg 源码包的指令含义，如表 7-1 所示。

表 7-1　创建 nav_pkg 源码包的指令含义

指令	含义
catkin_create_pkg	创建 ROS 源码包（Package）的指令
nav_pkg	新建的 ROS 源码包命名
rospy	Python 依赖项，因为本例程使用 Python 编写，所以需要这个依赖项
move_base_msgs	move_base 导航消息依赖项
actionlib	actionlib 依赖项，Navigation 的编程接口为 actionlib 格式

接下来在 Visual Studio Code 中进行操作，将目录展开，找到前面新建的“nav_pkg”并展开，可以看到它是一个功能包最基础的结构，选中“nav_pkg”，并对其右击，弹出图 7-3 所示的快捷菜单，选择“新建文件夹”。

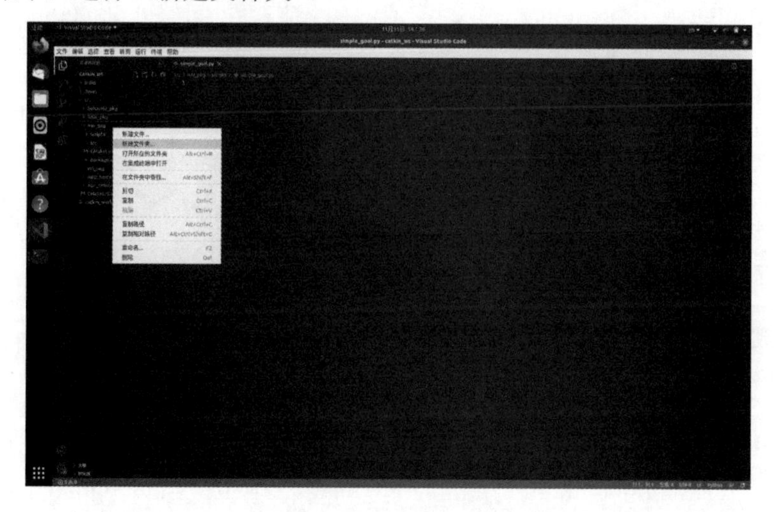

图 7-3　快捷菜单

将这个文件夹命名为“scripts”（见图 7-4）。在第 2 章的 2.3 节中，有对此名称文件夹的解释。命名成功后按“Enter”键即创建成功。

图 7-4　创建“scripts”文件夹

选中此文件夹并右击，弹出图 7-3 所示的快捷菜单，选择“新建文件”。将这个 Python 节点文件命名为“simple_goal.py”。

命名完成后即可在 IDE 右侧开始编写“simple_goal.py”的代码，其内容如下。

```
#!/usr/bin/env python3
# coding=utf-8

import rospy
import actionlib
from move_base_msgs.msg import MoveBaseAction, MoveBaseGoal

if __name__ == "__main__":
    rospy.init_node("simple_goal")
    # 生成一个导航请求客户端
    ac = actionlib.SimpleActionClient('move_base',MoveBaseAction)
    # 等待服务器端启动
    ac.wait_for_server()

    # 构建目标航点消息
    goal = MoveBaseGoal()
    # 目标航点的参考坐标系
    goal.target_pose.header.frame_id="base_footprint"
    # 目标航点在参考坐标系里的三维数值
    goal.target_pose.pose.position.x = 1.0
```

```
    goal.target_pose.pose.position.y = 0.0
    goal.target_pose.pose.position.z = 0.0
    # 目标航点在参考坐标系里的朝向信息
    goal.target_pose.pose.orientation.x = 0.0
    goal.target_pose.pose.orientation.y = 0.0
    goal.target_pose.pose.orientation.z = 0.0
    goal.target_pose.pose.orientation.w = 1.0

    # 发送目标航点去执行
    ac.send_goal(goal)
    rospy.loginfo("开始导航……")
    ac.wait_for_result()
    rospy.loginfo("导航结束！")
```

（1）代码的开始部分，使用 Shebang 符号指定这个 Python 文件的解释器为 python3。如果是 Ubuntu 18.04 或更早的版本，解释器可设为 python。

（2）第二句代码指定该文件的字符编码为 utf-8，这样就能在代码执行的时候显示中文字符。

（3）使用 import 导入四个模块，第一个是 rospy 模块，包含了大部分的 ROS 接口函数；第二个是 actionlib 模块，我们编写的这个节点和 ROS 的导航系统是通过 actionlib 方式通信的；第三个是 move_base_msgs 消息包中的 MoveBaseAction 数据格式，它定义了咱们这个节点和 ROS 导航系统进行通信的数据格式；第四个是 move_base_msgs 消息包中的 MoveBaseGoal 数据格式，用于描述导航目标。

（4）当__name__为“__main__”时，说明这个程序是被直接执行的，下面就是需要执行的内容。

（5）调用 rospy 的 init_node()函数进行该节点的初始化操作，参数是节点名称。

（6）调用 actionlib 的 SimpleActionClient()函数生成一个 ActionClient 对象 ac，用来调用和监控 ROS 的导航服务。在 SimpleActionClient()函数的参数中指定服务的名称为“move_base”，通信格式为 MoveBaseAction。MoveBaseAction 通信格式如图 7-5 所示。

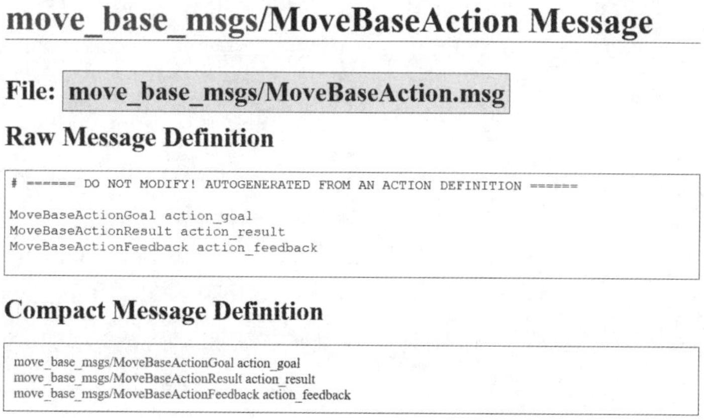

move_base_msgs/MoveBaseAction Message

File: move_base_msgs/MoveBaseAction.msg

Raw Message Definition

```
# ====== DO NOT MODIFY! AUTOGENERATED FROM AN ACTION DEFINITION ======

MoveBaseActionGoal action_goal
MoveBaseActionResult action_result
MoveBaseActionFeedback action_feedback
```

Compact Message Definition

```
move_base_msgs/MoveBaseActionGoal action_goal
move_base_msgs/MoveBaseActionResult action_result
move_base_msgs/MoveBaseActionFeedback action_feedback
```

图 7-5　MoveBaseAction 通信格式

这是一个包含任务目标、执行过程反馈及最终结果的数据结构。其中 action_goal 为任务目标，action_result 为最终执行结果，action_feedback 为任务执行过程中的状态反馈。

（7）在请求导航服务前，需要确认导航服务已经开启，所以这里调用 ac.wait_for_server()函数来查询 ROS 导航服务的状态。这个函数在检测到服务没有启动时会卡住不继续往下执行，直到检测导航服务启动才继续往下执行。这个机制能避免在 ROS 导航服务还没有启动时，盲目调用 ROS 导航服务导致任务提前失败。

（8）确认导航服务启动后，定义一个 move_base_msgs::MoveBaseGoal 类型对象 goal，用来传递我们要导航去的目标信息。

goal.target_pose.header.frame_id 表示这个目标位置的坐标是基于哪个坐标系的。代码里为它赋值“base_footprint”表示这是一个基于机器人本体坐标系的导航目标位置，因为在机器人的 urdf 描述里，“base_footprint”通常是最根部的那个 joint。

goal.target_pose.pose.position.x 赋值 1.0，表示本次导航的目的地是以机器人本体坐标系为基础，向 X 轴（机器人正前方）移动 1.0 米。

goal.target_pose.pose.position 的 y 和 z 都赋值 0。

goal.target_pose.pose.orientation.w 赋值 1.0，其他的 xyz 赋值 0.0，表示导航的目标姿态是机器人面朝 X 轴的正方向（正前方）。

（9）调用 ac.send_goal(goal)将包含导航目标信息的对象传递给导航服务的客户端 ac，由 ac 向 ROS 的导航服务发出导航申请，并监控后续的导航过程。

（10）调用 ac.wait_for_result()等待 ROS 的导航结果，这个函数会保持阻塞，就是卡在这，直到整个导航过程结束，或者导航过程被某些原因中断。

（11）通过 rospy.loginfo()函数在终端里输出信息，提示导航开始了。

（12）导航结束后，ac.wait_for_result()的阻塞会跳出，继续执行后面的代码。这里通过 rospy.loginfo()函数在终端里输出信息，提示导航结束。

程序编写完后，代码并未马上保存到文件里，此时编辑区左上角的文件名“simple_goal.py”左侧有个白色小圆点（见图 7-6），这表示此文件并未保存。在按下“Ctrl+S”键进行保存后，白色小圆点会变成关闭按钮“×”。

图 7-6　文件未保存状态

2. 设置可执行权限

由于这个代码文件是新创建的，其默认不带有可执行属性，所以我们需要为其添加一个可执行属性才能让它运行起来。启动一个终端程序，输入如下指令进入这个代码文件所存放的目录（见图 7-7）。

```
cd ~/catkin_ws/src/nav_pkg/scripts/
```

图 7-7　进入目录

再执行如下指令为代码文件添加可执行属性。

```
chmod +x simple_goal.py
```

按“Enter”键执行后，这个代码文件就获得了可执行属性，它就可以在终端程序里运行了（见图 7-8）。

图 7-8　设置文件权限

3. 编译软件包

现在节点文件可以运行了，但是这个软件包还没有加入 ROS 的包管理系统，无法通过 ROS 指令运行其中的节点，所以还需要对这个软件包进行编译。在终端程序中输入如下指令进入 ROS 工作空间（见图 7-9）。

```
cd ~/catkin_ws/
```

图 7-9　进入 ROS 工作空间

再输入如下指令对软件包进行编译。

```
catkin_make
```

编译完成如图 7-10 所示，这时就可以测试此节点了。

图 7-10　编译完成

4. 启动仿真环境

启动开源项目“wpr_simulation”中的仿真场景（见图 7-11），打开终端程序，输入如下指令。

```
roslaunch wpr_simulation wpb_navigation.launch
```

图 7-11　启动仿真场景

仿真场景启动后会弹出图 7-12 所示的仿真场景界面，机器人位于仿真场景的客厅入口处。

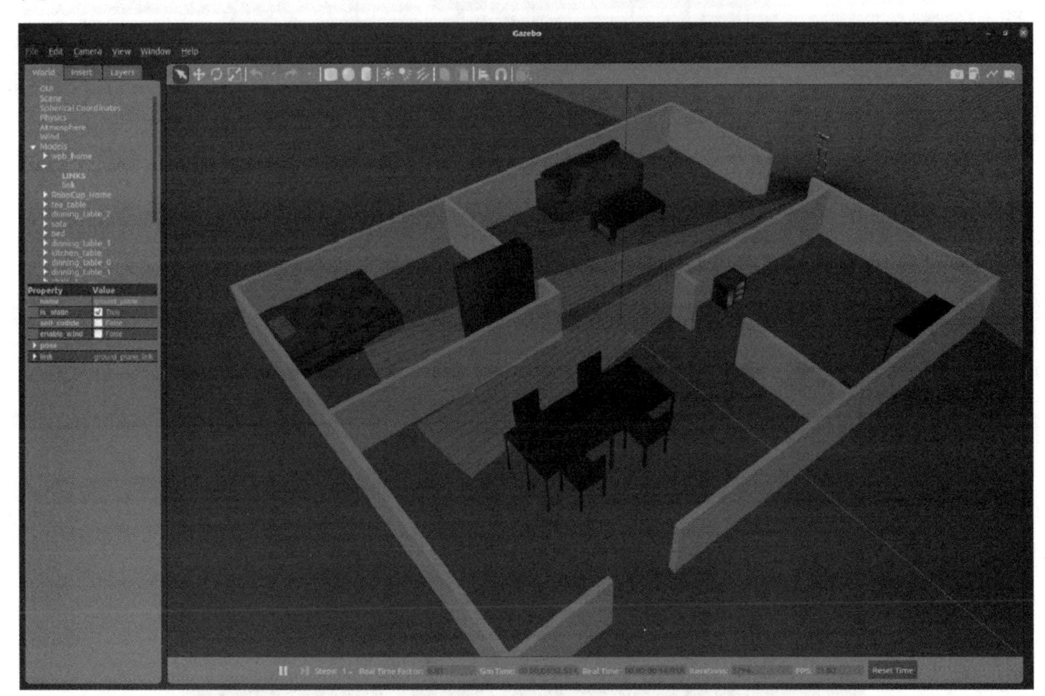

图 7-12　仿真场景界面

启动 Gazebo 的同时，Rviz 也会启动，可以在左侧任务栏进行窗口切换，Rviz 界面如图 7-13 所示，在 Rviz 中就可以看到 6.1 节中创建好的地图。

5. 标定机器人初始位置

按照第 6 章的方式对机器人的初始位置进行标定。

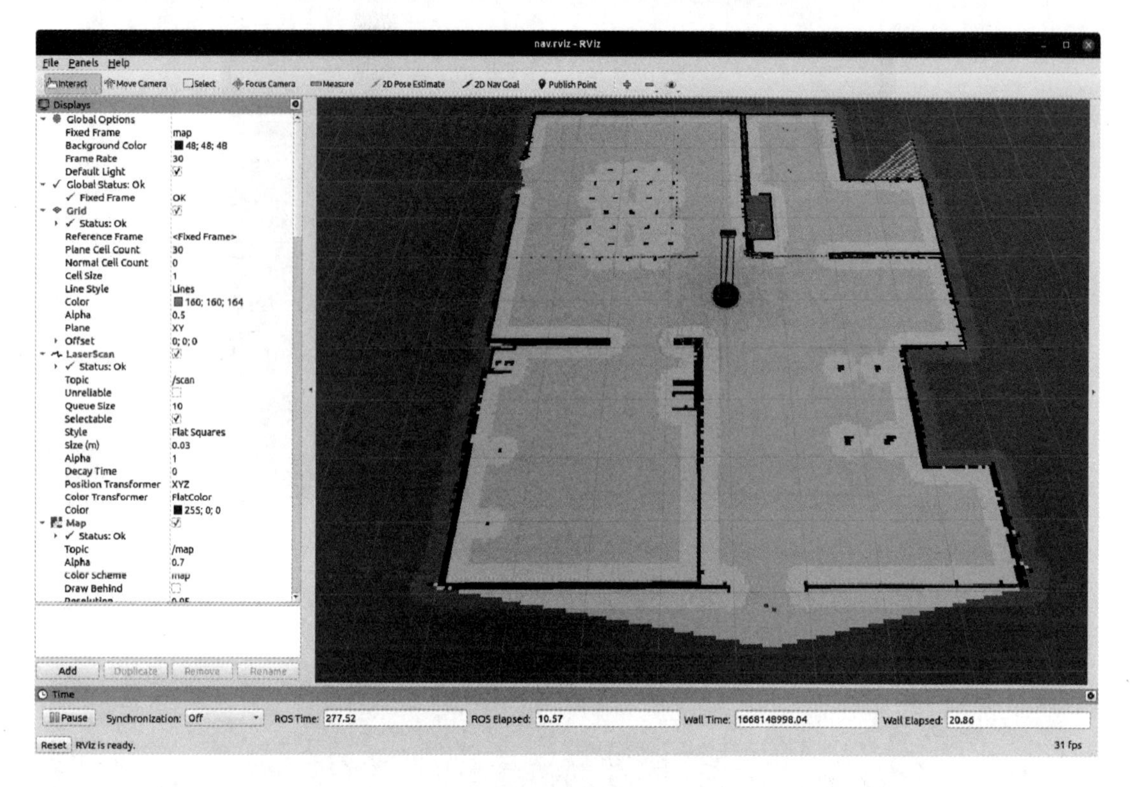

图 7-13　Rviz 界面

6. 运行节点程序

启动 simple_goal 节点，如图 7-14 所示，打开一个新的终端程序，输入如下指令。

```
rosrun nav_pkg simple_goal.py
```

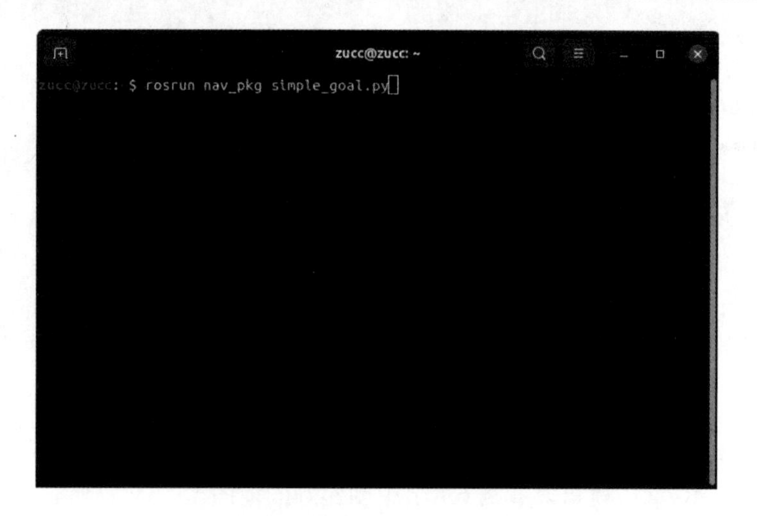

图 7-14　启动 simple_goal 节点

此时再查看 Rviz 的显示界面（见图 7-15），可以看到有一条线从机器人脚下伸向机器人正前方 1 米的位置（Rviz 上的地面基准栅格每一格表示 1 米距离）。

图 7-15　自主规划路径

此时，机器会开始向前移动。机器人运动到目标地点后，便会停止移动（见图 7-16）。

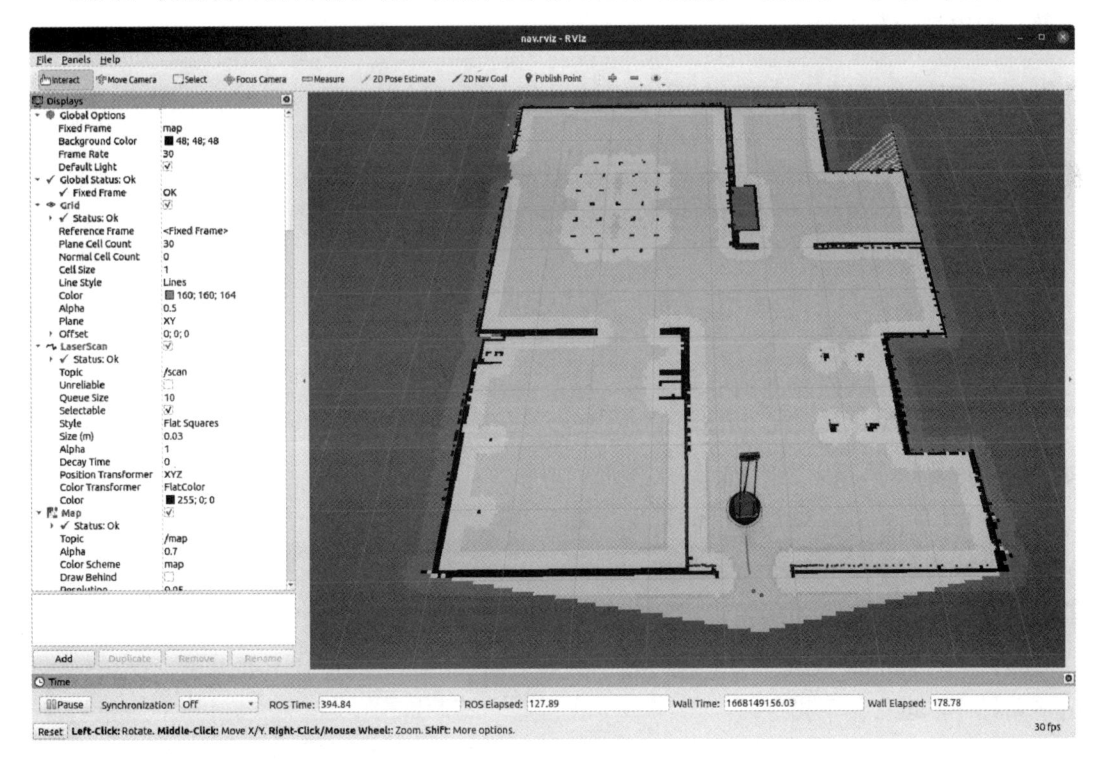

图 7-16　到达目的地

此时再查看 simple_goal 节点终端，可以看到如图 7-17 所示的“导航结束”提示。

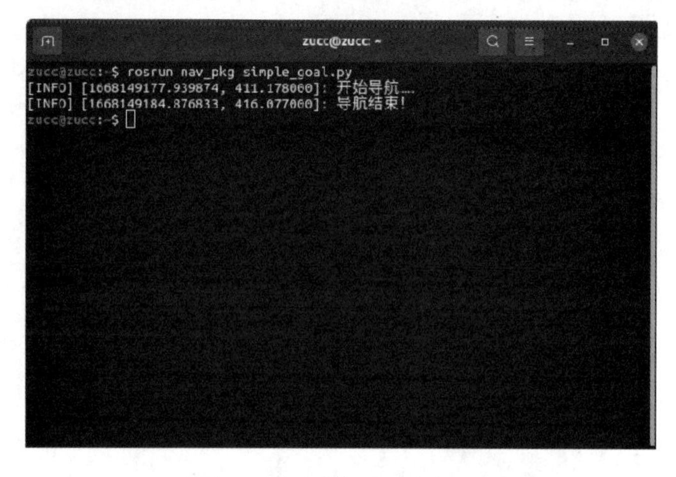

图 7-17 “导航结束”提示

7. 修改节点参数

尝试在代码里给 goal.target_pose.pose.position 的 *x* 和 *y* 设置一些不同的数值，观察机器人的导航行为。

8. 修改节点坐标系

尝试将 goal.target_pose.header.frame_id 改成其他坐标系（比如“map”），观察机器人的导航目的地是否发生变化。

7.1.2 在真实环境中实现编写代码控制机器人导航

这里的程序可以在启智 ROS 机器人上运行，具体步骤如下。

（1）根据启智 ROS 的实验指导书对运行环境和驱动源码包进行配置。

（2）连接好设备上的硬件。

（3）把本章所创建的源码包“nav_pkg”复制到机载计算机的“~/catkin_ws/src”目录下进行编译。

（4）打开机器人底盘上的电源开关（按下去）。

（5）打开机器人的红色急停开关（沿按钮上的箭头方向旋转，让其弹起），底盘电机会处于上电抱死状态，强行推动机器人会感觉到阻力。

（6）使用机载计算机打开终端程序，输入如下指令。

```
roslaunch wpb_home_tutorials nav.launch
```

（7）设置机器人所在的初始位置。

（8）启动 simple_goal 节点。保持前面的导航服务程序继续运行不要退出，打开一个新的终端程序，运行如下指令。

```
rosrun nav_pkg simple_goal.py
```

按“Enter”键运行后，即可看到机器人向前移动 1 米。

7.2　开源地图导航插件“Maptools”

在地图中使用坐标值来表示航点不太直观，在没有测绘条件的环境下通常需要不停尝试来调整位置。这里使用一个开源工具，可以很直观地在地图上设置航点位置，且在 Rviz 里将航点标示出来，方便编辑查看和调用。

在使用之前，需要先获取一下开源项目。

（1）获取“waterplus_map_tools”开源项目，如图 7-18 所示，在终端中输入如下指令。

```
cd ~/catkin_ws/src
git clone https://github.com/6-robot/waterplus_map_tools.git
```

```
zucc@zucc: ~/catkin_ws/src
zucc@zucc:~/catkin_ws/src$ cd ~/catkin_ws/src
zucc@zucc:~/catkin_ws/src$ git clone https://github.com/6-robot/waterplus_map_to
ols.git
正克隆到 'waterplus_map_tools'...
remote: Enumerating objects: 318, done.
remote: Counting objects: 100% (57/57), done.
remote: Compressing objects: 100% (40/40), done.
remote: Total 318 (delta 34), reused 35 (delta 17), pack-reused 261
接收对象中: 100% (318/318), 923.94 KiB | 427.00 KiB/s, 完成.
处理 delta 中: 100% (178/178), 完成.
zucc@zucc:~/catkin_ws/src$
```

图 7-18　获取“waterplus_map_tools”开源项目

（2）进行编译。

```
cd ~/catkin_ws
catkin_make
```

开源程序编译成功如，图 7-19 所示。

图 7-19　开源程序编译成功

这样就完成了开源项目的获取，下面开始使用此插件。

7.2.1 在仿真环境中利用导航插件实现机器人导航

1. 确认地图文件

确保已经按照第 6 章步骤建立好地图并保存到对应文件夹。

2. 启动航点设置程序

在仿真环境中设置航点，启动添加航点程序，如图 7-20 所示，在终端程序中输入如下指令。

```
roslaunch waterplus_map_tools add_waypoint_simulation.launch
```

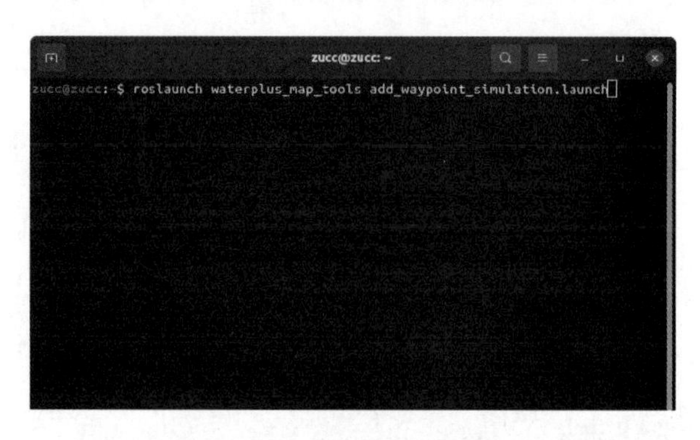

图 7-20 启动添加航点程序

运行指令后可以看到图 7-21 所示的 Rviz 界面，在界面中有前面创建好的地图，并且在工具栏内多了一个“Add Waypoint”按钮，这个按钮就是添加航点需要用到的。

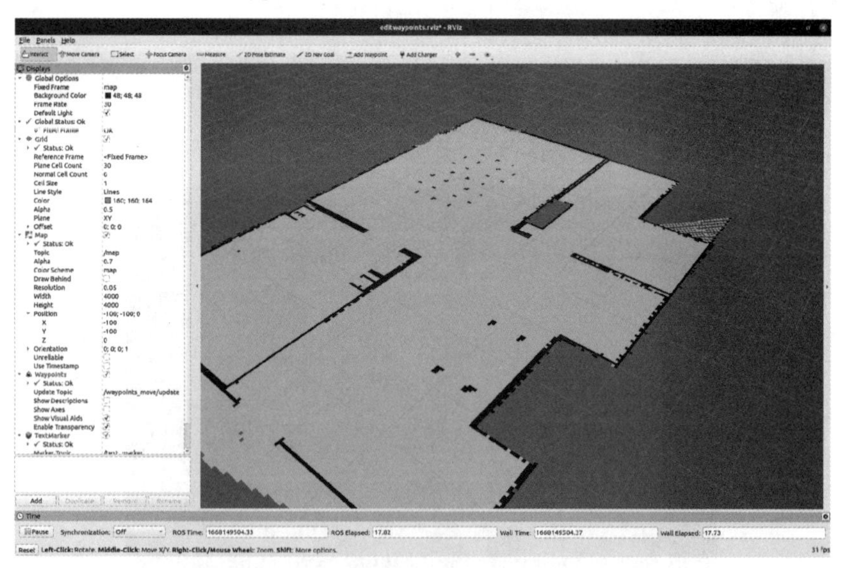

图 7-21 Rviz 界面

3. 设置航点

添加航点，单击“Add Waypoint”按钮，在地图上可以用鼠标像设置机器人初始姿态一样设置航点，先单击要设置航点的位置，然后按住鼠标左键不放，拖动鼠标就可以选择航点的朝向（见图 7-22）。

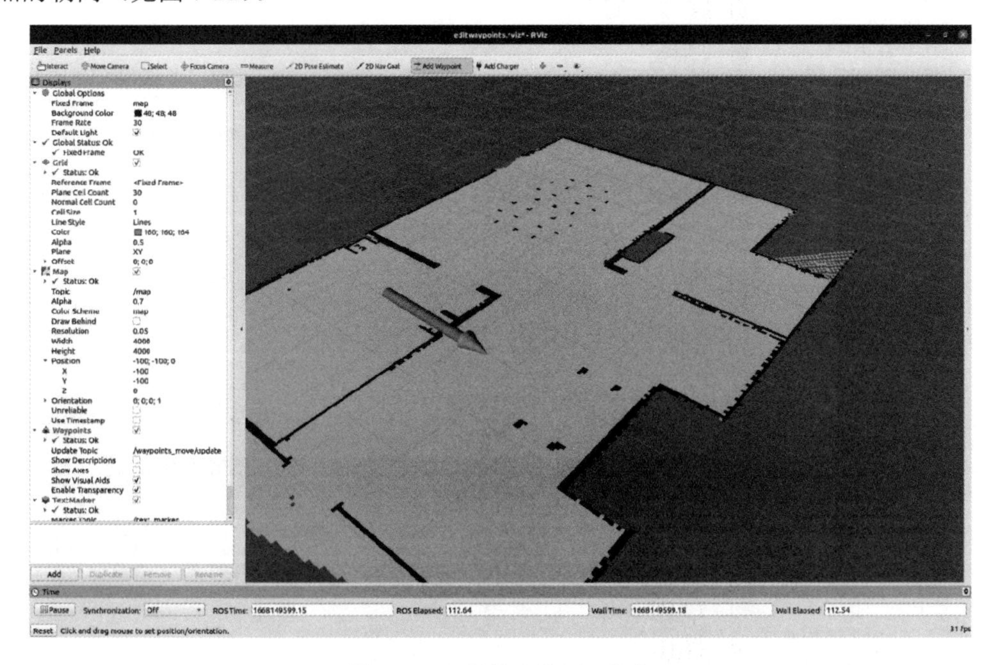

图 7-22　设置航点位置及朝向

确定好朝向后即可松开鼠标按键，这时第一个航点添加完成（见图 7-23）。

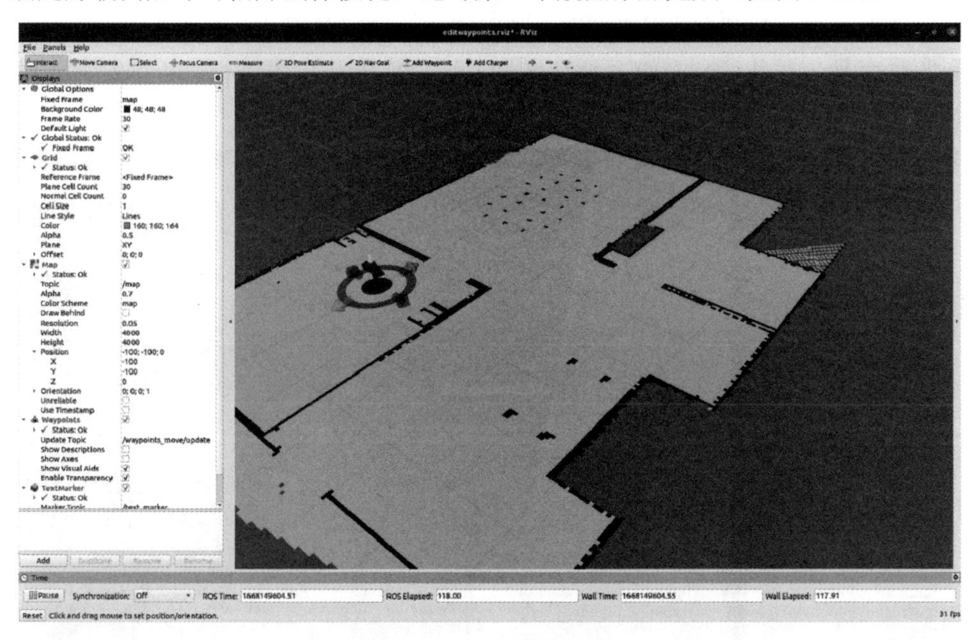

图 7-23　第一个航点添加完成

每设置一个航点，地图上都会显示一个航点标记，标记的名称是自动生成的，可以保存后在文件中进行修改。航点的位置和朝向可以在 Rviz 里动态调整，如图 7-23 所示，航点周围共有四个箭头和一个圆环。

红色箭头：这一组箭头是用来调整航点前后位置的，鼠标移动到箭头上，这时鼠标的光标会发生变化，按住鼠标左键并拖动鼠标，即可沿着示意线进行航点的前后移动（见图 7-24）。

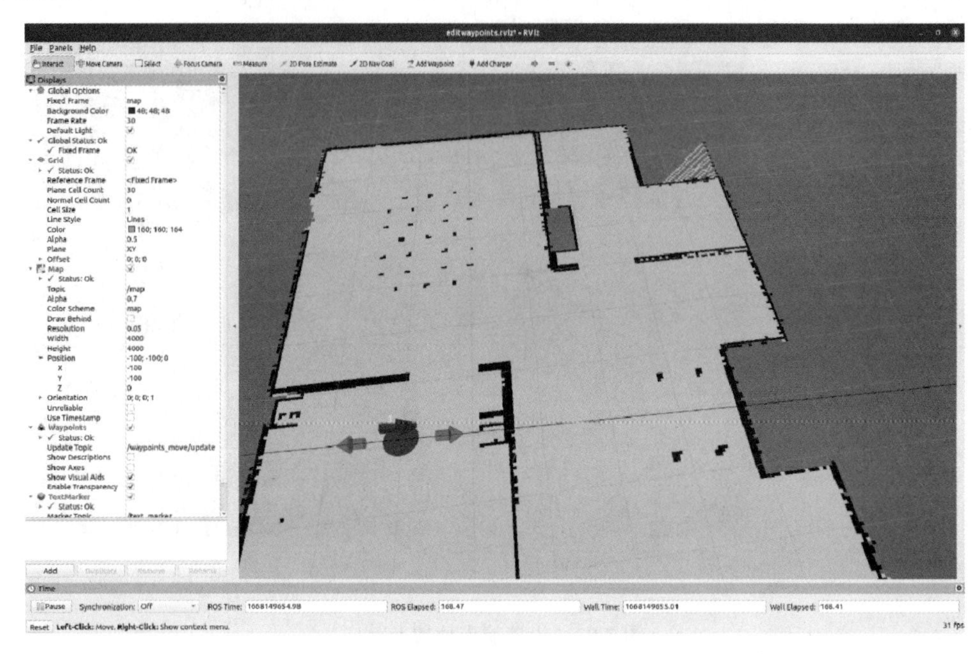

图 7-24　航点前后移动

绿色箭头：这一组箭头是用来调整航点左右位置的，鼠标移动到箭头上，这时鼠标的光标会发生变化，按住鼠标左键并拖动鼠标，即可沿着示意线进行航点的左右移动（见图 7-25）。

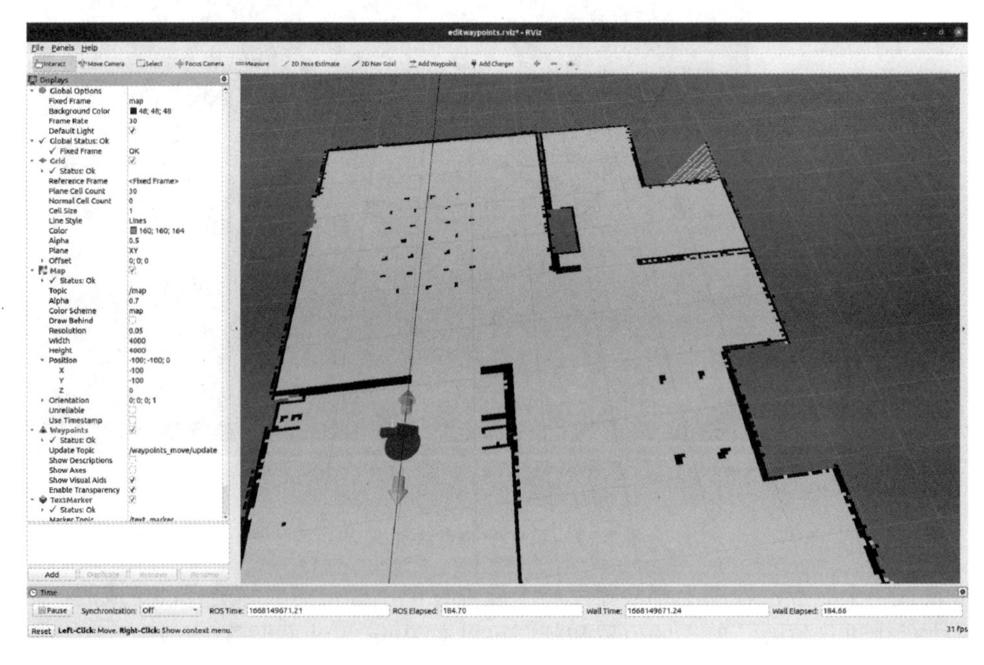

图 7-25　航点左右移动

蓝色圆环：这个圆环是用来调整航点朝向的，将鼠标移动到圆环上，这时鼠标光标会发生变化，按住鼠标左键并进行拖动，即可绕着示意线进行航点的旋转，调整航点的朝向，如图 7-26 所示。

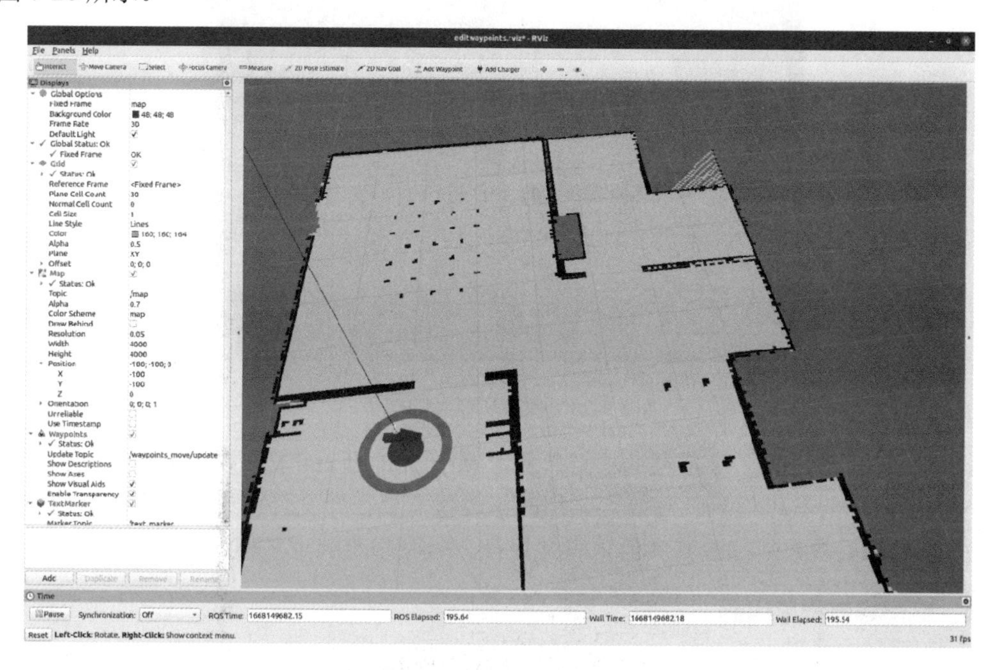

图 7-26　调整航点的朝向

利用上面的方法，在地图上添加更多的航点（见图 7-27）。

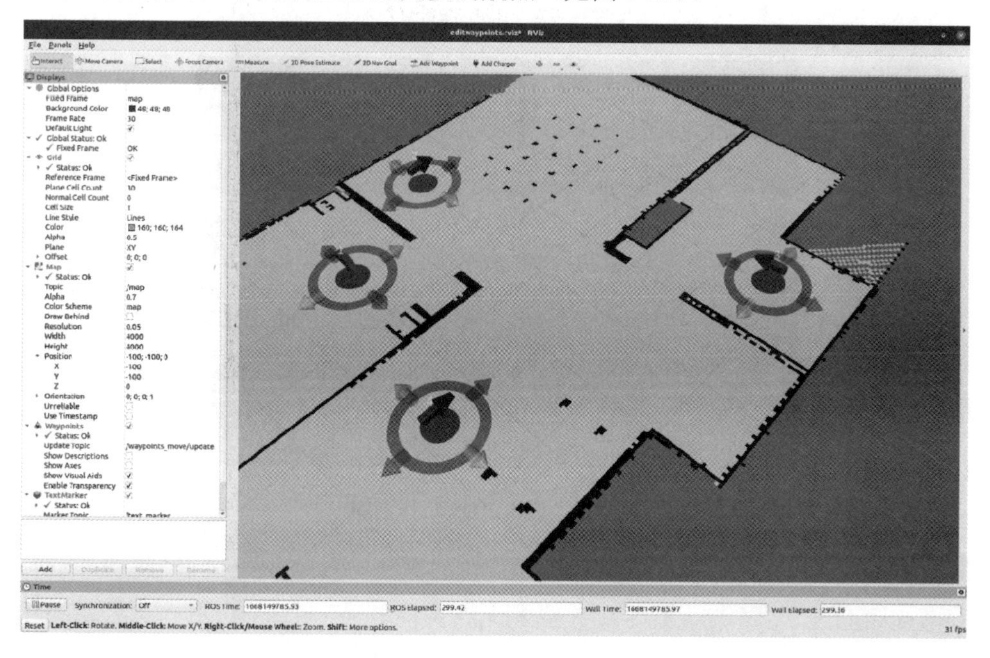

图 7-27　添加更多航点

需要注意的是，此时航点并未保存，打开一个新的终端程序并输入如下指令进行航点的保存。保存所添加的航点，如图 7-28 所示。

```
rosrun waterplus_map_tools wp_saver
```

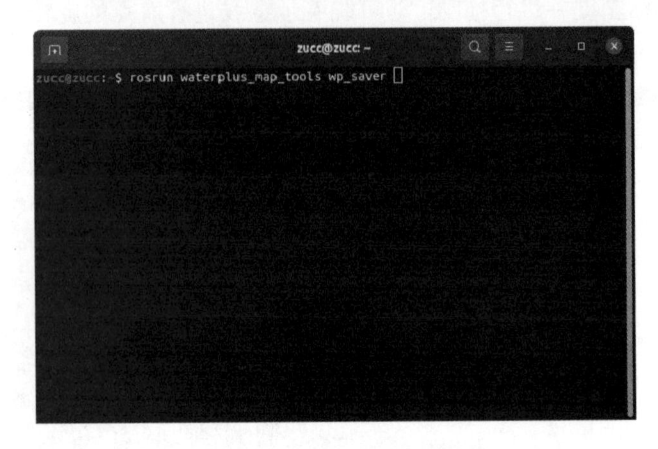

图 7-28　保存所添加的航点

程序运行后会在主文件夹内生成一个名为 waypoint 的 xml 格式文件，这个文件里就保存着前面所添加的航点信息。对航点名称的修改就需要在此文件中进行，在每个航点参数内有一对<name>参数，修改其中的内容并保存，即可修改航点名称。

4．编写导航程序代码

创建好导航点就可以使用此插件进行导航了，首先需要创建一个 ROS 源码包。在 Ubuntu 里打开一个终端程序，输入如下指令进入 ROS 工作空间（见图 7-29）。

```
cd catkin_ws/src/
```

图 7-29　进入 ROS 工作空间

然后输入如下指令创建 ROS 源码包。

```
catkin_create_pkg wp_pkg rospy move_base_msgs actionlib waterplus_map_tools
```

按“Enter”键后创建 wp_pkg 源码包如图 7-30 所示，此时系统会提示 ROS 源码包创建成功，这时可以看到“catkin_ws/src”目录下出现了“wp_pkg”子目录。

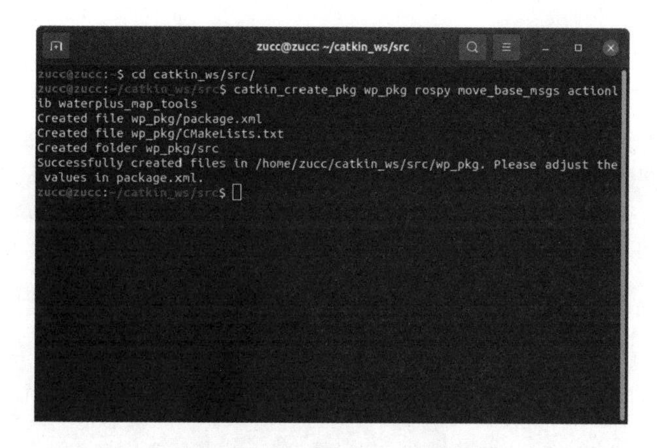

图 7-30　创建 wp_pkg 源码包

创建 wp_pkg 源码包的指令含义，如表 7-2 所示。

表 7-2　创建 wp_pkg 源码包的指令含义

指令	含义
catkin_create_pkg	创建 ROS 源码包（Package）的指令
wp_pkg	新建的 ROS 源码包命名
rospy	Python 依赖项，因为本例程使用 Python 编写，所以需要这个依赖项
move_base_msgs	move_base 导航消息依赖项
actionlib	actionlib 依赖项，Navigation 的编程接口为 actionlib 格式
waterplus_map_tools	使用到 waterplus_map_tools 的航点信息查询服务

接下来在 Visual Studio Code 中进行操作，将目录展开，找到前面新建的“wp_pkg”并展开，可以看到这是一个功能包最基础的结构，选中“wp_pkg”并对其右击，弹出如图 7-31 所示的快捷菜单，选择“新建文件夹”。

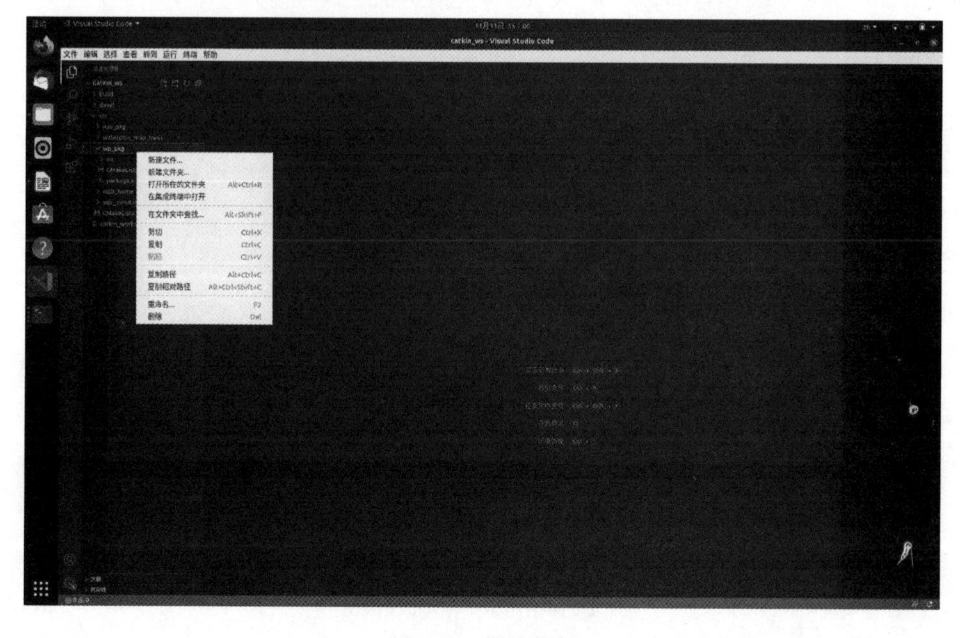

图 7-31　快捷菜单

将这个文件夹命名为“scripts”（见图 7-32）。在第 2 章的 2.3 节中，有对此名称文件夹的解释。命名成功后按“Enter”键即可创建成功。

图 7-32　创建“scripts”文件夹

选中此文件夹并对其右击，弹出如图 7-31 所示的快捷菜单，选择“新建文件”。将这个 Python 节点文件命名为“wp_node.py”。

命名完成后即可在 IDE 右侧开始编写“wp_node.py”的代码，其内容如下。

```
#!/usr/bin/env python3
# coding=utf-8

import rospy
from std_msgs.msg import String

# 导航结束回调函数
def resultNavi(msg):
    rospy.loginfo("导航结果 = %s",msg.data)

if __name__ == "__main__":
    rospy.init_node("wp_node")
    # 发布航点名称话题
    waypoint_pub = rospy.Publisher("/waterplus/navi_waypoint",String,
queue_size=10)
    # 订阅导航结束话题
    result_sub = rospy.Subscriber("/waterplus/navi_result",String,
resultNavi,queue_size=10)
    # 延时 1 秒钟，让后台的话题发布操作能够完成
```

```
    rospy.sleep(1)
    # 构建航点名称消息包
    msg = String()
    msg.data = '1'
    # 发送航点名称消息包
    waypoint_pub.publish(msg)
    # 让程序别退出，等待导航结果
    rospy.spin()
```

（1）代码的开始部分，使用 Shebang 符号指定这个 Python 文件的解释器为 python3。如果是 Ubuntu 18.04 或更早的版本，解释器可设为 python。

（2）第二句代码指定该文件的字符编码为 utf-8，这样就能在代码执行的时候显示中文字符。

（3）使用 import 导入两个模块，一个是 rospy 模块，包含了大部分的 ROS 接口函数；另一个是字符串消息类型模块，即 std_msgs.msg 里的 String，我们会将导航目标的航点名用这个消息包格式发送给导航系统。

（4）首先定义一个回调函数 resultNavi()，用来接收导航过程中反馈的状态信息。我们的节点每接收到一个新的导航状态，就会自动调用一次这个回调函数。因此，我们只需要在函数里使用 rospy.loginfo()函数将接收到的状态信息显示在终端里就行。

（5）调用 rospy 的 init_node()函数进行该节点的初始化操作，参数是节点名称。

（6）调用 rospy 的 Publisher()函数生成一个消息发布对象 waypoint_pub。调用的参数里指明了 waypoint_pub 将会在话题“/waterplus/navi_waypoint”里发布 String 类型的数据，消息的缓冲长度为 10 个消息包。后面我们会通过这个消息发布对象向 MapTools 插件系统发送要导航的目标航点名称。

（7）调用 rospy 的 Subscriber()函数生成一个订阅对象 result_sub，在函数的参数中指明这个对象订阅的是“/waterplus/navi_result”话题，数据类型为 String，回调函数设置为之前定义的 resultNavi()，缓冲长度为 10。

（8）调用 rospy.sleep()函数让程序暂停一会，给一点时间，让前面两步话题的发布和订阅操作在程序后台能够执行完成。（5）～（8）是这个文件的主函数代码。

（9）前面的准备工作完成后，下面开始向导航系统发送要导航去的目标航点名称。构建一个 String 类型的消息包 msg。将目标航点名称设置到 msg.data 里，这里给的航点名称为“1”。可以根据前面实际设置的航点名称进行修改。

（10）调用 waypoint_pub 的 publish()函数将消息包 msg 发送出去。MapTools 插件的导航系统会接收这个消息包，并调用 ROS 的导航系统让机器人完成导航。

（11）调用 rospy 的 spin()对这个主函数进行阻塞，保证这个节点程序不会结束退出。

编写完成后，记得按“Ctrl+S”键进行保存。

5. 设置可执行权限

由于这个代码文件是新创建的，其默认不带有可执行属性，所以我们需要为其添加一个可执行属性才能让它运行起来。启动一个终端程序，输入如下指令进入这个代码文件所存放的目录（见图 7-33）。

```
cd ~/catkin_ws/src/wp_pkg/scripts/
```

图 7-33 进入目录

再执行如下指令为代码文件添加可执行属性。

```
chmod +x wp_node.py
```

设置文件权限，如图 7-34 所示，按“Enter”键执行后，这个代码文件就获得了可执行属性，可以在终端程序里运行了。

图 7-34 设置文件权限

6. 编译软件包

现在节点文件可以运行了，但是这个软件包还没有加入 ROS 的包管理系统，无法通过 ROS 指令运行其中的节点，因此还需要对这个软件包进行编译。在终端程序中输入如下指令进入 ROS 工作空间（见图 7-35）。

```
cd ~/catkin_ws/
```

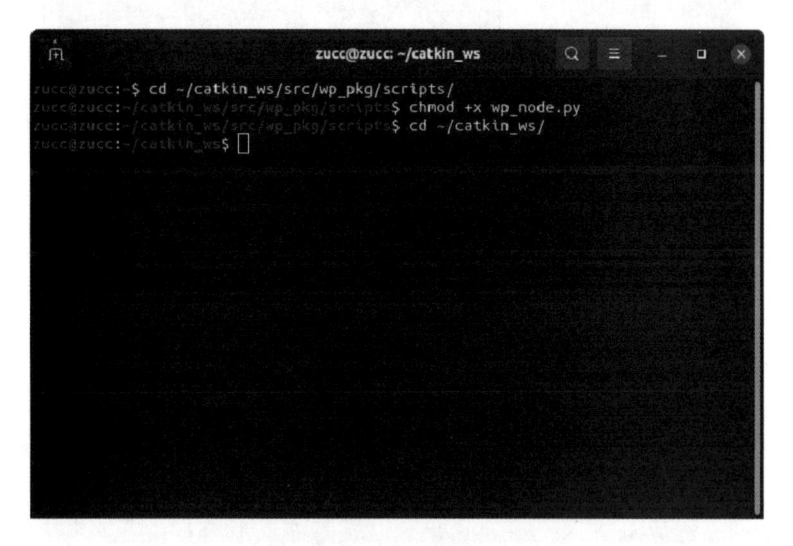

图 7-35　进入 ROS 工作空间

再执行如下指令对软件包进行编译。

```
catkin_make
```

编译完成如图 7-36 所示，这时就可以测试此节点了。

```
zucc@zucc: ~/catkin_ws
[ 76%] Built target wpb_home_obj_detect
[ 77%] Built target wpb_home_speak
[ 78%] Built target wpb_home_joystick_demo
[ 78%] Built target wpb_home_image_node
[ 79%] Built target wpb_home_speech_recognition
[ 80%] Built target wpb_home_mani_ctrl
[ 81%] Built target wpb_home_voice_cmd
[ 82%] Built target wpb_home_grab_client
[ 83%] Built target wpb_home_capture_image
[ 83%] Built target wpb_home_sound_local
[ 84%] Built target wpb_home_serve_drinks
[ 84%] Built target wpb_home_lidar_data
[ 85%] Built target wp_edit_node
[ 87%] Built target wp_nav_odom_report
[ 88%] Built target pose_navi_server
[ 89%] Built target wp_manager
[ 91%] Built target waterplus_map_tools
[ 92%] Built target wp_nav_test
[ 93%] Built target wp_saver
[ 95%] Built target wp_nav_remote
[ 97%] Built target charger_get_position
[ 98%] Built target wp_navi_server
[100%] Built target wpb_home_follow
zucc@zucc:~/catkin_ws$
```

图 7-36　编译完成

7. 启动仿真环境

启动带有导航插件的仿真环境，如图 7-37 所示，在终端程序内输入如下指令。

```
roslaunch wpr_simulation wpb_map_tool.launch
```

指令运行后弹出图 7-38 所示的 Gazebo 仿真界面。

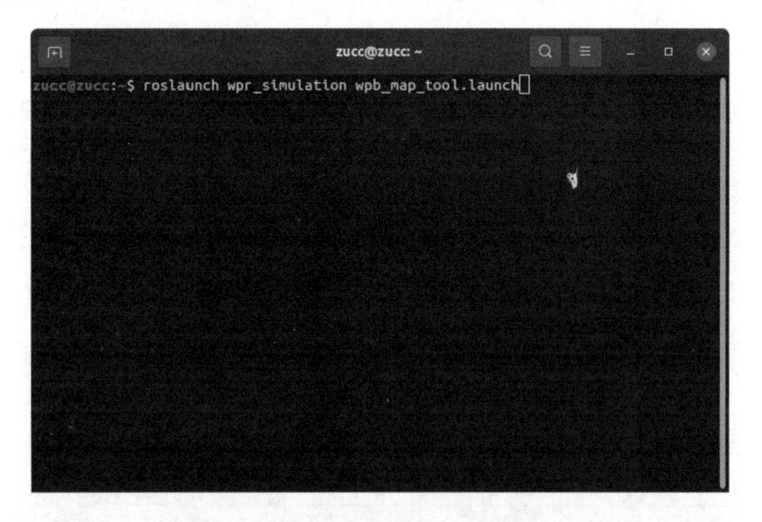

图 7-37　启动带有导航插件的仿真环境

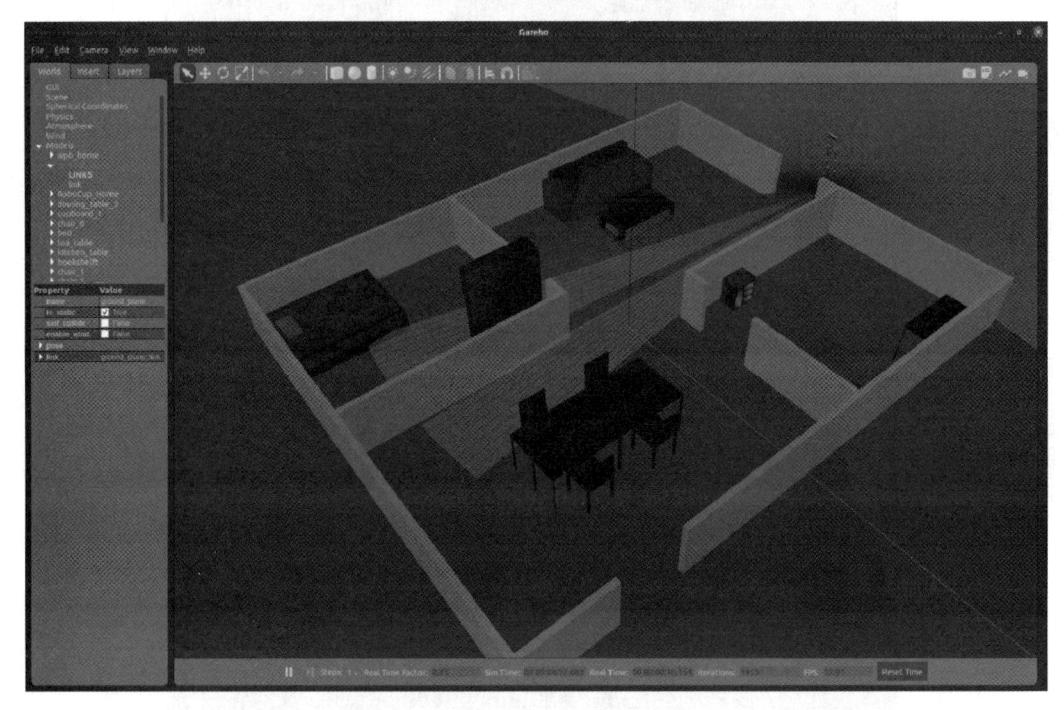

图 7-38　Gazebo 仿真界面

启动 Gazebo 的同时还会启动 Rviz，可以在图 7-39 所示的 Rviz 界面的左侧任务栏切换窗口。

8. 设置机器

根据第 6 章的方法设置好机器人的初始位置。

9. 运行节点程序

启动 wp_node 节点，如图 7-40 所示，再打开一个新的终端程序，输入如下指令。

```
rosrun wp_pkg wp_node.py
```

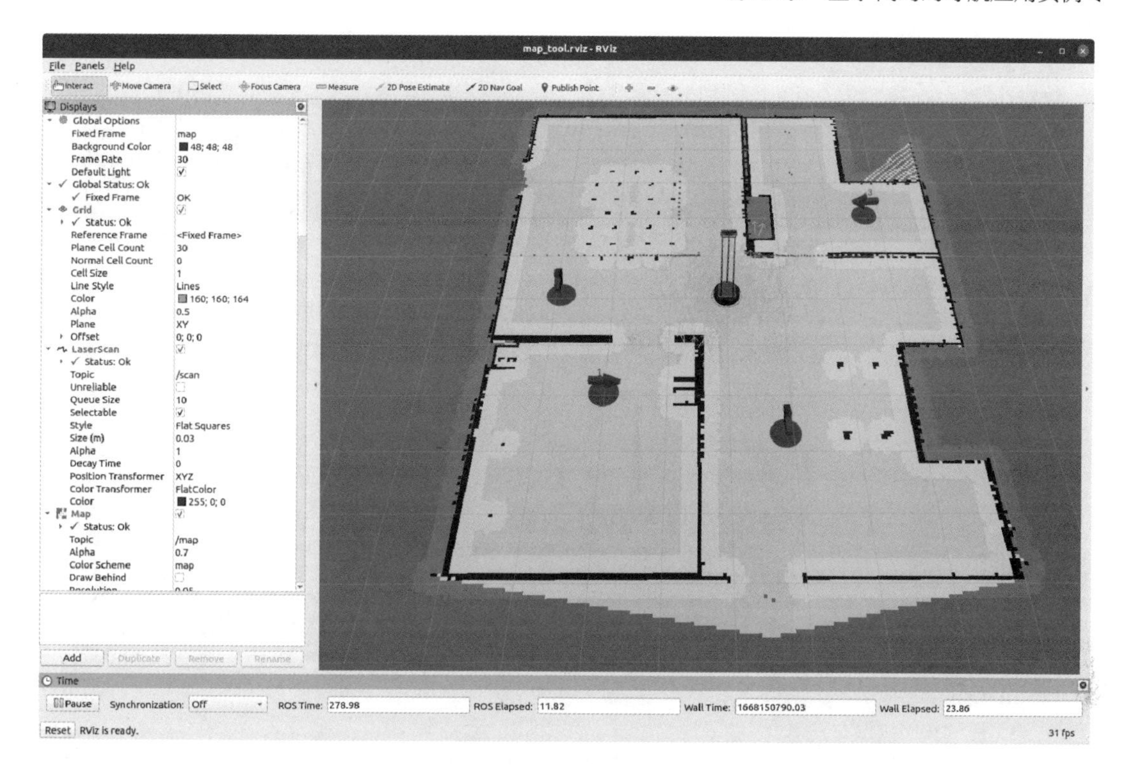

图7-39　Rviz界面

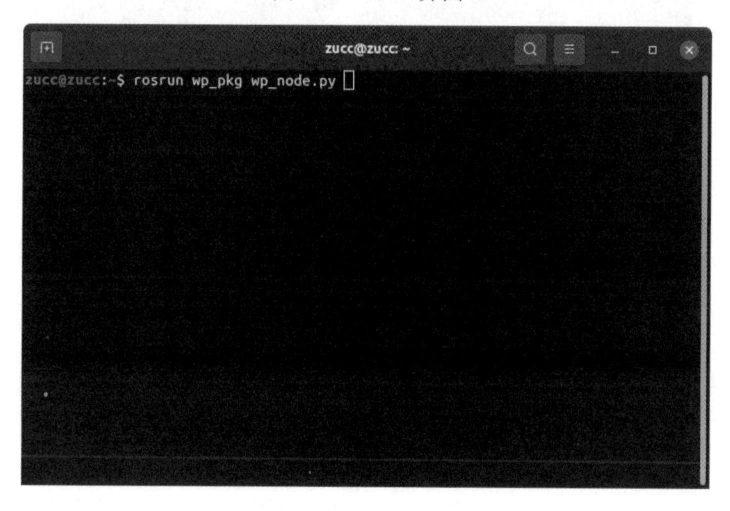

图7-40　启动wp_node节点

按下“Enter”键后，再查看Rviz界面，可以看到有一条线条从机器人脚下延伸到“1”航点（见图7-41），这就是ROS规划出来的导航路径。同时在Gazebo仿真界面里可以看到机器人开始在仿真环境中进行移动。

当到达“1”航点之后，可以查看运行wp_node节点的终端程序，系统显示导航结果为“done”，导航任务完成（见图7-42）。

10. 修改目标航点名称

尝试在代码里给srvName.request.name赋不同航点的名称，观察机器人的航点导航结果。

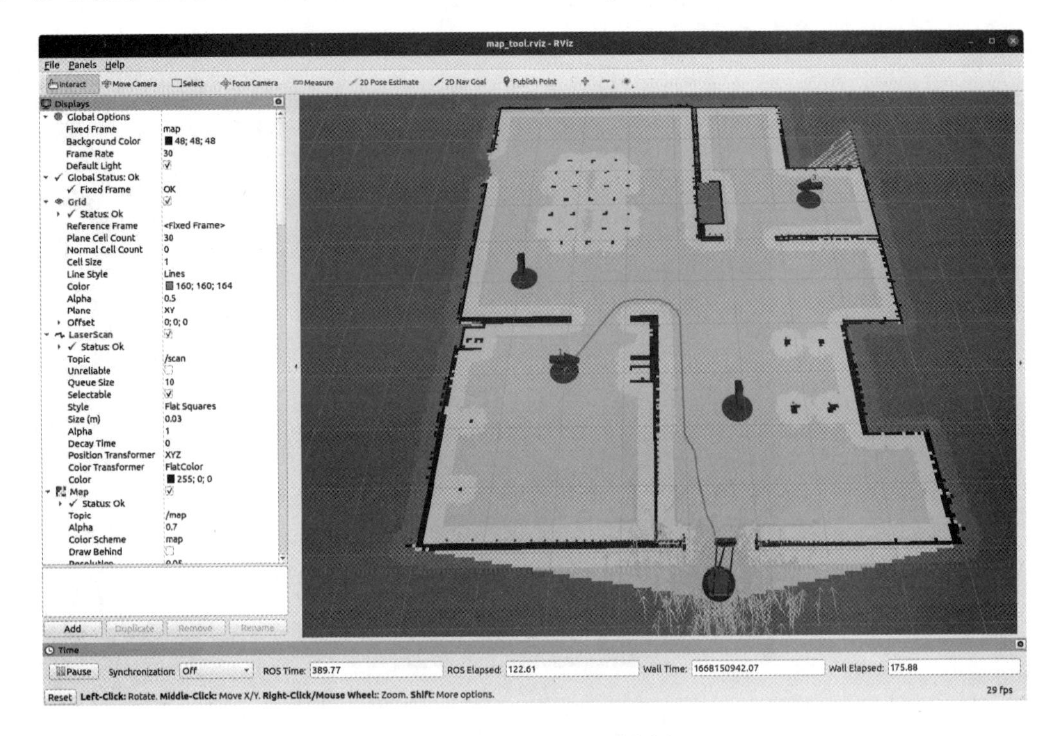

图 7-41　机器人自主规划路径

图 7-42　导航任务完成

7.2.2　在真实环境中利用导航插件实现机器人导航

这里的程序可以在启智 ROS 机器人上运行，具体步骤如下。

（1）根据启智 ROS 的实验指导书对运行环境和驱动源码包进行配置。

（2）连接好设备上的硬件。

（3）把本章所创建的源码包“wp_pkg”复制到机载计算机的“~/catkin_ws/src”目录下，进行编译。

（4）构建好地图和航点。

（5）打开机器人底盘上的电源开关（按下去）。

（6）打开机器人的红色急停开关（沿按钮上的箭头方向旋转，让其弹起），底盘电机会处于上电抱死状态，强行推动机器人会感觉到阻力。

（7）使用机载计算机打开终端程序，输入如下指令。

```
roslaunch waterplus_map_tools wpb_home_nav_test.launch
```

（8）设置机器人所在初始位置。

（9）启动 wp_node 节点。保持前面的导航服务程序继续运行不要退出，打开一个新的终端程序，运行如下指令。

```
rosrun wp_pkg wp_node.py
```

按“Enter”键运行后，即可看到机器人导航到所设置的航点。

7.3 本章小结

在这个实验中，我们先学习了地图中航点的设置方法，然后通过编写程序，让机器人导航到指定名称的航点。

08 第 8 章 基于平面视觉的应用实例

8.1 获取机器人平面视觉图像

机器人视觉是机器人应用中至关重要的一部分，本节将会介绍如何获取机器人的视觉图像及如何将其转换为常用的 OpenCV 格式。

8.1.1 在仿真环境中获取机器人平面视觉图像

1. 编写节点代码

首先需要创建一个 ROS 源码包。在 Ubuntu 里打开一个终端程序，输入如下指令进入 ROS 工作空间（见图 8-1）。

```
cd catkin_ws/src/
```

图 8-1 进入 ROS 工作空间

然后输入如下指令创建 ROS 源码包。

```
catkin_create_pkg image_pkg rospy std_msgs sensor_msgs cv_bridge
```

按“Enter”键后创建 image_pkg 源码包如图 8-2 所示，此时系统会提示 ROS 源码包创建成功，这时可以看到“catkin_ws/src”目录下出现了“image_pkg”子目录。

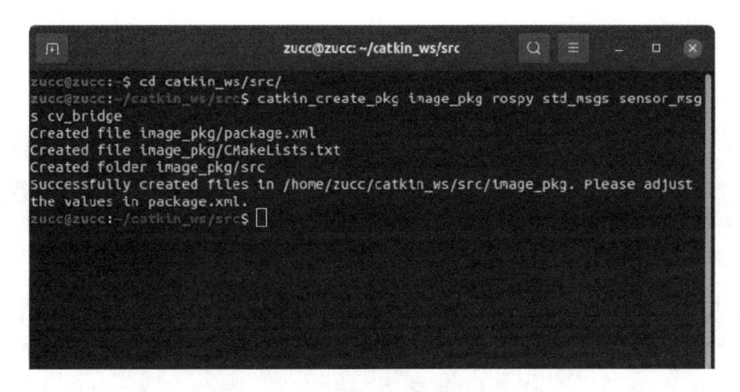

图 8-2　创建 image_pkg 源码包

创建 image_pkg 源码包的指令含义，如表 8-1 所示。

表 8-1　创建 image_pkg 源码包的指令含义

指令	含义
catkin_create_pkg	创建 ROS 源码包（Package）的指令
image_pkg	新建的 ROS 源码包命名
rospy	Python 依赖项，因为本例程使用 Python 编写，所以需要这个依赖项
std_msgs	标准消息依赖项，需要里面的 String 格式做文字输出
sensor_msgs	传感器消息依赖项，需要里面的图像数据格式
cv_bridge	ROS 图像格式转换到 OpenCV 图像格式的依赖项

接下来在 Visual Studio Code 中进行操作，将目录展开，找到前面新建的“image_pkg”并展开，可以看到它是一个功能包最基础的结构，选中“image_pkg”并对其右击，弹出图 8-3 所示的快捷菜单，选择“新建文件夹”。

图 8-3　快捷菜单

将这个文件夹命名为“scripts”（见图 8-4）。在第 2 章的 2.3 节中，有对此名称文件夹的解释。命名成功后按“Enter”键即创建成功。

图 8-4　创建“scripts”文件夹

选中此文件夹并右击，弹出图 8-3 所示的快捷菜单，选择“新建文件”。这个 Python 节点文件被命名为“image_node.py”。

命名完成后即可在 IDE 右侧开始编写“image_node.py”的代码，其内容如下。

```
#!/usr/bin/env python3
# coding=utf-8

import rospy
import cv2
from sensor_msgs.msg import Image
from cv_bridge import CvBridge, CvBridgeError

capture_one_frame = True

# 彩色图像回调函数
def cbImage(msg):
    bridge = CvBridge()
    cv_image = bridge.imgmsg_to_cv2(msg, "bgr8")
    # 弹出窗口显示图片
    cv2.imshow("Image window", cv_image)
    cv2.waitKey(1)
    # 保存图像到文件
    global capture_one_frame
```

```
        if capture_one_frame == True:
            cv2.imwrite('/home/robot/1.jpg', cv_image)
            rospy.logwarn("保存图片成功！")
            capture_one_frame = False

    # 主函数
    if __name__ == "__main__":
        rospy.init_node("image_node")
        # 订阅机器人视觉传感器 kinect2 的图像话题
        image_sub  =  rospy.Subscriber("/kinect2/hd/image_color_rect",Image,
cbImage,queue_size=10)
        rospy.spin()
```

（1）代码的开始部分，使用 Shebang 符号指定这个 Python 文件的解释器为 python3。如果是 Ubuntu 18.04 或更早的版本，解释器可设为 python。

（2）第二句代码指定该文件的字符编码为 utf-8，这样就能在代码执行的时候显示中文字符。

（3）使用 import 导入以下五个模块。

① rospy 模块，包含了大部分的 ROS 接口函数。

② cv2 模块，包含了 OpenCV 图形处理库的函数接口。

③ sensor_msgs.msg 里的 Image 数据类型模块，这个是 ROS 里常用的图形数据类型。

④ cv_bridge 里的 CvBridge 模块，这个是 ROS 图形数据格式和 OpenCV 图像数据格式的转换工具。

⑤ cv_bridge 里的 CvBridgeError 模块，用于处理图像格式转换过程中的一些异常错误。

（4）这里定义了一个全局变量 capture_one_frame，用来控制将彩色视频图像截取成为图片文件的时机，当这个值为 True 的时候就保存一帧彩色图像为文件。

（5）定义一个回调函数 cbImage()，用来处理 kinect2 获取到的彩色视频图像。ROS 每接收到一帧传回来的彩色视频图像，就会自动调用一次回调函数。图像数据会以参数的形式传递到这个回调函数里。

（6）回调函数 cbImage()的参数 msg 是一个 sensor_msgs::Image 格式的消息包，其中存放着 ROS 格式的彩色图像数据。在实际开发中，通常不会直接使用这个格式的图像，而是将其转换成 OpenCV 格式，这样就可以使用丰富的 OpenCV 函数来处理彩色图像。

（7）下面开始这个转换操作，先生成一个 CvBridge 对象，对象名为 bridge；然后调用 bridge 的 imgmsg_to_cv2()函数，将参数 msg 里的图像数据转换成 OpenCV 的 bgr8 格式，并保存在对象 cv_image 中。

（8）接下来，调用 cv2 的 imshow()函数，将 cv_image 里的图像显示在一个弹出的窗口中，这个窗口的标题为“Image window”。

（9）cv2.waitKey(1)可以让程序暂停一会，让“Image window”窗口中的彩色图像能够显示出来。

（10）回调函数的最后是彩色图像的保存操作。当 capture_one_frame 的值为 True 的时候，调用 cv2 的 imwrite()函数，将 cv_image 里的图像数据保存成图片文件，保存的位置为“/home/robot/1.jpg”。其中“/home/robot/”是当前用户的主文件夹，robot 是当前的用户名。

如果用户名不是 robot，则需要根据实际情况修改这个文件路径。

（11）当图像保存完毕后，先调用 rospy.logwarn()显示图像保存成功的信息，然后将全局变量 capture_one_frame 设置为 False。这样下一帧图像进入这个回调函数的时候就不会再保存成图片文件。作为实验，我们只保存第一帧图像，能够进行查看就行了。

（12）当__name__为“__main__”时，执行这个文件的主函数代码。

（13）调用 rospy 的 init_node()函数进行该节点的初始化操作，参数是节点名称。

（14）调用 rospy 的 Subscriber()函数生成一个订阅对象 image_sub，在函数的参数中指明订阅的话题名称是“/kinect2/hd/image_color_rect”，也就是 kinect2 发布彩色图像视频的话题，数据类型为 Image，回调函数设置为之前定义的 cbImage()，缓冲长度为 10。

（15）调用 rospy 的 spin()函数对这个主函数进行阻塞，保持这个节点程序不会结束退出。

程序编写完后，代码并未马上保存到文件里，此时会看到编辑区左上角的文件名“image_node.py”右侧有个白色小圆点（见图 8-5），这表示此文件并未保存。在按下“Ctrl+S”键进行保存后，白色小圆点会变成关闭按钮“×”。

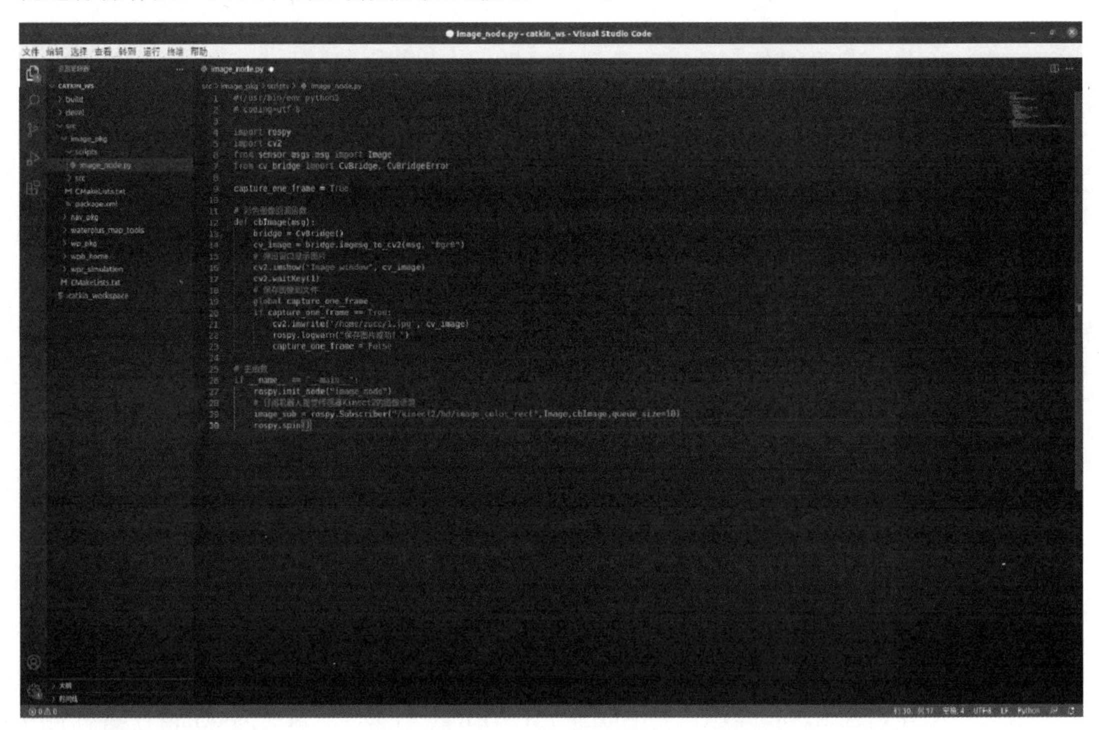

图 8-5　文件未保存状态

2. 设置可执行权限

由于这个代码文件是新创建的，其默认不带有可执行属性，所以我们需要为其添加一个可执行属性才能让它运行起来。启动一个终端程序，输入如下指令进入这个代码文件所存放的目录（见图 8-6）。

```
cd ~/catkin_ws/src/image_pkg/scripts/
```

再执行如下指令为代码文件添加可执行属性。

```
chmod +x image_node.py
```

图 8-6　进入目录

设置文件权限如图 8-7 所示，按“Enter”键执行后，这个代码文件就获得了可执行属性，可以在终端程序里运行了。

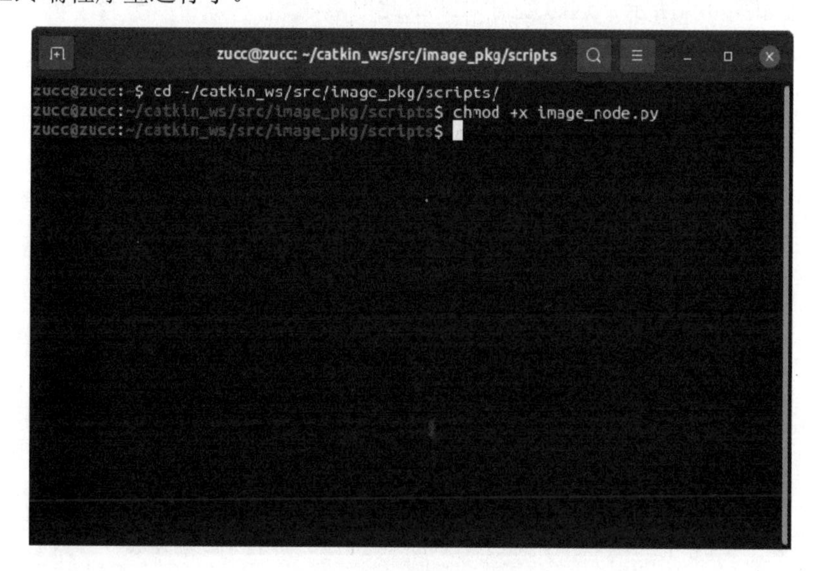

图 8-7　设置文件权限

3. 编译软件包

现在节点文件可以运行了，但是这个软件包还没有加入 ROS 的包管理系统，无法通过 ROS 指令运行其中的节点，因此还需要对这个软件包进行编译。在终端程序中输入如下指令进入 ROS 工作空间（见图 8-8）。

```
cd ~/catkin_ws/
```

再执行如下指令对软件包进行编译。

```
catkin_make
```

图 8-8　进入 ROS 工作空间

编译完成如图 8-9 所示，这时就可以测试此节点了。

```
zucc@zucc: ~/catkin_ws
[ 76%] Built target wpb_home_obj_detect
[ 77%] Built target wpb_home_speak
[ 78%] Built target wpb_home_joystick_demo
[ 78%] Built target wpb_home_image_node
[ 79%] Built target wpb_home_speech_recognition
[ 80%] Built target wpb_home_voice_cmd
[ 81%] Built target wpb_home_mani_ctrl
[ 82%] Built target wpb_home_grab_client
[ 83%] Built target wpb_home_capture_image
[ 83%] Built target wpb_home_sound_local
[ 84%] Built target wpb_home_serve_drinks
[ 84%] Built target wpb_home_lidar_data
[ 85%] Built target wp_edit_node
[ 87%] Built target wp_nav_odom_report
[ 88%] Built target pose_navi_server
[ 89%] Built target wp_manager
[ 91%] Built target waterplus_map_tools
[ 92%] Built target wp_saver
[ 93%] Built target wp_nav_test
[ 96%] Built target wp_nav_remote
[ 97%] Built target charger_get_position
[ 98%] Built target wp_navi_server
[100%] Built target wpb_home_follow
zucc@zucc:~/catkin_ws$
```

图 8-9　编译完成

4. 启动仿真环境

启动开源项目“wpr_simulation”中的仿真场景（见图 8-10），打开终端程序，输入如下指令。

```
roslaunch wpr_simulation wpb_single_face.launch
```

启动后会弹出图 8-11 所示的仿真场景，机器人前方站立着一个模型。

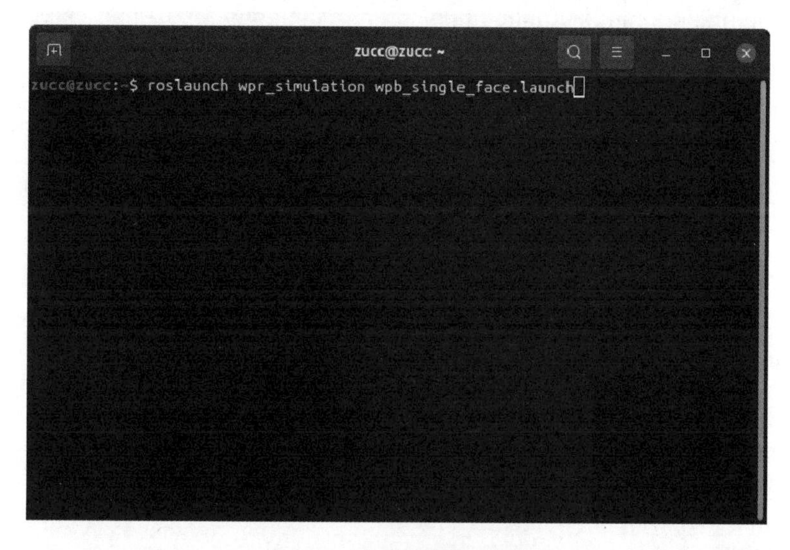

图 8-10　启动仿真场景

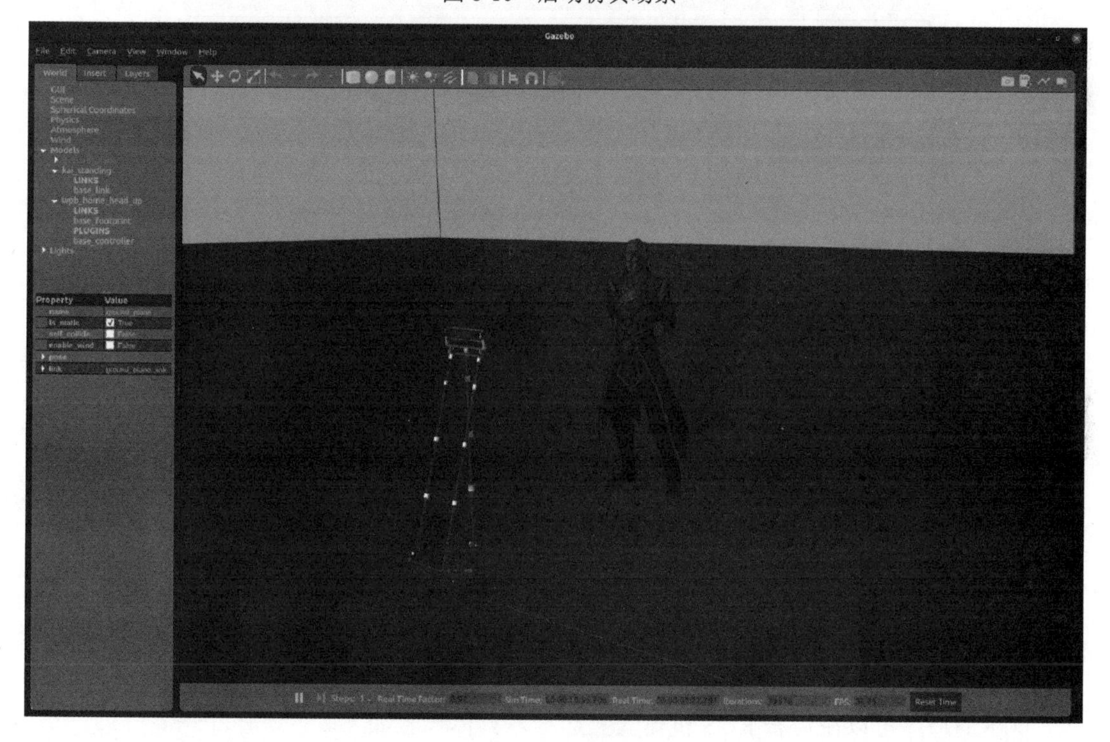

图 8-11　仿真场景

5. 运行节点程序

启动 image_node 节点，如图 8-12 所示，打开一个新的终端程序，输入如下指令。

```
rosrun image_pkg image_node.py
```

指令运行后会在主目录下生成一个新的 jpg 图像文件，如果发现没有新文件生成，那么请查看终端程序内@符号前的用户名和程序内设置的保存路径，将程序内的用户名更改成终端程序内显示的用户名即可。保存图片文件如图 8-13 所示。

图 8-12 启动 image_node 节点

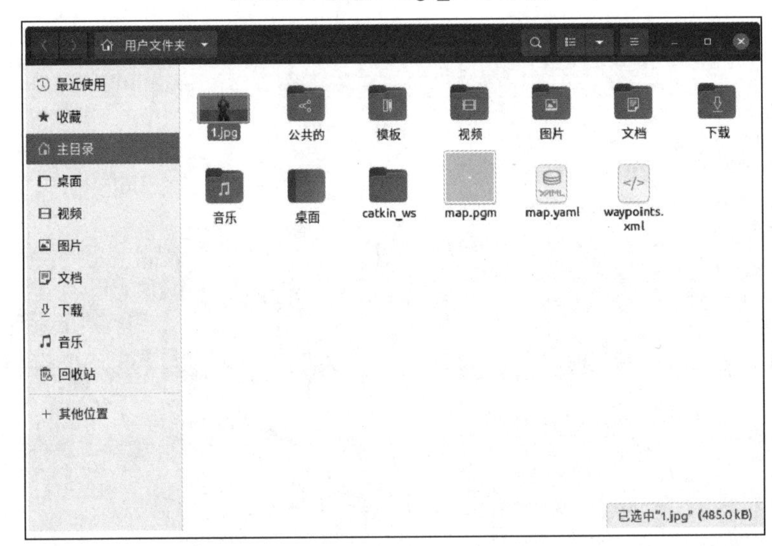

图 8-13 保存图片文件

8.1.2 在真实环境中获取机器人平面视觉图像

这里的程序可以在启智 ROS 机器人上运行，具体步骤如下。

（1）根据启智 ROS 的实验指导书对运行环境和驱动源码包进行配置。

（2）连接好设备上的硬件。

（3）把本章所创建的源码包“image_pkg”复制到机载计算机的“~/catkin_ws/src”目录下进行编译。

（4）打开机器人底盘上的电源开关（按下去）。

（5）使用机载计算机打开终端程序，输入如下指令。

```
roslaunch wpb_home_bringup kinect_test.launch
```

（6）启动 image_node 节点。保持前面的程序继续运行别退出，打开一个新的终端程序，运行如下指令。

```
rosrun image_pkg image_node.py
```

按“Enter”键运行后，即可在机器人主目录下看到所获取的图像文件。

8.2 利用平面视觉进行人脸检测

8.2.1 在仿真环境中实现人脸检测

1. 编写节点代码

首先需要创建一个 ROS 源码包 Package。在 Ubuntu 里打开一个终端程序，输入如下指令进入 ROS 工作空间（见图 8-14）。

```
cd catkin_ws/src/
```

图 8-14　进入 ROS 工作空间

然后输入如下指令创建 ROS 源码包。

```
catkin_create_pkg face_pkg rospy std_msgs sensor_msgs cv_bridge
```

按“Enter”键创建 face_pkg 源码包如图 8-15 所示，系统会提示 ROS 源码包创建成功，这时可以看到“catkin_ws/src”目录下出现了“face_pkg”子目录。

创建 face_pkg 源码包的指令含义，如表 8-2 所示。

接下来在 Visual Studio Code 中进行操作，将目录展开，找到前面新建的“image_pkg”并展开，可以看到这是一个功能包最基础的结构，选中“image_pkg”并右击，弹出图 8-16 所示的快捷菜单，选择“新建文件夹”。

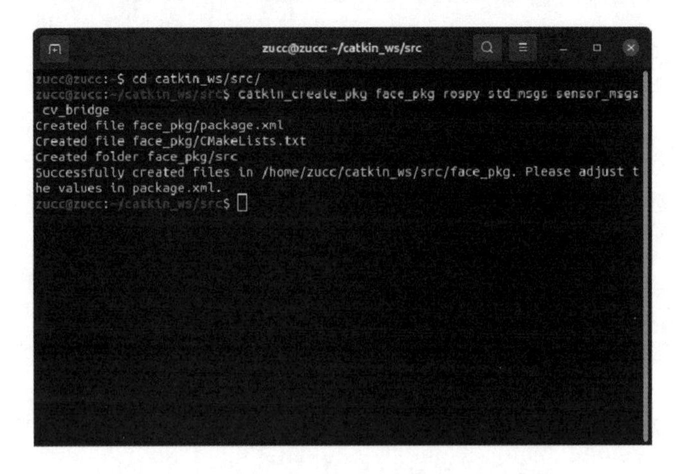

图 8-15　创建 face_pkg 源码包

表 8-2　创建 face_pkg 源码包的指令含义

指令	含义
catkin_create_pkg	创建 ROS 源码包（Package）的指令
face_pkg	新建的 ROS 源码包命名
rospy	Python 依赖项，因为本例程使用 Python 编写，所以需要这个依赖项
std_msgs	标准消息依赖项，需要里面的 String 格式做文字输出
sensor_msgs	传感器消息依赖项，需要里面的图像数据格式
cv_bridge	ROS 图像格式转换到 OpenCV 图像格式的依赖项

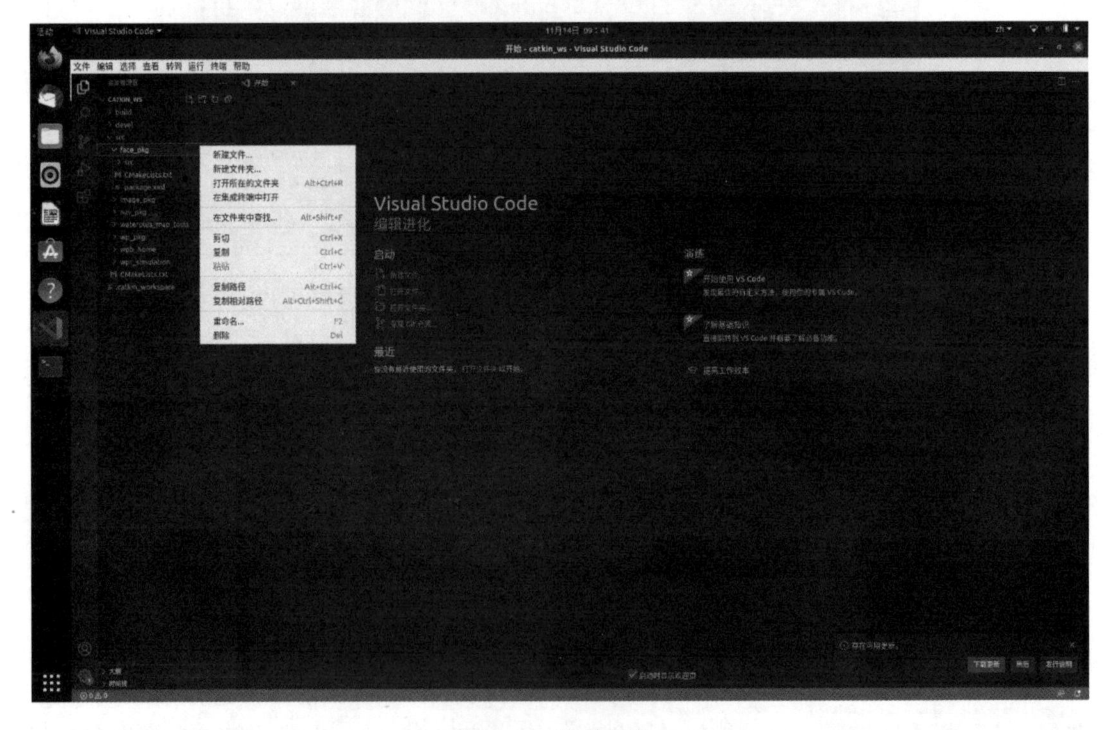

图 8-16　快捷菜单

将这个文件夹命名为“scripts”（见图 8-17）。在第 2 章的 2.3 节中，有对此名称文件夹的解释。命名成功后按“Enter”键即创建成功。

选中此文件夹并对其右击，弹出图 8-16 所示的快捷菜单，选择“新建文件”。将这个 Python 节点文件命名为“face_node.py”。

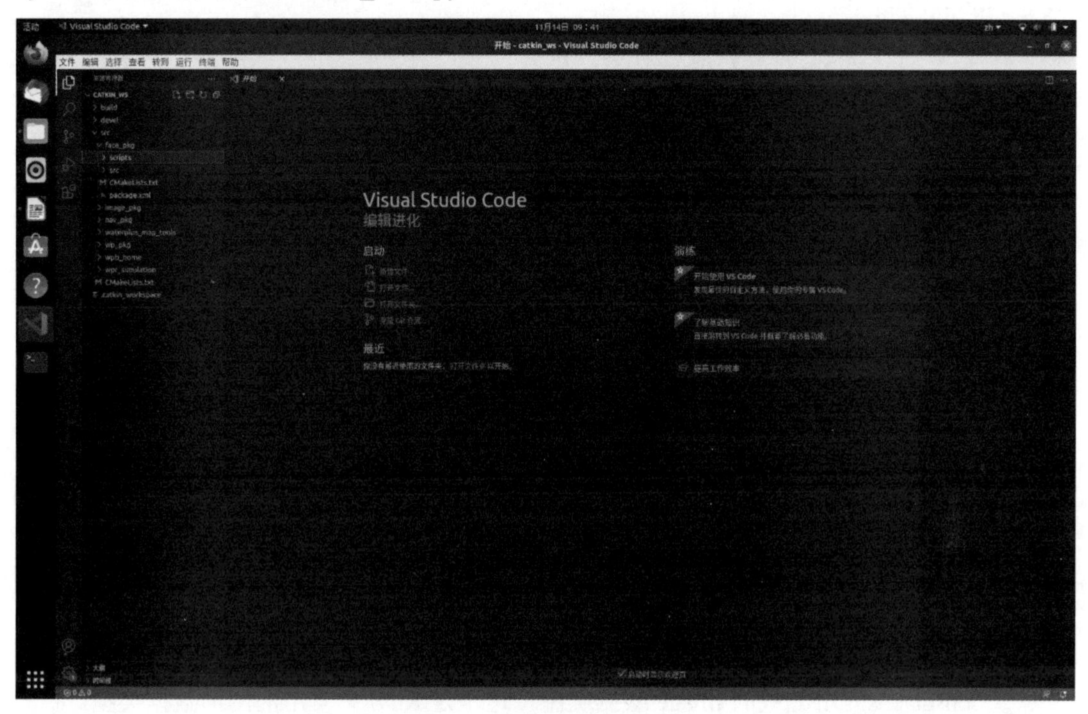

图 8-17　创建“scripts”文件夹

命名完成后即可在 IDE 右侧开始编写“face_node.py”的代码，其内容如下。

```
#!/usr/bin/env python3
# coding=utf-8

import rospy
import cv2
from sensor_msgs.msg import Image
from cv_bridge import CvBridge, CvBridgeError

# 彩色图像回调函数
def cbImage(msg):
    bridge = CvBridge()
    cv_image = bridge.imgmsg_to_cv2(msg, "bgr8")
    #转换为灰度图
    gray_img=cv2.cvtColor(cv_image, cv2.COLOR_BGR2GRAY)
    #创建一个级联分类器
    face_casecade = cv2.CascadeClassifier('/home/robot/catkin_ws/src/wpb_home/
wpb_home_python/config/haarcascade_frontalface_alt.xml')
    #人脸检测
    face = face_casecade.detectMultiScale(gray_img, 1.3, 5)
    for (x,y,w,h) in face:
```

```
            #在原图上绘制矩形
            cv2.rectangle(cv_image,(x,y),(x+w,y+h),(0,0,255),3)
            rospy.loginfo("人脸位置 = (%d,%d) ",x,y)
        # 弹出窗口显示图片
        cv2.imshow("face window", cv_image)
        cv2.waitKey(1)

    # 主函数
    if __name__ == "__main__":
        rospy.init_node("image_face_detect")
        # 订阅机器人视觉传感器 kinect2 的图像话题
        image_sub = rospy.Subscriber("/kinect2/hd/image_color_rect",Image,
cbImage,queue_size=10)
        rospy.spin()
```

（1）代码的开始部分，使用 Shebang 符号指定这个 Python 文件的解释器为 python3。如果是 Ubuntu 18.04 或更早的版本，解释器可设为 python。

（2）第二句代码指定该文件的字符编码为 utf-8，这样就能在代码执行的时候显示中文字符。

（3）使用 import 导入以下五个模块。

① rospy 模块，包含了大部分的 ROS 接口函数。

② cv2 模块，包含了 OpenCV 图形处理库的函数接口。

③ sensor_msgs.msg 里的 Image 数据类型，这个是 ROS 里常用的图形数据类型。

④ cv_bridge 里的 CvBridge，这个是 ROS 图形数据格式和 OpenCV 图像数据格式的转换工具。

⑤ cv_bridge 里的 CvBridgeError，用于处理图像格式转换过程中的一些异常错误。

（4）定义一个回调函数 cbImage()，用来处理 kinect2 获取到的彩色视频图像。ROS 每接收到一帧传回来的彩色视频图像，就会自动调用一次回调函数。图像数据会以参数的形式传递到这个回调函数里。

（5）回调函数 cbImage()的参数 msg 是一个 sensor_msgs::Image 格式的消息包，其中存放着 ROS 格式的彩色图像数据。在实际开发中，通常不会直接使用这个格式的图像，而是将其转换成 OpenCV 格式，这样就可以使用丰富的 OpenCV 函数来处理彩色图像。

（6）下面开始这个转换操作，先生成一个 CvBridge 对象，对象名为“bridge”；然后调用 bridge 的 imgmsg_to_cv2()函数，将参数 msg 里的图像数据转换成 OpenCV 的 bgr8 格式，并保存在对象 cv_image 中。

（7）调用 cv2 的 cvtColor()函数将彩色图像 cv_image 转换成黑白灰度图，并存放在 gray_img 里。

（8）调用 cv2 的 CascadeClassifier()函数构造一个级联分类器，名字叫 face_casecade。分类器的参数从一个 xml 文件里读取，这个文件在另外的 wpb_home 源码目录中，这个源码应该在安装系统时已经部署好了，如果 Ubuntu 用户名不为“robot”请将其更改为正确的用户名。

（9）调用 face_casecade 分类器的 detectMultiScale()函数，从黑白灰度图 gray_img 中检

测人脸，并将检测结果放置在 face 数组中。参数 1.3 是每次搜索人脸目标的缩放比例，参数 5 是构成目标的相邻矩形的最小个数。参数的具体意义可以查阅 detectMultiScale()函数的官方说明，这里使用这两个数值就行。

（10）使用 for 循环将 face 里的人脸检测结果逐个提取出来。每个检测结果包含如下数值。

① *x* 为人脸目标在图像中的横向坐标最小值，单位是像素，越小越靠近左侧。

② *y* 为人脸目标在图像中的纵向坐标最小值，单位是像素，越小越靠近上方。

③ *w* 为人脸目标的横向宽度，单位是像素。

④ *h* 为人脸目标的纵向宽度，单位是像素。

对于每一个人脸检测结果，系统都会先调用 cv2 的 rectangle()函数在彩色图像 cv_image 上绘制一个对应的矩形框；然后使用 rospy.loginfo()函数将人脸位置矩形框的左上角坐标值显示在终端里。

（11）在彩色图像 cv_image 上绘制好所有的人脸目标框后，调用 cv2 的 imshow()函数将带有人脸框的 cv_image 显示在一个独立窗口中，窗口的标题名称为“face window”。

（12）判断__name__为“__main__”时，执行这个文件的主函数代码。

（13）调用 rospy 的 init_node()函数进行该节点的初始化操作，参数是节点名称。

（14）调用 rospy 的 Subscriber()函数生成一个订阅对象 image_sub，在函数的参数中指明订阅的话题名称是“/kinect2/hd/image_color_rect”，也就是 kinect2 发布彩色图像视频的话题，数据类型为 Image，回调函数设置为之前定义的 cbImage()，缓冲长度为 10。

（15）调用 rospy 的 spin()函数对这个主函数进行阻塞，保持这个节点程序不会结束退出。

程序编写完后，代码并未马上保存到文件里，此时编辑区左上角的文件名“image_node.py”右侧有个白色小圆点（见图 8-18），这表示此文件并未保存。在按下“Ctrl+S”键进行保存后，白色小圆点会变成关闭按钮“×”。

图 8-18　文件未保存状态

2. 设置可执行权限

由于这个代码文件是新创建的，其默认不带有可执行属性，所以我们需要为其添加一个可执行属性才能让它运行起来。启动一个终端程序，输入如下指令进入这个代码文件所存放的目录（见图 8-19）。

```
cd ~/catkin_ws/src/face_pkg/scripts/
```

图 8-19　进入目录

再执行如下指令为代码文件添加可执行属性。

```
chmod +x face_node.py
```

设置文件权限如图 8-20 所示，按“Enter”键执行后，这个代码文件就获得了可执行属性，可以在终端程序里运行了。

图 8-20　设置文件权限

3. 编译软件包

现在节点文件可以运行了，但是这个软件包还没有加入 ROS 的包管理系统，无法通过

ROS 指令运行其中的节点，因此还需要对这个软件包进行编译。在终端程序中输入如下指令进入 ROS 工作空间（见图 8-21）。

```
cd ~/catkin_ws/
```

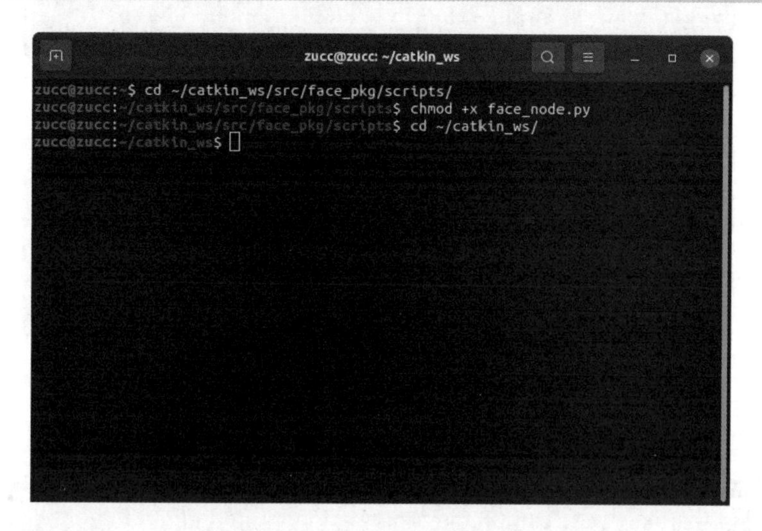

图 8-21　进入 ROS 工作空间

再执行如下指令对软件包进行编译。

```
catkin_make
```

编译完成如图 8-22 所示，这时就可以测试此节点了。

```
zucc@zucc: ~/catkin_ws
[ 76%] Built target wpb_home_obj_detect
[ 77%] Built target wpb_home_speak
[ 78%] Built target wpb_home_joystick_demo
[ 79%] Built target wpb_home_speech_recognition
[ 79%] Built target wpb_home_image_node
[ 80%] Built target wpb_home_voice_cmd
[ 81%] Built target wpb_home_mani_ctrl
[ 82%] Built target wpb_home_grab_client
[ 83%] Built target wpb_home_capture_image
[ 83%] Built target wpb_home_sound_local
[ 84%] Built target wpb_home_serve_drinks
[ 84%] Built target wpb_home_lidar_data
[ 85%] Built target wp_edit_node
[ 87%] Built target wp_nav_odom_report
[ 88%] Built target pose_navi_server
[ 89%] Built target wp_manager
[ 91%] Built target waterplus_map_tools
[ 92%] Built target wp_nav_test
[ 93%] Built target wp_saver
[ 95%] Built target wp_nav_remote
[ 97%] Built target charger_get_position
[ 98%] Built target wp_navi_server
[100%] Built target wpb_home_follow
zucc@zucc:~/catkin_ws$
```

图 8-22　编译完成

4. 启动仿真环境

启动开源项目“wpr_simulation”中的仿真场景（见图 8-23），打开终端程序，输入如下指令。

```
roslaunch wpr_simulation wpb_single_face.launch
```

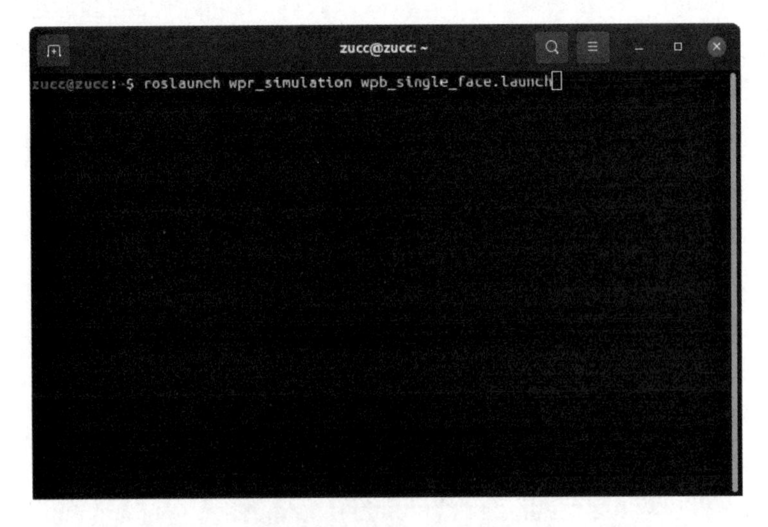

图 8-23　启动仿真场景

启动后会弹出图 8-24 所示的仿真场景，机器人前方站立着一个模型。

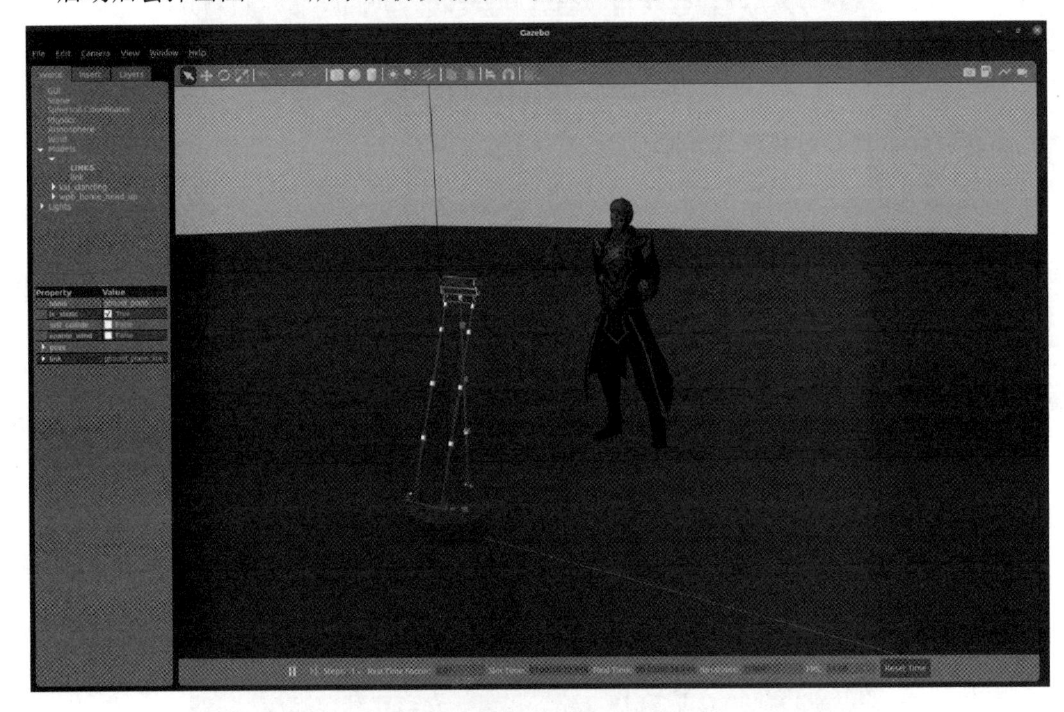

图 8-24　仿真场景

5. 运行节点程序

运行 face_node 节点，需要注意的是，在程序中读取文件的 Ubuntu 系统用户名一定要设置正确，否则运行此节点将报错。打开一个新的终端程序，输入如下指令。

```
rosrun face_pkg face_node.py
```

启动 image_node 节点，如图 8-25 所示。

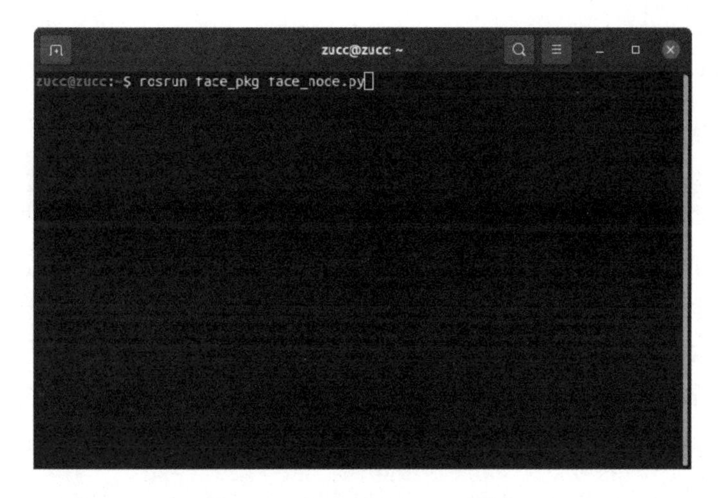

图 8-25　启动 image_node 节点

运行后可以看到终端程序中显示检测到的人脸坐标信息。终端程序人脸识别结果如图 8-26 所示。同时还会弹出一个窗口，用矩形框实时标示出人脸的位置。弹出窗口识别结果如图 8-27 所示。

图 8-26　终端程序人脸识别结果

图 8-27　弹出窗口识别结果

8.2.2 在真实环境中实现人脸检测

这里的程序可以在启智 ROS 机器人上运行，具体步骤如下。

（1）根据启智 ROS 的实验指导书对运行环境和驱动源码包进行配置。

（2）连接好设备上的硬件。

（3）把本章所创建的源码包“image_pkg”复制到机载计算机的“~/catkin_ws/src”目录下，进行编译。

（4）打开机器人底盘上的电源开关（按下去）。

（5）使用机载计算机打开终端程序，输入如下指令。

```
roslaunch wpb_home_behaviors face_detect_3d.launch
```

（6）启动 image_node 节点。保持前面的程序继续运行别退出，打开一个新的终端程序，运行如下指令。

```
rosrun face_pkg face_node.py
```

按“Enter”键运行后，即可在机器人主目录下看到所获取的图像文件。

8.3 本章小结

本章主要介绍了如何获取机器人的平面视觉图像及如何将其转换为常用的 OpenCV 格式；介绍了平面图像的获取以及人脸检测。

09 第 9 章 基于三维视觉的应用实例

9.1 获取机器人三维点云数据

第 8 章获取了相机的彩色图像，并且利用平面视觉进行了人脸检测，本章将学习如何在代码中获取 RGB-D 相机拍摄到的三维点云。在开始编写程序前，需要了解一下 ROS 中三维点云的消息包 sensor_msgs::PointCloud2 类型的数据结构。官方点云消息描述如图 9-1 所示。

sensor_msgs/PointCloud2 Message

File: sensor_msgs/PointCloud2.msg

Raw Message Definition

```
# This message holds a collection of N-dimensional points, which may
# contain additional information such as normals, intensity, etc. The
# point data is stored as a binary blob, its layout described by the
# contents of the "fields" array.

# The point cloud data may be organized 2d (image-like) or 1d
# (unordered). Point clouds organized as 2d images may be produced by
# camera depth sensors such as stereo or time-of-flight.

# Time of sensor data acquisition, and the coordinate frame ID (for 3d
# points).
Header header

# 2D structure of the point cloud. If the cloud is unordered, height is
# 1 and width is the length of the point cloud.
uint32 height
uint32 width

# Describes the channels and their layout in the binary data blob.
PointField[] fields

bool    is_bigendian # Is this data bigendian?
uint32  point_step   # Length of a point in bytes
uint32  row_step     # Length of a row in bytes
uint8[] data         # Actual point data, size is (row_step*height)

bool is_dense        # True if there are no invalid points
```

Compact Message Definition

```
std_msgs/Header header
uint32 height
uint32 width
sensor_msgs/PointField[] fields
bool is_bigendian
uint32 point_step
uint32 row_step
uint8[] data
bool is_dense
```

图 9-1　官方点云消息描述

从注释部分的内容可以看出，uint8[] data 这个数组里存放的是三维点云的原始数据，而这个数据的格式，则由 PointField[] fields 这个字段来描述。因此，需要先将 fields 中的字段信息提取出来，才知道如何去解析 data 数据。下面编写一个节点去读取这个 fields 信息。

9.1.1 在仿真环境中获取机器人三维点云数据

1. 编写节点代码

首先需要创建一个 ROS 源码包 Package。在 Ubuntu 里打开一个终端程序，输入如下指令进入 ROS 工作空间（见图 9-2）。

```
cd catkin_ws/src/
```

图 9-2 进入 ROS 工作空间

然后输入如下指令创建 ROS 源码包。

```
catkin_create_pkg pc_pkg rospy std_msgs sensor_msgs
```

创建 pc_pkg 源码包如图 9-3 所示，系统会提示 ROS 源码包创建成功，这时可以看到“catkin_ws/src”目录下出现了“pc_pkg”子目录。

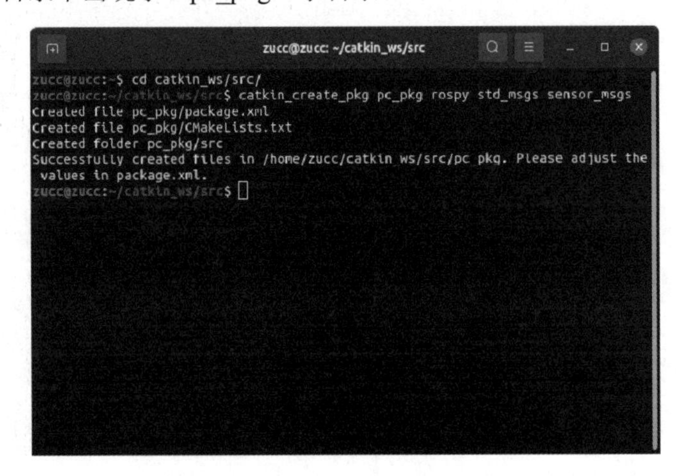

图 9-3 创建 pc_pkg 源码包

创建 pc_pkg 源码包的指令含义，如表 9-1 所示。

表 9-1　创建 pc_pkg 源码包的指令含义

指令	含义
catkin_create_pkg	创建 ROS 源码包（Package）的指令
pc_pkg	新建的 ROS 源码包命名
rospy	Python 依赖项，因为本例程使用 Python 编写，所以需要这个依赖项
std_msgs	标准消息依赖项，需要里面的 String 格式做文字输出
sensor_msgs	传感器消息依赖项，需要里面的图像数据格式

接下来在 Visual Studio Code 中进行操作，将目录展开，找到前面新建的“pc_pkg”并展开，我们可以看到，它是一个功能包最基础的结构，选中“pc_pkg”并对其右击，弹出图 9-4 所示的快捷菜单，选择“新建文件夹”。

图 9-4　快捷菜单

将这个文件夹命名为“scripts”（见图 9-5）。在第 2 章的 2.3 节中，有对此名称文件夹的解释。命名成功后按“Enter”键即创建成功。

图 9-5　创建“scripts”文件夹

选中此文件夹并对其右击，弹出图 9-4 所示的快捷菜单，选择“新建文件”。这个 Python 节点文件被命名为“pc_field.py”。

命名完成后即可在 IDE 右侧开始编写“pc_field.py”的代码，其内容如下。

```
#!/usr/bin/env python3
# coding=utf-8

import rospy
from sensor_msgs.msg import PointCloud2

# 三维点云回调函数
def callbackPointcloud(msg):
    field_num = len(msg.fields)
    rospy.logwarn("PointField 元素个数 = %d",field_num)
    print("--------------------------------")
    for f in msg.fields:
        rospy.loginfo("name = %s", f.name)
        rospy.loginfo("offset = %d", f.offset)
        rospy.loginfo("datatype = %d", f.datatype)
        rospy.loginfo("count = %d", f.count)
        print("--------------------------------")

# 主函数
if __name__ == "__main__":
    rospy.init_node("pc_field")
    # 订阅机器人视觉传感器 kinect2 的三维点云话题
    pc_sub    =    rospy.Subscriber("/kinect2/sd/points",PointCloud2,
callbackPointcloud,queue_size=10)
    rospy.spin()
```

（1）代码的开始部分，使用 Shebang 符号指定这个 Python 文件的解释器为 python3。如果是 Ubuntu 18.04 或更早的版本，解释器可设为 python。

（2）第二句代码指定该文件的字符编码为 utf-8，这样就能在代码执行的时候显示中文字符。

（3）使用 import 导入两个模块：一个是 rospy 模块，包含了大部分的 ROS 接口函数；另一个是 sensor_msgs.msg 里的 PointCloud2 消息包格式模块。

（4）定义一个回调函数 callbackPointcloud()来处理三维点云数据。ROS 每接收到一帧深度图像，就会转换成三维点云，并自动调用一次这个回调函数。三维点云数据会以参数的形式传递到这个回调函数里。

（5）回调函数 void callbackPointcloud()的参数 msg 是一个 sensor_msgs::PointCloud2 类型的消息包，我们需要对其中的 fields 数组进行读取和显示。首先我们使用 len()函数获取 fields 数组的成员个数，将其放置在变量 field_num 中；然后使用 rospy.logwarn()函数将其显示在终端程序里。

（6）使用 for 循环语句将 msg 消息包里的 fields 数组逐个抽取出来，将每个成员的 name、offset、datatype 及 count 都通过 rospy.loginfo()函数显示在终端程序里。

（7）判断__name__为“__main__”时，执行这个文件的主函数代码。

（8）调用 rospy 的 init_node()函数进行该节点的初始化操作，参数是节点名称。

（9）调用 rospy 的 Subscriber()函数生成一个订阅对象 pc_sub，在函数的参数中指明订阅的话题名称是“/kinect2/sd/points”，也就是 kinect2 发布三维点云的话题，数据类型为 PointCloud2，回调函数设置为之前定义的 callbackPointcloud()，缓冲长度为 10。

（10）调用 rospy 的 spin()函数对这个主函数进行阻塞，保持这个节点程序不会结束退出。

程序编写完后，代码并未马上保存到文件里，此时编辑区左上角的文件名“pc_field.py”右侧有个白色小圆点（见图 9-6），这表示此文件并未保存。在按下“Ctrl+S”键进行保存后，白色小圆点会变成关闭按钮“×”。

图 9-6　文件未保存状态

2. 设置可执行权限

由于这个代码文件是新创建的，其默认不带有可执行属性，所以我们需要为其添加一个可执行属性才能让它运行起来。启动一个终端程序，输入如下指令进入这个代码文件所存放的目录（见图 9-7）。

```
cd ~/catkin_ws/src/pc_pkg/scripts/
```

再执行如下指令为代码文件添加可执行属性。

```
chmod +x pc_field.py
```

设置文件权限如图 9-8 所示，按“Enter”键执行后，这个代码文件就获得了可执行属性，可以在终端程序里运行了。

图 9-7　进入目录

图 9-8　设置文件权限

3. 编译软件包

现在节点文件可以运行了，但是这个软件包还没有加入 ROS 的包管理系统，无法通过 ROS 指令运行其中的节点，因此还需要对这个软件包进行编译。在终端程序中输入如下指令进入 ROS 工作空间（见图 9-9）。

```
cd ~/catkin_ws/
```

再执行如下指令对软件包进行编译。

```
catkin_make
```

编译完成如图 9-10 所示，这时就可以测试此节点了。

4. 启动仿真环境

启动开源项目“wpr_simulation”中的仿真场景（见图 9-11），打开终端程序，输入如下指令。

```
roslaunch wpr_simulation wpb_pointcloud.launch
```

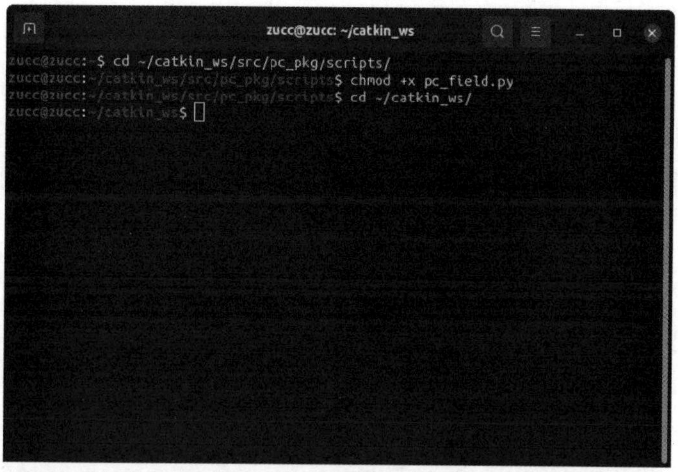

zucc@zucc: ~/catkin_ws
zucc@zucc:~$ cd ~/catkin_ws/src/pc_pkg/scripts/
zucc@zucc:~/catkin_ws/src/pc_pkg/scripts$ chmod +x pc_field.py
zucc@zucc:~/catkin_ws/src/pc_pkg/scripts$ cd ~/catkin_ws/
zucc@zucc:~/catkin_ws$

图 9-9　进入 ROS 工作空间

zucc@zucc: ~/catkin_ws
[76%] Built target wpb_home_obj_detect
[77%] Built target wpb_home_speak
[78%] Built target wpb_home_joystick_demo
[78%] Built target wpb_home_image_node
[79%] Built target wpb_home_speech_recognition
[80%] Built target wpb_home_voice_cmd
[82%] Built target wpb_home_grab_client
[82%] Built target wpb_home_mani_ctrl
[83%] Built target wpb_home_capture_image
[83%] Built target wpb_home_sound_local
[83%] Built target wpb_home_lidar_data
[84%] Built target wpb_home_serve_drinks
[85%] Built target wp_edit_node
[86%] Built target pose_navi_server
[88%] Built target wp_nav_odom_report
[90%] Built target waterplus_map_tools
[91%] Built target wp_manager
[92%] Built target wp_nav_test
[93%] Built target wp_saver
[95%] Built target wp_nav_remote
[97%] Built target charger_get_position
[98%] Built target wp_navi_server
[100%] Built target wpb_home_follow
zucc@zucc:~/catkin_ws$

图 9-10　编译完成

zucc@zucc: ~
zucc@zucc:~$ roslaunch wpr_simulation wpb_pointcloud.launch

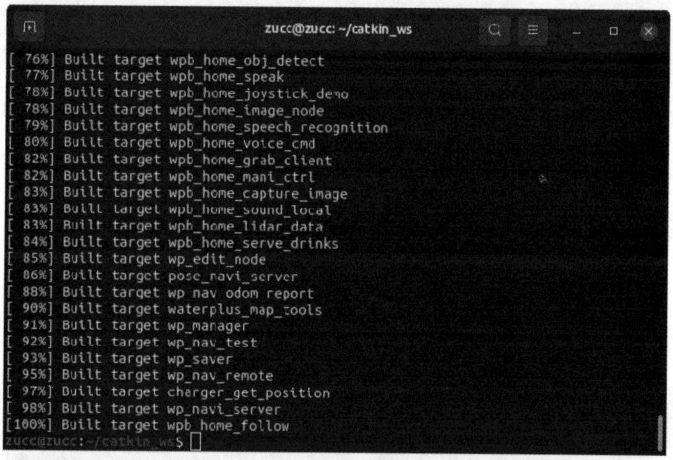

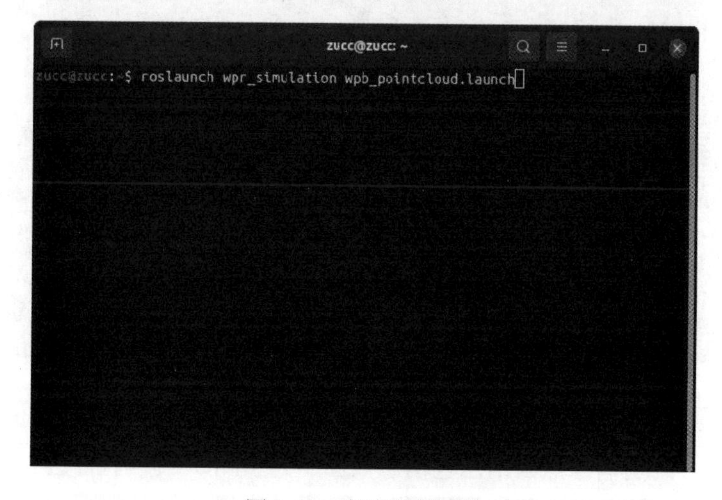

图 9-11　启动仿真场景

启动后会弹出图 9-12 所示的仿真场景，机器人前方放置了一个柜子。

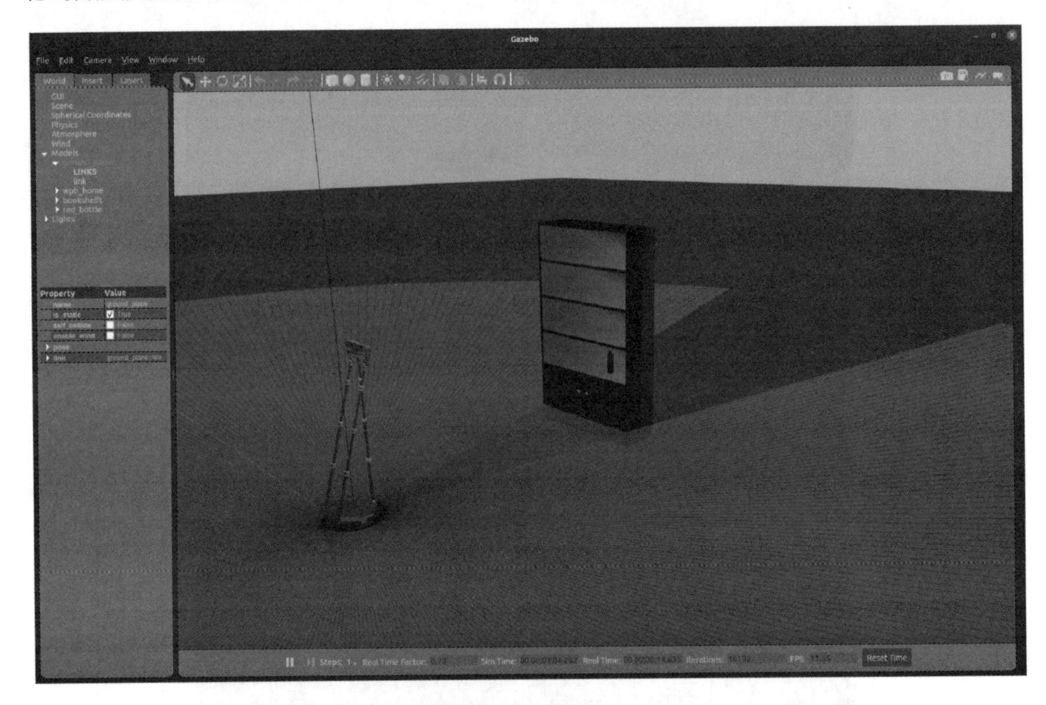

图 9-12　仿真场景

5. 运行节点程序

运行 pc_field 节点，打开一个新的终端程序，如图 9-13 所示，输入如下指令。

```
rosrun pc_pkg pc_field.py
```

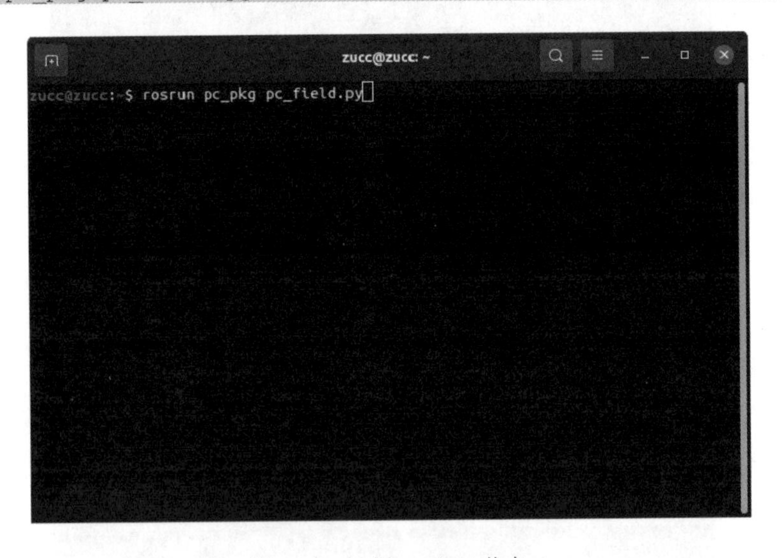

图 9-13　运行 pc_field 节点

执行指令后，终端输出点云消息包信息如图 9-14 所示，终端程序会持续输出点云消息包的 fields 数组，共有 4 个元素。

这 4 个元素可以参照 sensor_msgs/PointField 的官方描述来解读含义（见图 9-15）。

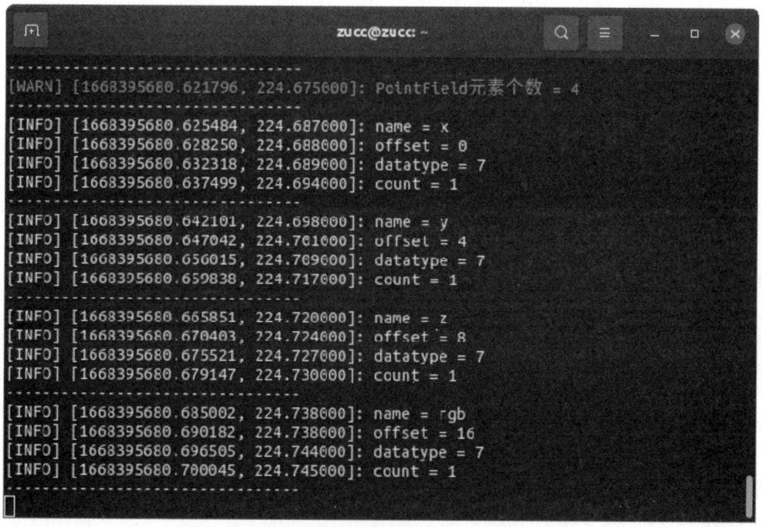

```
zucc@zucc: ~
--------------------------------
[WARN] [1668395680.621796, 224.675000]: PointField元素个数 = 4
--------------------------------
[INFO] [1668395680.625484, 224.687000]: name = x
[INFO] [1668395680.628250, 224.688000]: offset = 0
[INFO] [1668395680.632318, 224.689000]: datatype = 7
[INFO] [1668395680.637499, 224.694000]: count = 1
--------------------------------
[INFO] [1668395680.642101, 224.698000]: name = y
[INFO] [1668395680.647042, 224.701000]: offset = 4
[INFO] [1668395680.656015, 224.709000]: datatype = 7
[INFO] [1668395680.659838, 224.717000]: count = 1
--------------------------------
[INFO] [1668395680.665851, 224.720000]: name = z
[INFO] [1668395680.670403, 224.724000]: offset = 8
[INFO] [1668395680.675521, 224.727000]: datatype = 7
[INFO] [1668395680.679147, 224.730000]: count = 1
--------------------------------
[INFO] [1668395680.685002, 224.738000]: name = rgb
[INFO] [1668395680.690182, 224.738000]: offset = 16
[INFO] [1668395680.696505, 224.744000]: datatype = 7
[INFO] [1668395680.700045, 224.745000]: count = 1
--------------------------------
```

图9-14　终端输出点云消息包信息

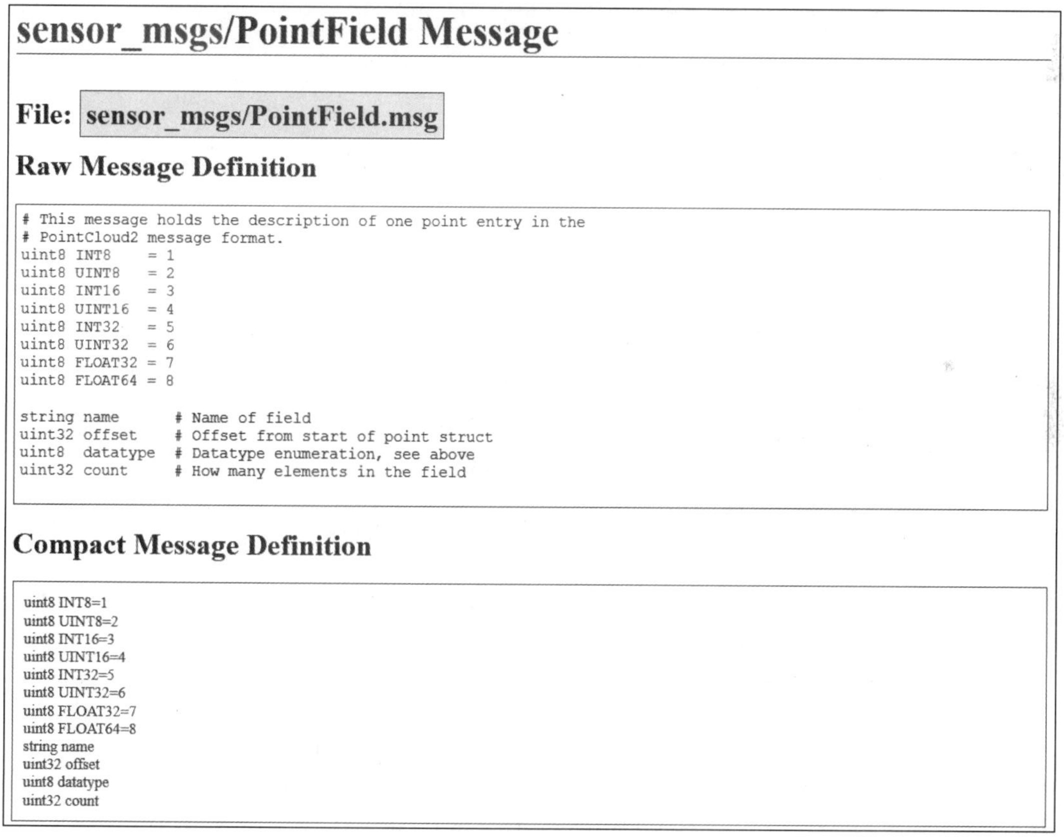

sensor_msgs/PointField Message

File: sensor_msgs/PointField.msg

Raw Message Definition

```
# This message holds the description of one point entry in the
# PointCloud2 message format.
uint8 INT8    = 1
uint8 UINT8   = 2
uint8 INT16   = 3
uint8 UINT16  = 4
uint8 INT32   = 5
uint8 UINT32  = 6
uint8 FLOAT32 = 7
uint8 FLOAT64 = 8

string name      # Name of field
uint32 offset    # Offset from start of point struct
uint8  datatype  # Datatype enumeration, see above
uint32 count     # How many elements in the field
```

Compact Message Definition

```
uint8 INT8=1
uint8 UINT8=2
uint8 INT16=3
uint8 UINT16=4
uint8 INT32=5
uint8 UINT32=6
uint8 FLOAT32=7
uint8 FLOAT64=8
string name
uint32 offset
uint8 datatype
uint32 count
```

图9-15　sensor_msgs/PointField的官方描述

从上述文档可以解读点云消息包的 fields 数组含义：在点云消息包的 data 数组里，每个像素包含了 4 个字段，字段名称分别为 *x*、*y*、*z*、rgb，每个字段的数据类型为 FLOAT32 浮点数。其中 *x*、*y*、*z* 三个字段是单个像素点的三维坐标，rgb 是这个像素的颜色。

6. 编写坐标获取节点代码

接下来编写一个新的程序来获取每个像素点的三维坐标，在 Visual Studio Code 中进行操作，选中 scripts 文件夹并对其右击，弹出图 9-4 所示的快捷菜单，选择“新建文件”。将这个 Python 节点文件命名为“pc_data.py”。

命名完成后即可在 IDE 右侧开始编写“pc_data.py”的代码，其内容如下。

```
#!/usr/bin/env python3
# coding=utf-8

import rospy
from sensor_msgs.msg import PointCloud2
import sensor_msgs.point_cloud2 as pc2

# 三维点云回调函数
def callbackPointcloud(msg):
    # 从点云中提取三维坐标数值
    pc = pc2.read_points(msg, skip_nans=True, field_names=("x", "y", "z"))
    point_cnt = 0
    for p in pc:
        rospy.loginfo("第%d 点坐标 (x= %.2f, y= %.2f, z= %.2f)",point_cnt,
p[0],p[1],p[2] )
        point_cnt += 1

# 主函数
if __name__ == "__main__":
    rospy.init_node("pointcloud_data")
    # 订阅机器人视觉传感器 kinect2 的三维点云话题
    pc_sub = rospy.Subscriber("/kinect2/sd/points",PointCloud2,
callbackPointcloud,queue_size=10)
    rospy.spin()
```

（1）代码的开始部分，使用 Shebang 符号指定这个 Python 文件的解释器为 python3。如果是 Ubuntu 18.04 或更早的版本，解释器可设为 python。

（2）第二句代码指定该文件的字符编码为 utf-8，这样就能在代码执行的时候显示中文字符。

（3）使用 import 导入三个模块：第一个是 rospy 模块，包含了大部分的 ROS 接口函数；第二个是 sensor_msgs.msg 里的 PointCloud2 消息包格式模块；第三个是 sensor_msgs 里的 point_cloud2 模块，用于从点云消息包里提取具体数值。

（4）定义一个回调函数 callbackPointcloud()来处理三维点云数据。ROS 每接收到一帧深度图像，就会转换成三维点云，并自动调用一次这个回调函数。三维点云数据会以参数的形式传递到这个回调函数里。

（5）回调函数 void callbackPointcloud()的参数 msg 是一个 sensor_msgs::PointCloud2 类

型的消息包，我们需要将其中点云的三维坐标值提取出来进行显示。使用pc2的read_points()函数将msg消息包里的data数组按照指定的字段顺序提取出来，构建新的三维点数组pc。其中，参数skip_nans=True表示跳过无效点云，只提取有效点云；field_names=("x", "y", "z")表示在新构建的点云数组里，每个像素点的数据按照字段*x*、*y*、*z*来排列。

（6）使用for循环语句，将刚才新构建的新点云数组pc里的像素点逐个抽取出来，然后将每个像素点的*x*、*y*、*z*的数值通过rospy.loginfo()函数显示在终端程序里，这样就实现了这个程序的主要功能。

（7）判断__name__为“__main__”时，执行这个文件的主函数代码。

（8）调用rospy的init_node()函数进行该节点的初始化操作，参数是节点名称。

（9）调用rospy的Subscriber()函数生成一个订阅对象pc_sub，在函数的参数中指明订阅的话题名称是“/kinect2/sd/points”，也就是kinect2发布三维点云的话题，数据类型为PointCloud2，回调函数设置为之前定义的callbackPointcloud()，缓冲长度为10。

（10）调用rospy的spin()对这个主函数进行阻塞，保持这个节点程序不会结束退出。

代码编写完毕后，需要按“Ctrl+S”键进行保存，代码上方文件名右侧的小白点变成关闭按钮“×”，说明保存文件成功。

7. 为坐标获取节点设置可执行权限

由于这个代码文件是新创建的，其默认不带有可执行属性，所以我们需要为其添加一个可执行属性才能让它运行起来。启动一个终端程序，输入如下指令进入这个代码文件所存放的目录（见图9-16）。

```
cd ~/catkin_ws/src/pc_pkg/scripts/
```

图9-16　进入目录

再执行如下指令为代码文件添加可执行属性。

```
chmod +x pc_data.py
```

设置文件属性如图 9-17 所示，按“Enter”键执行后，这个代码文件就获得了可执行属性，可以在终端程序里运行了。

图 9-17　设置文件属性

8. 再次启动仿真环境

启动开源项目“wpr_simulation”中的仿真场景（见图 9-18），打开终端程序，输入如下指令。

```
roslaunch wpr_simulation wpb_pointcloud.launch
```

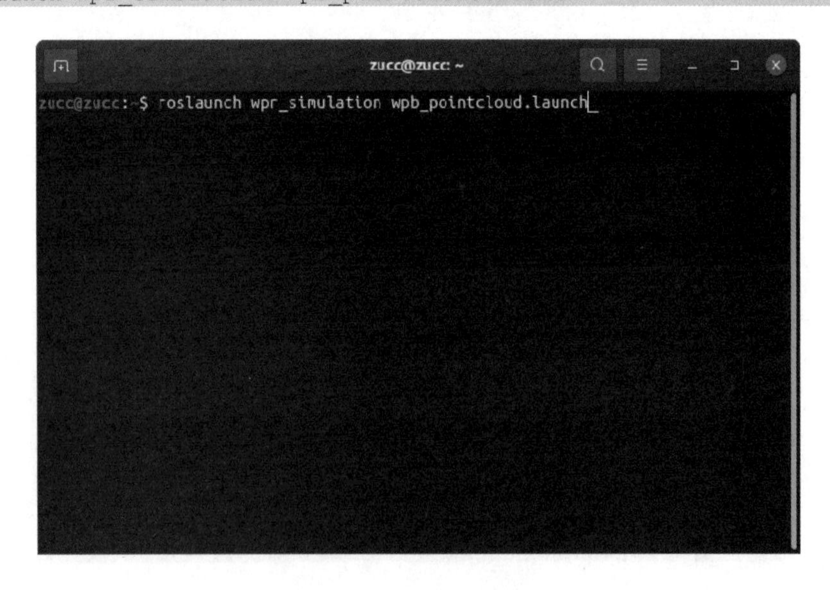

图 9-18　启动仿真场景

启动后会弹出图 9-19 所示的仿真场景，机器人前方放置了一个柜子。

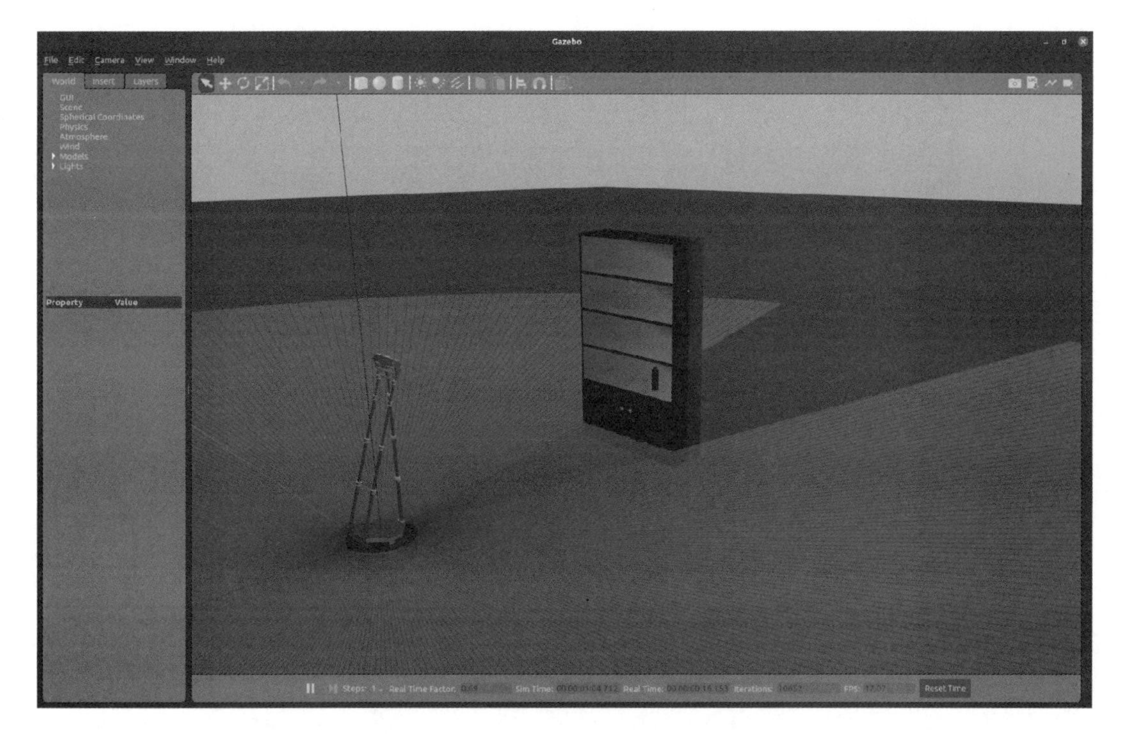

图 9-19　仿真场景

9. 运行坐标获取节点程序

启动 pc_field 节点，打开一个新的终端程序，如图 9-20 所示，输入如下指令。

```
rosrun pc_pkg pc_data.py
```

图 9-20　启动 pc_data 节点

运行后终端输出信息如图 9-21 所示，终端程序持续输出点云三维坐标信息。

```
zucc@zucc: ~
[INFO] [1668396897.722281, 83.430000]: 第951点坐标 (x= -0.03, y= -1.39, z= 2.46)
[INFO] [1668396897.728698, 83.500000]: 第952点坐标 (x= -0.02, y= -1.39, z= 2.46)
[INFO] [1668396897.735689, 83.504000]: 第953点坐标 (x= -0.02, y= -1.39, z= 2.46)
[INFO] [1668396897.741187, 83.510000]: 第954点坐标 (x= -0.01, y= -1.39, z= 2.46)
[INFO] [1668396897.745817, 83.510000]: 第955点坐标 (x= -0.00, y= -1.39, z= 2.46)
[INFO] [1668396897.751269, 83.514000]: 第956点坐标 (x= 0.00, y= -1.39, z= 2.46)
[INFO] [1668396897.757673, 83.520000]: 第957点坐标 (x= 0.01, y= -1.39, z= 2.46)
[INFO] [1668396897.762068, 83.524000]: 第958点坐标 (x= 0.02, y= -1.39, z= 2.46)
[INFO] [1668396897.769065, 83.529000]: 第959点坐标 (x= 0.02, y= -1.39, z= 2.46)
[INFO] [1668396897.775178, 83.529000]: 第960点坐标 (x= 0.03, y= -1.39, z= 2.46)
[INFO] [1668396897.784350, 83.529000]: 第961点坐标 (x= 0.04, y= -1.39, z= 2.46)
[INFO] [1668396897.790673, 83.533000]: 第962点坐标 (x= 0.04, y= -1.39, z= 2.46)
[INFO] [1668396897.793761, 83.533000]: 第963点坐标 (x= 0.05, y= -1.39, z= 2.46)
[INFO] [1668396897.796301, 83.533000]: 第964点坐标 (x= 0.06, y= -1.39, z= 2.46)
[INFO] [1668396897.804502, 83.533000]: 第965点坐标 (x= 0.06, y= -1.39, z= 2.46)
[INFO] [1668396897.811662, 83.545000]: 第966点坐标 (x= 0.07, y= -1.39, z= 2.46)
[INFO] [1668396897.817836, 83.563000]: 第967点坐标 (x= 0.08, y= -1.39, z= 2.46)
[INFO] [1668396897.829967, 83.565000]: 第968点坐标 (x= 0.08, y= -1.39, z= 2.46)
[INFO] [1668396897.837501, 83.579000]: 第969点坐标 (x= 0.09, y= -1.39, z= 2.46)
[INFO] [1668396897.845977, 83.581000]: 第970点坐标 (x= 0.10, y= -1.39, z= 2.46)
[INFO] [1668396897.849396, 83.581000]: 第971点坐标 (x= 0.10, y= -1.39, z= 2.46)
[INFO] [1668396897.857523, 83.582000]: 第972点坐标 (x= 0.11, y= -1.39, z= 2.46)
[INFO] [1668396897.864153, 83.584000]: 第973点坐标 (x= 0.12, y= -1.39, z= 2.46)
```

图 9-21　运行后终端输出信息

9.1.2　在真实环境中获取机器人三维点云数据

这里的程序可以在启智 ROS 机器人上运行，具体步骤如下。

（1）根据启智 ROS 的实验指导书对运行环境和驱动源码包进行配置。

（2）连接好设备上的硬件。

（3）把本章所创建的源码包“pc_pkg”复制到机载计算机的“~/catkin_ws/src”目录下，进行编译。

（4）打开机器人底盘上的电源开关（按下去）。

（5）使用机载计算机打开终端程序，输入如下指令。

```
roslaunch wpb_home_bringup kinect_test.launch
```

（6）启动 image_node 节点。保持前面的程序继续运行别退出，打开一个新的终端程序，运行如下指令。

```
rosrun pc_pkg pc_field.py
```

按“Enter”键运行后，即可在终端程序内看到机器人所搭载的 kinect2 相机采集到的点云数据。

9.2　利用三维视觉进行物体检测

服务机器人常常遇到需要寻找某个物体的需求，而通常物品都是放在桌子或货架上的，使用 PCL 的平面检测算法，可以将桌面上的物体检测出来，并算出其三维坐标。

本节的物品检测主要是通过对 kinect2 的三维点云进行分割实现的，这里涉及一系列

PCL 点云库的功能调用。这部分功能如果从零开始编写会耗费大量时间，考虑到课时的限制，本节直接使用 wpb_home 源码包中已经编写好的节点，该节点的源文件位置如下。

```
wpb_home/wpb_home_behaviors/src/wpb_home_objects_3d.cpp
```

本节不重新编写这个节点，其中大致的处理流程如下。

（1）在程序的 main 函数中，对 kinect2 的三维点云主题“/kinect2/sd/points”进行了订阅，处理点云的回调函数设置为 void ProcCloudCB()，这是该节点数据的输入。物品检测结果的输出是通过发布对象 coord_pub 发布到主题“/wpb_home/objects_3d”中的，后面将会从这个主题中获取物品检测的结果。除了上面两项比较重要的部分，main 函数还进行如下准备工作。

① 向外发布一个名为“obj_marker”的主题，用于在 Rviz 中标注物品的空间位置。

② 向外发布一个名为“segmented_plane”的主题，用于在 Rviz 中显示检测出的平面的点云集合。

③ 向外发布一个名为“segmented_objects”的主题，用于在 Rviz 中显示检测出的物品的点云集合。

以上工作完成后，调用 ros::spin()挂起主线程，之后的工作交给各个数据流的回调函数完成。

（2）kinect2 的三维点云数据流的回调函数为 void ProcCloudCB ()，kinect2 每生成一帧点云，就会调用一次这个函数。

① 回调函数的参数 sensor_msgs::PointCloud2 &input 携带了刚生成的三维点云数组。

② 创建一个 tf_listener 来进行点云三维坐标转换。

③ 刚进来的点云坐标值是相对于 kinect2 坐标系的，为了处理方便，程序里用 tf 转换器（tf_listener）将全部点云坐标转换到“base_footprint”坐标系下，它是以机器人在地面投影中心为原点的坐标系。

④ 为了更好地操作点云，程序里将输入进来的 ROS 格式的数据 input 转换为 PCL 格式的数据 cloud_src。

⑤ 使用 PCL 的分割对象 segmentation 将原始点云中的水平平面检测出来，平面的标号存储在 planeIndices->indices 数组里。

⑥ 通过 while 循环，只要未处理的点云多于 30%就继续检测平面，遍历这些平面，找出高度（plane_height）符合我们要求的平面作为桌面。在这个例程的代码里可以看到判别桌面的高度条件是高于 0.6 米，低于 0.9 米。

⑦ 将识别出来的桌面平面从点云中剔除，并将平面上方 0.05 米到 0.3 米的点云分离出来作为待处理的物品点云集合：prism.setHeightLimits(−0.30, −0.05)。

⑧ 在分离出来的物品点云集合中进行 Kd-Tree 近邻搜索查找，将互相分离的点云团簇分割出来，每个团簇认为是一个物品。

对分割出来的每个点云进行体积统计，调用 DrawBox()绘制其外接矩形，调用 DrawText()在其上方显示物品标号。

9.2.1 在仿真环境中实现物体检测

1. 编写节点代码

首先需要创建一个 ROS 源码包 Package。在 Ubuntu 里打开一个终端程序，输入如下指令进入 ROS 工作空间（见图 9-22）。

```
cd catkin_ws/src/
```

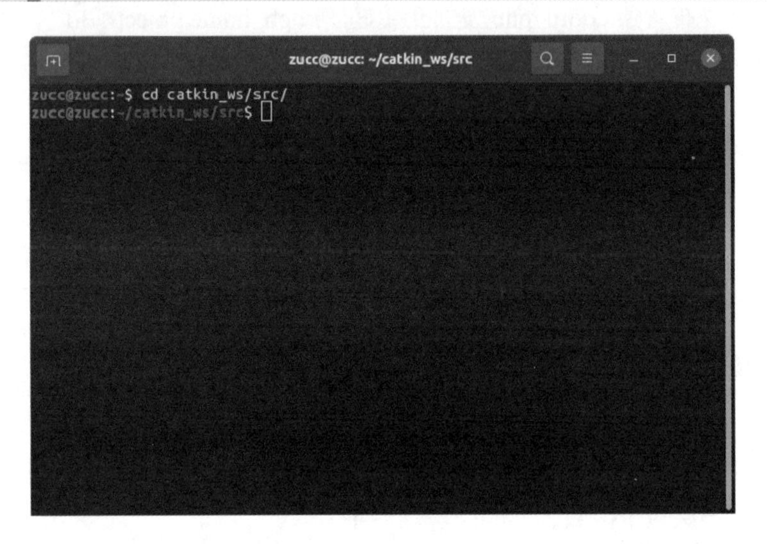

图 9-22 进入 ROS 工作空间

然后输入如下指令创建 ROS 源码包。

```
catkin_create_pkg obj_pkg rospy std_msgs message_runtime wpb_home_behaviors
```

创建 obj_pkg 源码包如图 9-23 所示，系统会提示 ROS 源码包创建成功，这时可以看到“catkin_ws/src”目录下出现了“obj_pkg”子目录。

图 9-23 创建 obj_pkg 源码包

创建 obj_pkg 源码包的指令含义，如表 9-2 所示。

表 9-2　创建 obj_pkg 源码包的指令含义

指令	含义
catkin_create_pkg	创建 ROS 源码包（Package）的指令
obj_pkg	新建的 ROS 源码包命名
rospy	Python 依赖项，因为本例程使用 Python 编写，所以需要这个依赖项
std_msgs	标准消息依赖项，需要里面的 String 格式做文字输出
message_runtime	因为要用到外部描述物品名称和三维坐标的新的消息类型，所以需要添加此项
wpb_home_behaviors	物品检测节点 wpb_home_objects_3d 所在的包名称，因为要用到这个包定义的新消息类型，所以需要添加此项

接下来在 Visual Studio Code 中进行操作，将目录展开，找到前面新建的“obj_pkg”并展开，可以看到是一个功能包最基础的结构，选中“obj_pkg”并对其右击，弹出图 9-24 所示的快捷菜单，选择“新建文件夹”。

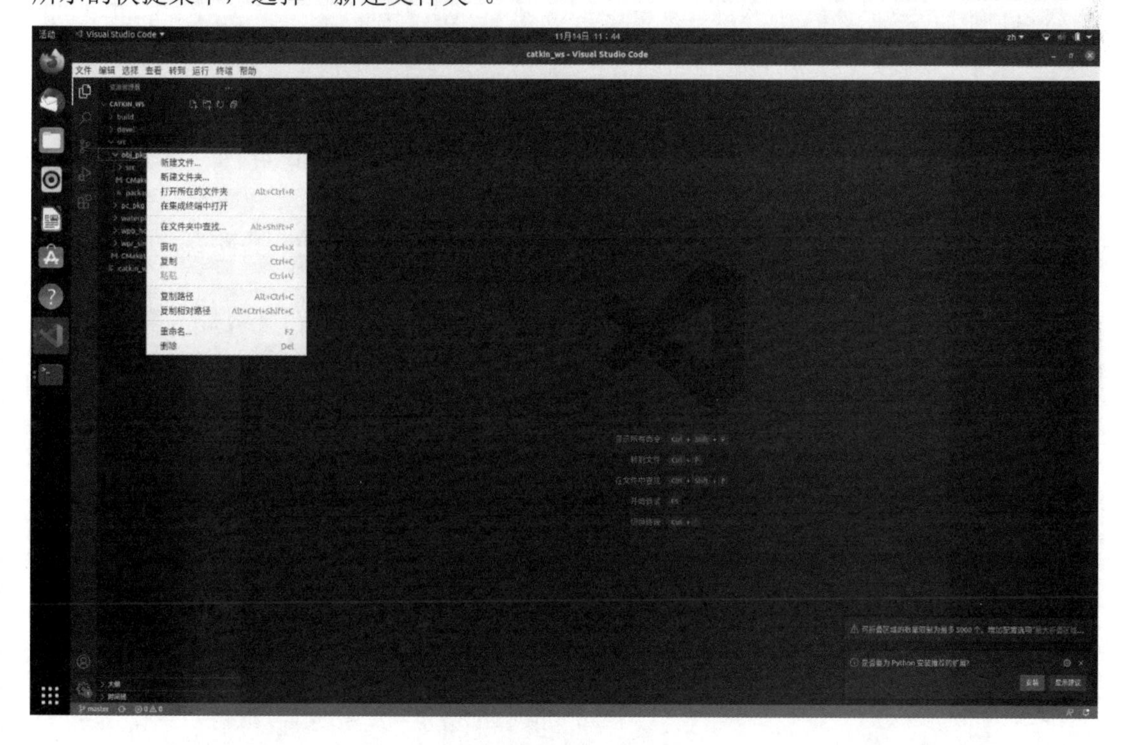

图 9-24　快捷菜单

将这个文件夹命名为“scripts”（见图 9-25）。在第 2 章的 2.3 节中，有对此名称文件夹的解释。命名成功后按“Enter”键即创建成功。

选中此文件夹并对其右击，弹出图 9-24 所示的快捷菜单，选择“新建文件”。这个 Python 节点文件被命名为“obj_node.py”。

图 9-25 创建“scripts”文件夹

命名完成后即可在 IDE 右侧编写“obj_node.py”的代码，其内容如下。

```
    #!/usr/bin/env python3
    # coding=utf-8

    import rospy
    from wpb_home_behaviors.msg import Coord
    from std_msgs.msg import String

    # 物品检测回调函数
    def cbObject(msg):
        print("------------------------------------------")
        rospy.loginfo("检测物品个数 = %d",len(msg.name))
        for i in range(len(msg.name)):
            rospy.logwarn("%d 号物品 %s 坐标为(%.2f, %.2f, %.2f) ",i, msg.name[i],
msg.x[i], msg.y[i], msg.z[i] )

    # 主函数
    if __name__ == "__main__":
        rospy.init_node("object_detect")
        # 发布物品检测激活话题
        behaviors_pub   =   rospy.Publisher("/wpb_home/behaviors",   String,
queue_size=10)
        # 订阅物品检测结果的话题
        object_sub = rospy.Subscriber("/wpb_home/objects_3d", Coord, cbObject,
```

```
queue_size=10)

        # 延时三秒，让后台的话题初始化操作能够完成
        rospy.sleep(3.0)

        # 发送消息，激活物品检测行为
        msg = String()
        msg.data = "object_detect start"
        behaviors_pub.publish(msg)

        rospy.spin()
```

（1）代码的开始部分，使用 Shebang 符号指定这个 Python 文件的解释器为 python3。如果是 Ubuntu 18.04 或更早的版本，解释器可设为 python。

（2）第二句代码指定该文件的字符编码为 utf-8，这样就能在代码执行的时候显示中文字符。

（3）使用 import 导入三个模块：第一个是 rospy 模块，包含了大部分的 ROS 接口函数；第二个是 wpb_home_behaviors.msg 里的 Coord 消息包类型模块，是描述物体名称和三维坐标的消息类型头文件，程序中接收到的物体检测结果就是这个 Coord 类型的消息包；第三个是字符串消息类型模块，即 std_msgs.msg 里的 String，使用这个格式的消息包激活 wpb_home_objects_3d 的物品检测功能。

（4）定义一个回调函数 cbObject ()，用来处理 wpb_home_objects_3d 节点发来的物体检测结果消息包。cbObject ()的参数 msg 是一个 wpb_home_behaviors::Coord 类型的消息包，其中存放了物品检测结果。msg 包里包含了四个数组，其中 name 数组保存的是所有物品的名称，*x*、*y*、*z* 三个数组保存的是所有物品的三维坐标。这四个数组的成员个数一样，相同下标的 name、*x*、*y* 和 *z* 成员对应同一个物体。msg 中的物体按照距离机器人的远近进行了排序，比如 name[0]、*x*[0]、*y*[0]和 *z*[0]对应的是距离机器人最近的物体，name[1]、*x*[1]、*y*[1]和 *z*[1]对应的是距离机器人第二近的物体，以此类推。

（5）在这个实验里，我们将在回调函数 cbObject()中把 msg 里的所有物体信息显示在终端程序里。前面说过，msg 消息包里的 name、*x*、*y* 和 *z* 四个数组的成员个数是一样的，所以其中任意一个数组的长度都代表了这个消息包里保存的物品个数。这里我们选取 name 数组作为长度测量对象，先使用 len()函数获取它的长度，也就是得到物体的个数，然后通过 for 循环，将 msg 里所有物体的 name、*x*、*y* 和 *z* 的值用 rospy.logwarn()函数显示在终端程序里。

（6）调用 rospy 的 init_node()函数进行该节点的初始化操作，参数是节点名称。

（7）调用 rospy 的 Publisher()函数生成一个广播对象 behaviors_pub，调用的参数里指明了 behaviors_pub 将会在话题“/wpb_home/behaviors”里发布 std_msgs::String 类型的数据。后面我们通过这个广播对象发送激活物品检测的消息指令。

（8）调用 rospy 的 Subscriber()函数生成一个订阅对象 object_sub，在函数的参数中指明

订阅的话题名称是“/wpb_home/objects_3d”，这个“/wpb_home/objects_3d”是启智ROS的wpb_home_objects_3d节点发布物体检测结果的话题名，wpb_home_objects_3d从kinect2获取三维点云，经过物品检测算法处理，将处理结果发送到这个主题里。现在编写的这个节点程序，只需要订阅它，就能收到最终的物体检测结果，这个话题的消息类型为Coord，回调函数设置为之前定义的cbObject()，缓冲长度为10。

（9）调用rospy.sleep()让程序暂停一会儿，等待ROS后台完成上述话题发布和订阅操作。参数3.0表示暂停3秒。

（10）暂停过后，话题的发布和订阅操作应该完成了。我们就可以向wpb_home_objects_3d物品检测节点发送开始物品检测的消息指令了。先构建一个String类型的消息包msg，然后将msg的data设置为字符串“object_detect start”，最后用behaviors_pub将消息包msg发布到话题“/wpb_home/behaviors”中去。wpb_home_objects_3d节点会先从这个话题里获取“object_detect start”指令，然后开始进行物品检测，并把结果发布到话题“/wpb_home/objects_3d”里。这样我们的obj_node节点就能接收到物品检测结果，并激活cbObject ()回调函数对检测结果进行显示。

（11）调用ros::spin()对main()函数进行阻塞，保持这个节点程序不会结束退出，持续不断地接收物品检测结果。

程序编写完后，代码并未马上保存到文件里，此时编辑区左上角的文件名“obj_node.py”右侧有个白色小圆点（见图9-26），这表示此文件并未保存。在按“Ctrl+S”键进行保存后，白色小圆点会变成关闭按钮“×”。

图9-26　文件未保存状态

2. 设置可执行权限

由于这个代码文件是新创建的，其默认不带有可执行属性，所以我们需要为其添加一个可执行属性才能让它运行起来。启动一个终端程序，输入如下指令进入这个代码文件所存放的目录（见图 9-27）。

```
cd ~/catkin_ws/src/obj_pkg/scripts/
```

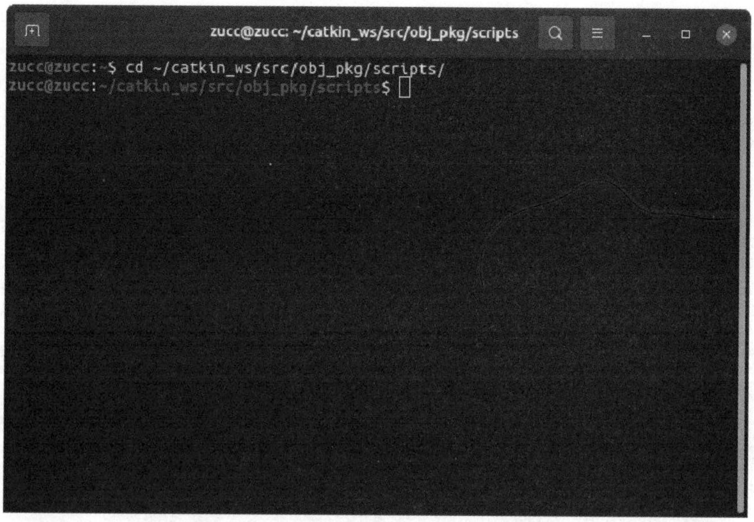

图 9-27　进入目录

再执行如下指令为代码文件添加可执行属性。

```
chmod +x obj_node.py
```

设置文件权限如图 9-28 所示，按“Enter”键执行后，这个代码文件就获得了可执行属性，可以在终端程序里运行了。

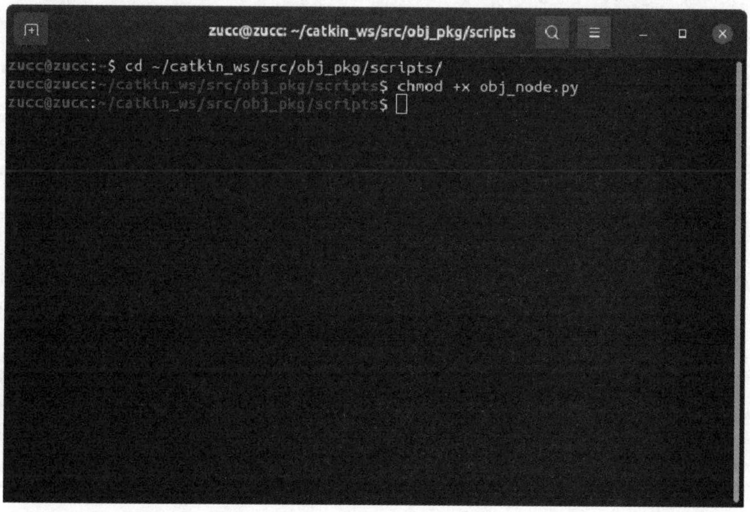

图 9-28　设置文件权限

3. 编译软件包

现在节点文件可以运行了，但是这个软件包还没有加入 ROS 的包管理系统，无法通过 ROS 指令运行其中的节点，所以还需要对这个软件包进行编译。在终端程序中输入如下指令进入 ROS 工作空间（见图 9-29）。

```
cd ~/catkin_ws/
```

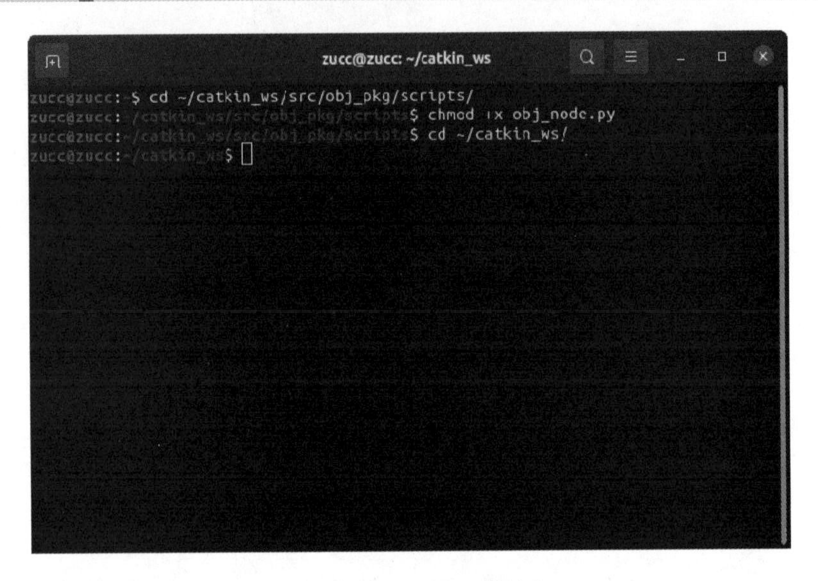

图 9-29　进入 ROS 工作空间

再执行如下指令对软件包进行编译。

```
catkin_make
```

编译完成如图 9-30 所示，这时就可以测试此节点了。

```
zucc@zucc: ~/catkin_ws
[ 77%] Built target wpb_home_speak
[ 78%] Built target wpb_home_joystick_demo
[ 78%] Built target wpb_home_image_node
[ 79%] Built target wpb_home_speech_recognition
[ 80%] Built target wpb_home_voice_cmd
[ 81%] Built target wpb_home_mani_ctrl
[ 82%] Built target wpb_home_grab_client
[ 83%] Built target wpb_home_capture_image
[ 83%] Built target wpb_home_sound_local
[ 84%] Built target wpb_home_serve_drinks
[ 84%] Built target wpb_home_lidar_data
[ 85%] Built target wp_edit_node
[ 86%] Built target pose_navi_server
[ 88%] Built target waterplus_map_tools
[ 90%] Built target wp_nav_odom_report
[ 91%] Built target wp_manager
[ 92%] Built target wp_nav_test
[ 93%] Built target wp_saver
[ 95%] Built target charger_get_position
[ 97%] Built target wp_nav_remote
[ 98%] Built target wp_navi_server
[100%] Built target wpb_home_follow
zucc@zucc:~/catkin_ws$
```

图 9-30　编译完成

4. 启动仿真场景

启动开源项目“wpr_simulation”中的仿真场景（见图 9-31），打开终端程序，输入如下指令。

```
roslaunch wpr_simulation wpb_table.launch
```

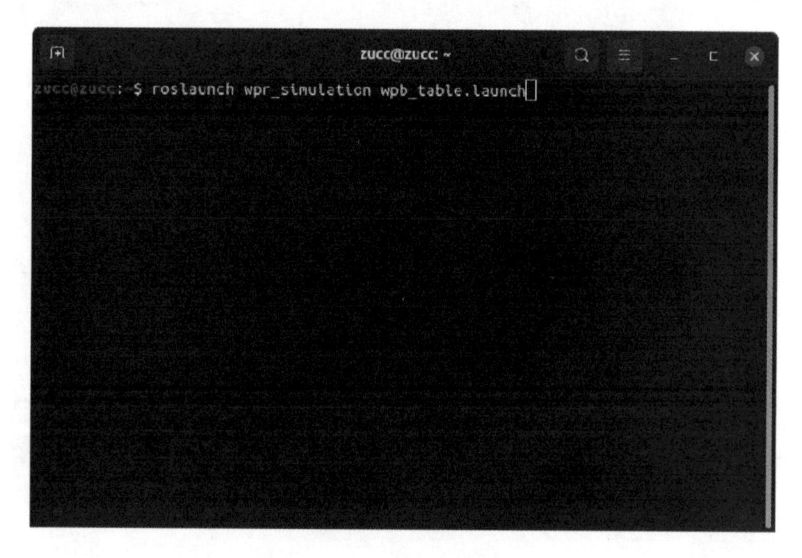

图 9-31　启动仿真场景

启动后会弹出图 9-32 所示的仿真场景，机器人前方放置了一个桌子。

图 9-32　仿真场景

在图 9-32 所示的仿真场景弹出的同时，还会额外弹出一个图 9-33 所示的 Rviz 界面。Rviz 界面显示了顶部相机所拍摄到的点云图像，并且将物体利用矩形框圈中。

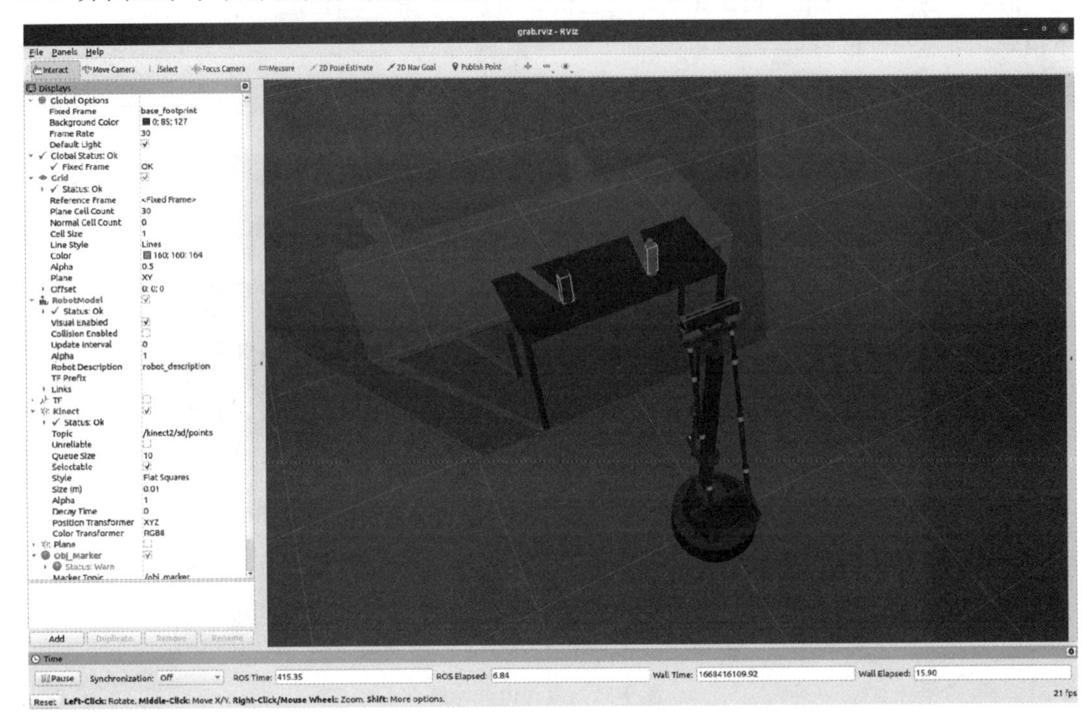

图 9-33　Rviz 界面

5. 运行节点程序

启动 obj_node 节点（见图 9-34）获取物品三维坐标，打开一个新的终端程序，输入如下指令。

```
rosrun obj_pkg obj_node.py
```

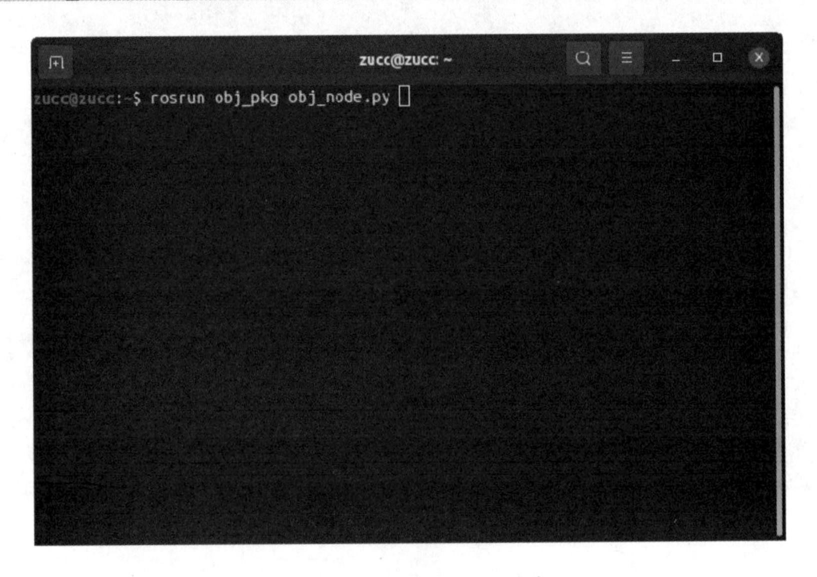

图 9-34　启动 obj_node 节点

在运行 obj_node 节点的终端程序中可以看到检测到的物品数量及对应的坐标信息（见图 9-35）。

```
zucc@zucc: ~
[INFO] [1668410097.784497, 437.866000]: 检测物品个数 = 2
[WARN] [1668410097.787558, 437.866000]: 0号物品 obj_1 坐标为(1.12, -0.20, 0.81)
[WARN] [1668410097.790807, 437.867000]: 1号物品 obj_0 坐标为(1.11, 0.30, 0.81)

[INFO] [1668410098.204440, 438.028000]: 检测物品个数 = 2
[WARN] [1668410098.207345, 438.028000]: 0号物品 obj_1 坐标为(1.12, -0.20, 0.81)
[WARN] [1668410098.211579, 438.028000]: 1号物品 obj_0 坐标为(1.11, 0.30, 0.81)
----------------------------------------
[INFO] [1668410098.654555, 438.231000]: 检测物品个数 = 2
[WARN] [1668410098.658251, 438.231000]: 0号物品 obj_1 坐标为(1.12, -0.20, 0.81)
[WARN] [1668410098.671550, 438.231000]: 1号物品 obj_0 坐标为(1.11, 0.30, 0.81)
----------------------------------------
[INFO] [1668410099.092731, 438.504000]: 检测物品个数 = 2
[WARN] [1668410099.095232, 438.511000]: 0号物品 obj_1 坐标为(1.12, -0.20, 0.81)
[WARN] [1668410099.100946, 438.514000]: 1号物品 obj_0 坐标为(1.11, 0.30, 0.81)
----------------------------------------
[INFO] [1668410099.529494, 438.704000]: 检测物品个数 = 2
[WARN] [1668410099.532098, 438.704000]: 0号物品 obj_1 坐标为(1.12, -0.20, 0.81)
[WARN] [1668410099.537197, 438.707000]: 1号物品 obj_0 坐标为(1.11, 0.30, 0.81)
----------------------------------------
[INFO] [1668410099.965073, 438.861000]: 检测物品个数 = 2
[WARN] [1668410099.968913, 438.862000]: 0号物品 obj_1 坐标为(1.12, -0.20, 0.81)
[WARN] [1668410099.973281, 438.871000]: 1号物品 obj_0 坐标为(1.11, 0.30, 0.81)
```

图 9-35　终端程序内物品检测结果

9.2.2　在真实环境中实现物体检测

这里的程序可以在启智 ROS 机器人上运行，具体步骤如下。

（1）根据启智 ROS 的实验指导书对运行环境和驱动源码包进行配置。

（2）连接好设备上的硬件。

（3）把本章所创建的源码包“obj_pkg”复制到机载计算机的“~/catkin_ws/src”目录下进行编译。

（4）打开机器人底盘上的电源开关（按下去）。

（5）按照启智 ROS 实验指导书中所写的方法，对相机俯仰角进行调节，并对软件参数进行重新标定。

（6）使用机载计算机打开终端程序，输入如下指令。

```
roslaunch wpb_home_behaviors obj_3d.launch
```

（7）启动 obj_node 节点。保持前面的程序继续运行别退出，打开一个新的终端程序，运行如下指令。

```
rosrun obj_pkg obj_node.py
```

按“Enter”键运行后，即可在 Rviz 界面和终端程序中观察到机器人检测桌面物体的结果。

9.3　本章小结

在这个实验里，我们编写了一个节点程序，获取机器人识别的物品坐标数值。

第10章 基于机械臂控制的应用实例

10.1 机械臂控制

开源项目中的机器人安装了一个用于抓取桌面上物品的机械臂，该机械臂初始状态为折叠收起的状态，需要使用时，可以升起并向前展开，之后还能调节手臂的升降高度。

10.1.1 在仿真环境中实现机械臂控制

1. 启智机器人的机械臂

要实现对机器人机械臂的控制，就需要先了解启智机器人的机械臂的运动状态。启智机器人的机械臂共有两个运动状态：折叠状态和升起（展开）状态。从折叠状态运动到升起状态需要经历两个阶段。

（1）从折叠到展开阶段：在这个阶段，手臂的基座缓慢上升，手臂慢慢脱离折叠支架的束缚在自然重力的作用下向前缓缓放下。当手臂基座上升到折叠支架上方时，手臂完全脱离折叠支架束缚，并且完全展开处于水平状态。在这个展开过程中，手臂基座滑块需要比较大的力才能脱离折叠支架束缚，因此控制器会限制它的升起速度，用比较大的电流来提供足够的上升力。在使用中的表现是：机械臂的展开速度比普通升降的速度要慢一些。

（2）从展开到升起阶段：在这个过程中机械臂维持水平前伸状态，基座滑块向上升起，可以将手爪带到抓取目标的高度。这个过程中的滑动阻力比较小，控制器会放开基座滑块的移动速度，因此能明显感觉到机械臂的上升速度变快。

相对地，下降和折叠的过程与上述阶段类似。

机械臂顶端的机械手爪分为张开和闭合状态，可对物品进行抓取操作。在控制程序中可以设置手爪的指间距，以适应不同宽度物体的抓取。

2. 编写节点代码

下面开始编写控制机械臂的程序，需要创建一个 ROS 源码包 Package。在 Ubuntu 里打开一个终端程序，输入如下指令进入 ROS 工作空间（见图 10-1）。

```
cd catkin_ws/src/
```

图 10-1　进入 ROS 工作空间

再输入如下指令创建 ROS 源码包。

```
catkin_create_pkg mani_pkg rospy sensor_msgs
```

创建 mani_pkg 源码包如图 10-2 所示，输入指令按下“Enter”键后系统会提示 ROS 源码包创建成功，这时可以看到“catkin_ws/src”目录下出现了“mani_pkg”子目录。

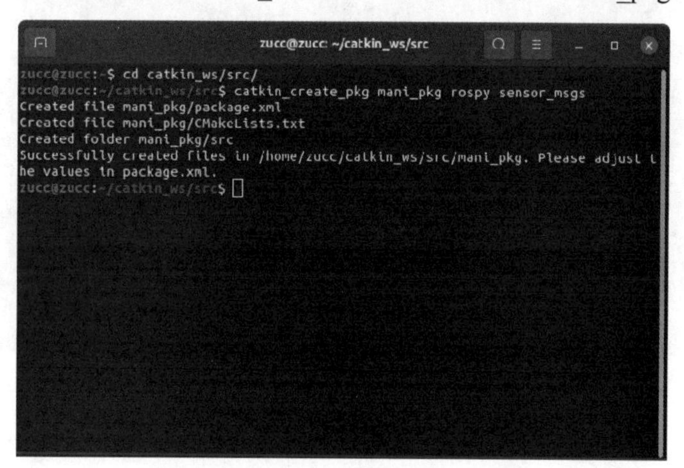

图 10-2　创建 mani_pkg 源码包

创建 mani_pkg 源码包的指令含义，如表 10-1 所示。

表 10-1　创建 mani_pkg 源码包的指令含义

指令	含义
catkin_create_pkg	创建 ROS 源码包（Package）的指令
mani_pkg	新建的 ROS 源码包命名
rospy	Python 依赖项，因为本例程使用 Python 编写，所以需要这个依赖项
sensor_msgs	传感器消息依赖项，需要里面的图像数据格式

接下来在 Visual Studio Code 中进行操作，将目录展开，找到前面新建的“mani_pkg”

并展开，可以看到它是一个功能包最基础的结构，选中“mani_pkg”并对其右击，弹出图 10-3 所示的快捷菜单，选择“新建文件夹”。

图 10-3　快捷菜单

将这个文件夹命名为“scripts”（见图 10-4）。在第 2 章的 2.3 节中，有对此名称文件夹的解释。命名成功后按“Enter”键即创建成功。

图 10-4　创建“scripts”文件夹

选中此文件夹并对其右击，弹出图 10-3 所示的快捷菜单，选择“新建文件”。这个 Python 节点文件被命名为“mani_ctrl_node.py”。

命名完成后即可在 IDE 右侧开始编写“mani_ctrl_node.py”的代码，其内容如下。

```
#!/usr/bin/env python3
# coding=utf-8

import rospy
from sensor_msgs.msg import JointState

state = 0

if __name__ == "__main__":
```

```
    rospy.init_node("mani_ctrl_node")
    # 发布机械臂控制话题
    mani_pub                                                                =
rospy.Publisher("/wpb_home/mani_ctrl",JointState,queue_size=30)
    # 构造机械臂控制消息并进行赋值
    msg = JointState()
    msg.name = ['lift', 'gripper']
    msg.position = [ 0 , 0 ]
    msg.velocity = [ 0 , 0 ]
    # 延时三秒，让后台的话题发布操作能够完成
    rospy.sleep(3.0)
    # 构建发送频率对象
    rate = rospy.Rate(0.1)
    while not rospy.is_shutdown():
        if state == 0:
            rospy.loginfo("[mani_ctrl] ZERO -> DOWN")
            msg.position[0] = 0.5    # 升降高度(单位:米)
            msg.velocity[0] = 0.5    #升降速度(单位:米/秒)
            msg.position[1] = 0.1    #手爪指间距(单位:米)
            msg.velocity[1] = 5          #手爪开合角速度(单位:度/秒)
        if state == 1:
            rospy.loginfo("[mani_ctrl] DOWN -> UP")
            msg.position[0] = 1.0    # 升降高度(单位:米)
            msg.velocity[0] = 0.5    #升降速度(单位:米/秒)
            msg.position[1] = 0    #手爪指间距(单位:米)
            msg.velocity[1] = 5          #手爪开合角速度(单位:度/秒)
        if state == 2:
            rospy.loginfo("[mani_ctrl] UP -> DOWN")
            msg.position[0] = 0.5    # 升降高度(单位:米)
            msg.velocity[0] = 0.5    #升降速度(单位:米/秒)
            msg.position[1] = 0.1    #手爪指间距(单位:米)
            msg.velocity[1] = 5          #手爪开合角速度(单位:度/秒)
        if state == 3:
            rospy.loginfo("[mani_ctrl] DOWN -> ZERO")
            msg.position[0] = 0    # 升降高度(单位:米)
            msg.velocity[0] = 0.5    #升降速度(单位:米/秒)
            msg.position[1] = 0.1    #手爪指间距(单位:米)
            msg.velocity[1] = 5          #手爪开合角速度(单位:度/秒)
        mani_pub.publish(msg)
        rate.sleep()
        state += 1
        if state == 4:
            state = 0
```

（1）代码的开始部分，使用 Shebang 符号指定这个 Python 文件的解释器为 python3。如果是 Ubuntu 18.04 或更早的版本，解释器可设为 python。

（2）第二句代码指定该文件的字符编码为 utf-8，这样就能在代码执行的时候显示中文字符。

（3）使用 import 导入两个模块，一个是 rospy 模块，包含了大部分的 ROS 接口函数；

另一个是机械臂状态的消息类型模块，即 sensor_msgs.msg 里的 JointState。

（4）这个程序会让机械臂在几个状态之间来回变换，这里把几个状态列出来。程序设置的四个运动状态如表 10-2 所示。

表 10-2　程序设置的四个运动状态

状态数值	状态名称	状态描述
0	ZERO	手臂处于最下端折叠收起状态
1	DOWN	手臂从零位上升到展开状态的最低位
2	UP	机械臂从展开状态的最低位上升到最高位
3	FOLD	机械臂从展开状态的最高位下降到最低位，准备折叠收起

（5）使用上面几个状态构建一个有限状态机，定义一个变量 state 作为状态标记，初始状态值设置为 0，也就是 ZERO 折叠状态。

（6）调用 rospy 的 init_node()函数进行该节点的初始化操作，参数是节点名称。

（7）调用 rospy 的 Publisher()函数生成一个广播对象 mani_pub，调用的参数指明了 mani_pub 将会在话题“/wpb_home/mani_ctrl”里发布 sensor_msgs::JointState 类型的消息包。我们对机器臂的控制就是通过这个消息发布形式实现的。

（8）发布对象有了，下面开始构建发布的消息包。构造一个 JointState 类型的消息包 msg，并对其进行初始化。ctrl_msg 的 name 数组是关节名称，position 数组为关节滑动位置，velocity 数组是运动速度。关节运动参数含义如表 10-3 所示。

表 10-3　关节运动参数含义

name	position	velocity
lift	机械臂升降高度，单位为米	米/秒
gripper	手爪的两指间距，单位为米	度/秒

（9）调用 rospy.sleep()让程序暂停一会儿，等待前面的话题发布操作在后台完成。参数 3.0 表示暂停 3 秒。

（10）接下来我们将会根据状态值 state 的变化，控制机械臂运动到不同状态，这里就涉及一个状态切换的频率。调用 rospy.Rate()的一个频率对象 rate，参数 0.1 表示将其频率设置为 0.1 赫兹（10 秒一次）。

（11）为了连续不断地发送控制消息，使用一个 while 循环，以 rospy.is_shutdown()作为循环结束条件可以让这个循环在程序关闭时正常退出。

（12）在循环内部，根据状态标记 state 的取值，先对机械臂控制消息包 msg 进行不同赋值，然后通过 mani_pub 发布到话题“/wpb_home/mani_ctrl”中。机器人的核心节点会订阅这个话题，获取我们发送的关节控制数值，从而驱动机械臂完成相应的动作。

（13）调用 rate.sleep 将循环周期控制在 10 秒。

（14）每完成一个状态的机械臂消息包发送，就将状态值 state 加 1，以实现控制状态的切换。当 state 累加到 4 时，再将其重置为 0，回到初始状态。这样就能实现状态值 state 在 0 到 3 这四个状态循环切换，使机械臂重复进行折叠和展开的动作。

程序编写完后，代码并未马上保存到文件里，此时编辑区左上角的文件名

“mani_ctrl_node.py”右侧有个白色小圆点（见图 10-5），这表示此文件并未保存。在按“Ctrl+S”键进行保存后，白色小圆点会变成关闭按钮“×”。

图 10-5　文件未保存状态

3. 设置可执行权限

由于这个代码文件是新创建的，其默认不带有可执行属性，所以我们需要为其添加一个可执行属性才能让它运行起来。启动一个终端程序，输入如下指令进入这个代码文件所存放的目录（见图 10-6）。

```
cd ~/catkin_ws/src/mani_pkg/scripts/
```

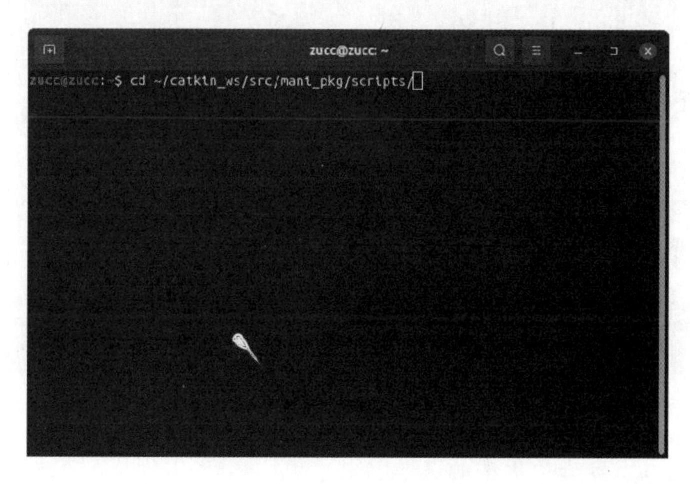

图 10-6　进入目录

再执行如下指令为代码文件添加可执行属性。

```
chmod +x mani_ctrl_node.py
```

设置文件权限如图 10-7 所示，按“Enter”键执行后，这个代码文件就获得了可执行属性，可以在终端程序里运行了。

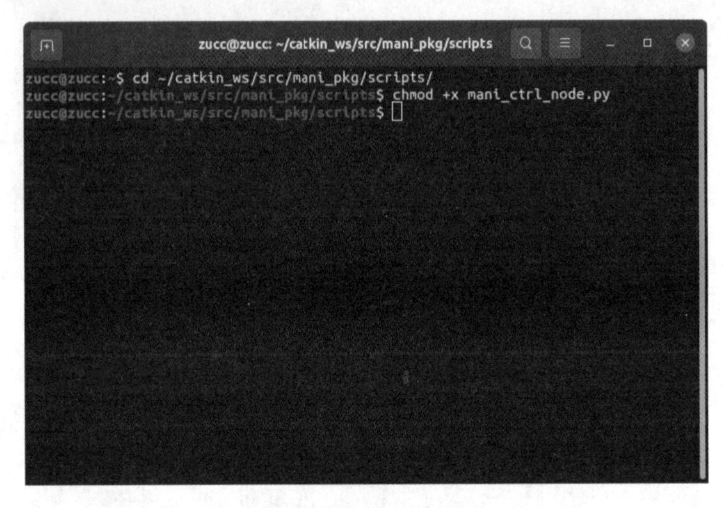

图 10-7　设置文件权限

4. 编译软件包

现在节点文件可以运行了，但是这个软件包还没有加入 ROS 的包管理系统，无法通过 ROS 指令运行其中的节点，因此还需要对这个软件包进行编译。在终端程序中输入如下指令进入 ROS 工作空间（见图 10-8）。

```
cd ~/catkin_ws/
```

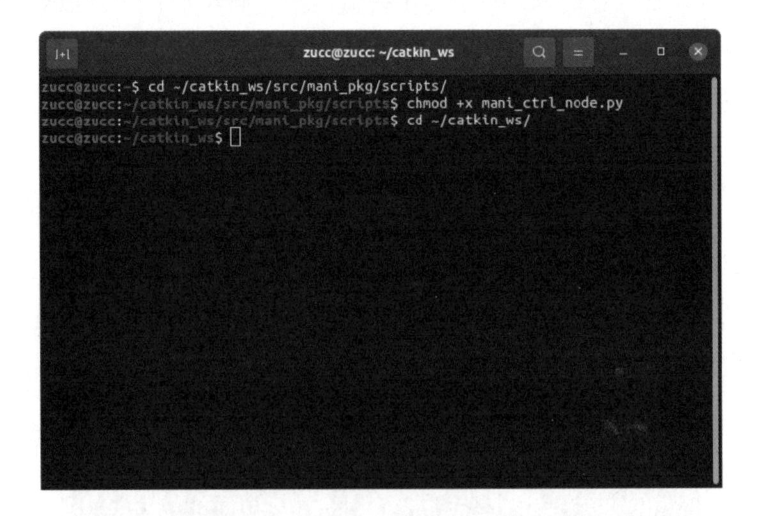

图 10-8　进入 ROS 工作空间

再执行如下指令对软件包进行编译。

```
catkin_make
```

编译完成如图 10-9 所示，这时就可以测试此节点了。

```
zucc@zucc: ~/catkin_ws
[ 76%] Built target wpb_home_face_detect
[ 77%] Built target wpb_home_speak
[ 78%] Built target wpb_home_joystick_demo
[ 78%] Built target wpb_home_image_node
[ 79%] Built target wpb_home_speech_recognition
[ 80%] Built target wpb_home_voice_cmd
[ 81%] Built target wpb_home_mani_ctrl
[ 82%] Built target wpb_home_grab_client
[ 83%] Built target wpb_home_capture_image
[ 83%] Built target wpb_home_sound_local
[ 84%] Built target wpb_home_serve_drinks
[ 84%] Built target wpb_home_lidar_data
[ 85%] Built target wp_edit_node
[ 86%] Built target pose_navi_server
[ 88%] Built target waterplus_map_tools
[ 89%] Built target wp_manager
[ 91%] Built target wp_nav_odom_report
[ 92%] Built target wp_nav_test
[ 93%] Built target wp_saver
[ 95%] Built target charger_get_position
[ 97%] Built target wp_nav_remote
[ 98%] Built target wp_navi_server
[100%] Built target wpb_home_follow
zucc@zucc:~/catkin_ws$
```

图 10-9　编译完成

5. 启动仿真环境

启动开源项目“wpr_simulation”中的仿真场景（见图 10-10），打开终端程序，输入如下指令。

```
roslaunch wpr_simulation wpb_home_mani.launch
```

图 10-10　启动仿真场景

启动后会弹出图 10-11 所示的仿真场景，装载着机械臂的机器人位于场景中央。

6. 运行节点程序

运行 mani_ctrl_node 节点（见图 10-12），打开一个新的终端程序，输入如下指令。

```
rosrun mani_pkg mani_ctrl_node.py
```

运行后可以在 Gazebo 界面里看到机器人的机械臂开始运动，同时终端程序中输出当前机械臂的运动状态信息。机械臂运动状态如图 10-13 所示。

图 10-11　仿真场景

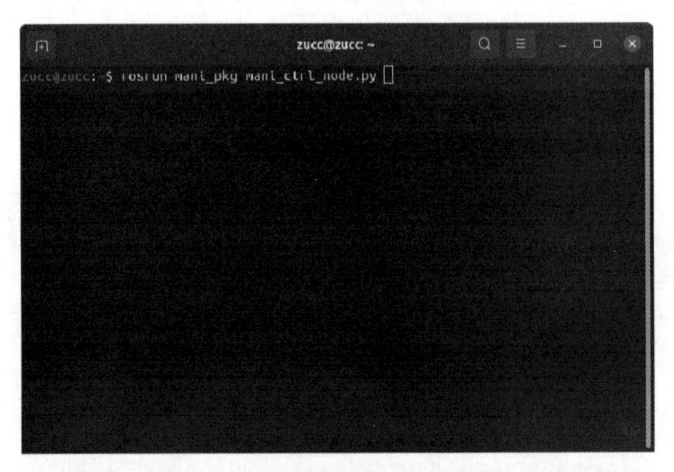

图 10-12　运行 mani_ctrl_node 节点

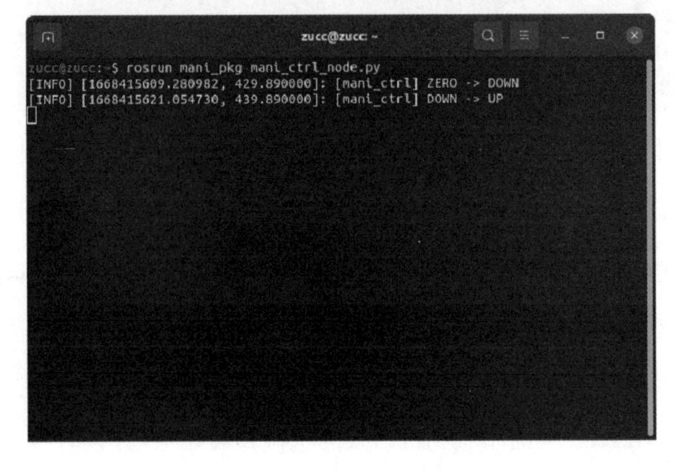

图 10-13　机械臂运动状态

10.1.2　在真实环境中实现机械臂控制

这里的程序可以在启智 ROS 机器人上运行，具体步骤如下。

（1）根据启智 ROS 的实验指导书对运行环境和驱动源码包进行配置。

（2）连接好设备上的硬件。

（3）把本章所创建的源码包“mani_pkg”复制到机载计算机的“~/catkin_ws/src”目录下进行编译。

（4）打开机器人底盘上的电源开关（按下去）。

（5）打开机器人的红色急停开关（沿按钮上的箭头方向旋转，让其弹起），底盘电机会处于上电抱死状态，强行推动机器人会感觉到阻力。

（6）开始运行前，请确保机械臂前方一米范围内没有障碍物。

（7）使用机载计算机打开终端程序，输入如下指令。

```
roslaunch wpb_home_bringup mani_urdf.launch
```

（8）启动 mani_ctrl_node 节点。保持上一条终端程序继续运行别退出，打开一个新的终端程序，运行如下指令。

```
rosrun mani_pkg mani_ctrl_node.py
```

按“Enter”键运行后，即可看到机载机械臂开始按照设定进行运动。

10.2　结合物体检测进行物品抓取

本节和 9.2 节都用到了 wpb_home 开源项目中的 node 来简化流程，抓取行为以节点的形式被安排在 wpb_home_behaviors 包中，只要将需要抓取的目标物品坐标传递给抓取节点，利用抓取节点，机器人就能自主完成抓取。wpb_home 中的抓取动作是一个时序行为，该节点的源文件位置如下。

```
wpb_home/wpb_home_behaviors/src/wpb_home_grab_action.cpp
```

本节不重新编写这个节点，只介绍其中大致的处理流程。

（1）程序的 main 函数对主题“/wpb_home/grab_action”进行了订阅，对应该主题的回调函数设置为 void GrabActionCallback()，在本节里，我们将会向这个主题传递需要抓取的物品坐标值，wpb_home_grab_action 节点会根据我们传递进来的坐标值完成对物品的抓取。除此之外，main 函数还进行了如下工作。

① 向主题“/cmd_vel”发布消息，控制机器人底盘移动。

② 向主题“/wpb_home/mani_ctrl”发布消息，控制机器人机械臂运动。

③ 订阅主题“/wpb_home/behaviors”，随时准备获取抓取停止消息“grab stop”。

④ 订阅主题“/wpb_home/pose_diff”，获取机器人底盘电机码盘解算的里程计差分信息。

⑤ 向主题“/wpb_home/ctrl”发布消息，必要时发送里程计差分值重置信号。

⑥ 向主题“/wpb_home/grab_result”发布消息，向外部节点报告抓取的流程进度。

（2）获取抓取目标物坐标的回调函数为 void GrabActionCallback()，当我们的程序向主题“/wpb_home/grab_action”发布坐标信息时，就会调用这个函数。

回调函数的参数 geometry_msgs::Pose 携带了抓取目标物的三维坐标。

从 msg->position 中解析出目标物的 x、y、z 三个坐标值，存储在变量 fObjGrabX、fObjGrabY 和 fObjGrabZ 中，供后面的流程读取。

将状态变量 nStep 置为 STEP_OBJ_DIST，后面的流程转移到 main 函数里执行。

（3）在 main 函数的 while(nh.ok())循环中，继续前面的抓取流程，根据 nStep 构建一个有限状态机。有限状态机各状态内容如表 10-4 所示。

表 10-4　有限状态机各状态内容

nStep 状态值	状态行为
STEP_OBJ_DIST	机器人左右平移，将机械臂对准物品。完成物品对准后，跳转到 STEP_HAND_UP 状态
STEP_HAND_UP	机器人抬升机械臂，张开手爪，准备抓取物品。完成这个动作后，跳转到 STEP_FORWARD 状态
STEP_FORWARD	机器人根据抓取目标物的距离，向前移动，让物品进入机器人的手爪。完成这个动作后，跳转到 STEP_GRAB 状态
STEP_GRAB	机器人闭合手爪，夹住物品。完成这个动作后，跳转到 STEP_OBJ_UP 状态
STEP_OBJ_UP	机器人手臂夹持着物品向上稍微抬升，让物品离开桌面。完成这个动作后，跳转到 STEP_BACKWARD 状态
STEP_BACKWARD	机器人带着物品向后移动一小段距离，让物品离开桌面的上空，避免机器人移动转向时碰到桌面上其他物品。完成这个动作后，跳转到 STEP_DONE 状态
STEP_DONE	机器人完成抓取动作，停止运动，并向 “/wpb_home/grab_result”主题发布消息“done”，通知外部节点，抓取动作执行完毕

在本节中，对物品的检测和定位与之前的物品检测实验一样，通过 wpb_home_behaviors 里的 wpb_home_objects_3d 节点来完成。这个节点的内容在前面的实验中已经进行过讲解，这里不再赘述。

10.2.1　在仿真环境中实现物品抓取

1. 编写节点代码

首先需要创建一个 ROS 源码包 Package。在 Ubuntu 里打开一个终端程序，输入如下指令进入 ROS 工作空间（见图 10-14）。

```
cd catkin_ws/src/
```

然后输入如下指令创建 ROS 源码包。

```
catkin_create_pkg grab_pkg rospy std_msgs message_runtime
wpb_home_behaviors
```

创建 grab_pkg 源码包如图 10-15 所示，输入指令按下“Enter”键后系统会提示 ROS 源码包创建成功，这时可以看到“catkin_ws/src”目录下出现了“grab_pkg”子目录。

图 10-14　进入 ROS 工作空间

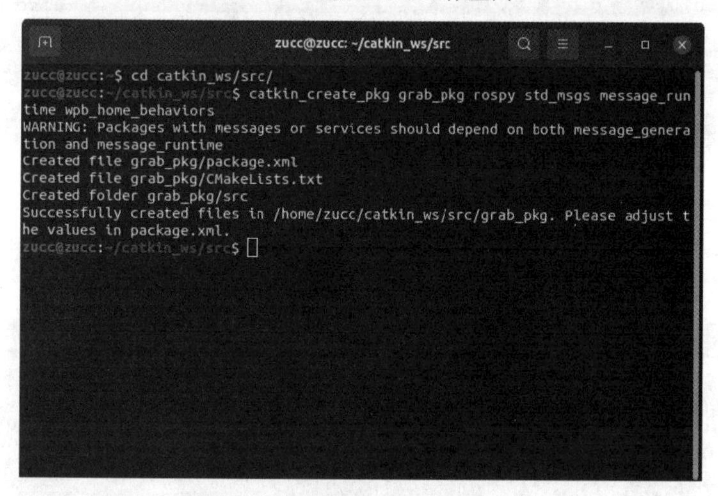

图 10-15　创建 grab_pkg 源码包

创建 grab_pkg 源码包的指令含义，如表 10-5 所示。

表 10-5　创建 grab_pkg 源码包的指令含义

指令	含义
catkin_create_pkg	创建 ROS 源码包（Package）的指令
grab_pkg	新建的 ROS 源码包命名
rospy	Python 依赖项，因为本例程使用 Python 编写，所以需要这个依赖项
std_msgs	标准消息依赖项，需要里面的 String 格式做文字输出
message_runtime	因为要用到外部描述物品名称和三维坐标的新的消息类型，所以需要添加此项
wpb_home_behaviors	物品检测节点 wpb_home_objects_3d 所在的包名称，因为要用到这个包定义的新消息类型，所以需要添加此项

接下来在 Visual Studio Code 中进行操作，将目录展开，找到前面新建的“grab_pkg”

并展开，可以看到它是一个功能包最基础的结构，选中“grab_pkg”并对其右击，弹出图 10-16 所示的快捷菜单，选择“新建文件夹”。

图 10-16　快捷菜单

将这个文件夹命名为“scripts”（见图 10-17）。在第 2 章的 2.3 节中，有对此名称文件夹的解释。命名成功后按“Enter”键即创建成功。

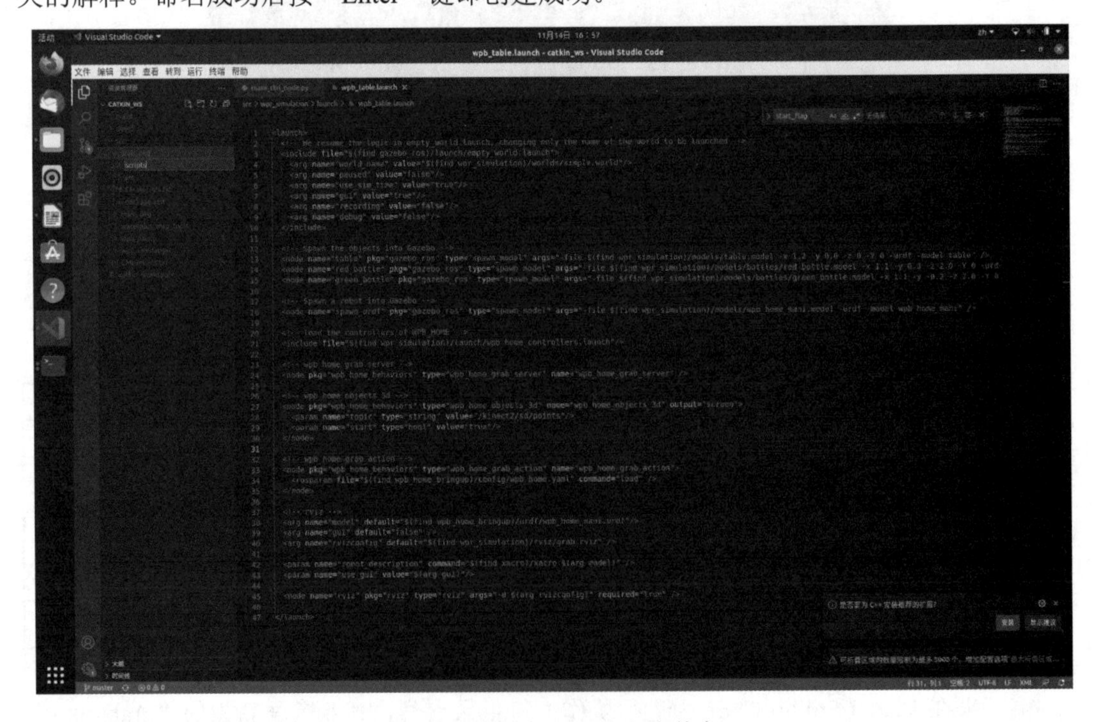

图 10-17　创建“scripts”文件夹

选中此文件夹并对其右击，弹出图10-16所示的快捷菜单，选择“新建文件”。将这个Python节点文件命名为“grab_node.py”。

命名完成后即可在IDE右侧编写“grab_node.py”的代码，其内容如下。

```
#!/usr/bin/env python3
# coding=utf-8

import rospy
from wpb_home_behaviors.msg import Coord
from std_msgs.msg import String
from geometry_msgs.msg import Pose

# 标记变量，是否处于抓取过程当中
grabbing = False

# 物品检测回调函数
def cbObject(msg):
    global grabbing
    if grabbing == False:
        num = len(msg.name)
        rospy.loginfo("检测物品个数 = %d", num)
        if num > 0:
            rospy.logwarn("抓取目标 %s! (%.2f , %.2f , %.2f)",msg.name[0],
msg.x[0],msg.y[0],msg.z[0])
            grab_msg = Pose()
            grab_msg.position.x = msg.x[0]
            grab_msg.position.y = msg.y[0]
            grab_msg.position.z = msg.z[0]
            global grab_pub
            grab_pub.publish(grab_msg)
            grabbing = True
            # 已经获取物品坐标，停止检测
            behavior_msg = String()
            behavior_msg.data = "object_detect stop"
            behaviors_pub.publish(behavior_msg)

# 抓取执行结果回调函数
def cbGrabResult(msg):
    rospy.logwarn("抓取执行结果 = %s",msg.data)

# 主函数
if __name__ == "__main__":
    rospy.init_node("grab_node")
    # 发布物品检测激活话题
```

```
        behaviors_pub = rospy.Publisher("/wpb_home/behaviors", String, queue_
size=10)
        # 发布抓取行为激活话题
        grab_pub = rospy.Publisher("/wpb_home/grab_action", Pose, queue_size=10)
        # 订阅物品检测结果的话题
        object_sub = rospy.Subscriber("/wpb_home/objects_3d", Coord, cbObject,
queue_size=10)
        # 订阅抓取执行结果的话题
        result_sub   =   rospy.Subscriber("/wpb_home/grab_result",   String,
cbGrabResult, queue_size=10)

        # 延时三秒，让后台的话题初始化操作能够完成
        rospy.sleep(3.0)

        # 发送消息，激活物品检测行为
        msg = String()
        msg.data = "object_detect start"
        behaviors_pub.publish(msg)
        rospy.spin()
```

（1）代码的开始部分，使用 Shebang 符号指定这个 Python 文件的解释器为 python3。如果是 Ubuntu 18.04 或更早的版本，解释器可设为 python。

（2）第二句代码指定该文件的字符编码为 utf-8，这样就能在代码执行的时候显示中文字符。

（3）使用 import 导入四个模块。

第一个是 rospy 模块，包含了大部分的 ROS 接口函数。

第二个是 wpb_home_behaviors.msg 里的 Coord 消息包类型模块，是描述物体名称和三维坐标的消息类型头文件，程序中接收到的物体检测结果就是这个 Coord 类型的消息包。

第三个是字符串消息类型模块，std_msgs.msg 里的 String，我们会使用这个格式的消息包激活 wpb_home_objects_3d 的物品检测功能。

第四个是位置消息类型，geometry_msgs.msg 里的 Pose，我们会使用这个格式的消息包向抓取行为节点发送要抓取的目标物位置信息。

（4）定义一个 grabbing 变量，用来标记机器人是否处于抓取流程中，后面会根据这个变量的值来决定是否激活新的抓取行为。在前一个抓取行为结束前，不应该激活新的抓取行为，以免打断上一个抓取行为，这个变量就是用来避免这种情况发生的。

（5）定义一个回调函数 cbObject()，用来处理 wpb_home_objects_3d 节点发来的物体检测结果消息包。cbObject()的参数 msg 是一个 wpb_home_behaviors::Coord 类型的消息包，其中存放了物品检测结果。msg 包里包含了四个数组，其中 name 数组保存的是所有物品的名称，x、y、z 三个数组保存的是所有物品的三维坐标。这四个数组的成员个数一样，相同下标的 name、x、y 和 z 成员对应同一个物体。msg 中的物体按照距离机器人的远近进行了

排序，比如 name[0]、x[0]、y[0]和 z[0]对应的是距离机器人最近的物体，name[1]、x[1]、y[1]和 z[1]对应的是距离机器人第二近的物体，以此类推。

（6）当 grabbing 为 False 时，机器人尚未进行抓取，这时候我们可以激活抓取行为抓取回调函数中获得坐标的物品。首先构建一个 Pose 类型的消息包 grab_msg，然后将离机器人距离最近的目标物坐标值 x[0]、y[0]和 z[0]赋值到 grab_msg 中，并通过 grab_pub 发送给抓取行为节点 wpb_home_grab_action 激活抓取行为。grab_pub 的定义会在后面的主函数里进行。

（7）抓取行为激活后，将 grabbing 设置为 True，这样即使再有新的目标物信息发送过来，也不会进入这个行为分支，避免再次激活新的抓取行为而打断之前的抓取行为。

（8）回调函数的最后一步是向物品检测节点 wpb_home_objects_3d 发送消息“object_detect stop”，让其停止目标物检测，以节省计算机的运算资源。

（9）定义一个 cbGrabResult()函数，用于接收抓取行为节点 wpb_home_grab_action 反馈的抓取行为执行结果。其参数 msg 是一个 String 类型的消息包，这里只是使用函数 rospy.logwarn()将消息包中的抓取结果显示在终端里。

（10）调用 rospy 的 init_node()函数进行该节点的初始化操作，参数是节点名称。

（11）调用 rospy 的 Publisher()函数生成一个广播对象 behaviors_pub，调用的参数里指明了 behaviors_pub 将会在话题“/wpb_home/behaviors”里发布 std_msgs::String 类型的数据。后面我们通过这个 behaviors_pub 向物品检测节点 wpb_home_objects_3d 发送激活物品检测的消息指令。

（12）调用 rospy 的 Publisher()函数生成一个广播对象 grab_pub，调用的参数里指明了 grab_pub 将会在话题“/wpb_home/grab_action”里发布 geometry_msgs::Pose 类型的数据。在前面的物品信息回调函数 cbObject ()中，正在编写的这个节点程序通过 grab_pub 向抓取行为节点发送要抓取的目标信息。

（13）调用 rospy 的 Subscriber()函数生成一个订阅对象 object_sub，在函数的参数中指明订阅的话题名称是“/wpb_home/objects_3d”。这个“/wpb_home/objects_3d”是 wpb_home_objects_3d 节点发布物体检测结果的话题名，wpb_home_objects_3d 从 kinect2 获取三维点云，经过物品检测算法处理，将处理结果发送到“/wpb_home/objects_3d”这个话题里，节点 grab_node 只需要订阅它就能收到最终的物体检测结果，“/wpb_home/objects_3d”这个话题的消息类型为 Coord，回调函数设置为之前定义的 cbObject()，缓冲长度为 10。

（14）调用 rospy 的 Subscriber()函数生成一个订阅对象 result_sub，在函数的参数中指明订阅的话题名称是“/wpb_home/grab_result”。这个“/wpb_home/grab_result”是启智 ROS 的抓取行为，wpb_home_grab_action 节点发布抓取行为结果的话题，只需要订阅节点 grab_node 就能收到抓取行为的最终结果，“/wpb_home/grab_result”这个话题的消息类型为 String，回调函数设置为之前定义的 cbGrabResult()，缓冲长度为 10。

（15）调用 rospy.sleep()让程序暂停一会儿，等待 ROS 后台完成上述话题发布和订阅操作。参数 3.0 表示暂停 3 秒。

（16）暂停过后，话题的发布和订阅操作应该完成了。我们就可以向 wpb_home_objects_3d 节点发送开始物品检测的消息指令了。先构建一个 String 类型的消息包 msg，然后将 msg 的 data 设置为字符串“object_detect start”，最后用 behaviors_pub 将消息包 msg 发布到话题“/wpb_home/behaviors”中去。wpb_home_objects_3d 节点会先从这个话题里获取“object_detect start”指令，然后开始进行物品检测，并把结果发布到话题“/wpb_home/objects_3d”里。这样我们的 grab_node 节点就能接收到物品检测结果，在 cbObject ()回调函数中激活抓取行为对目标物进行抓取。

（17）调用 ros::spin()对 main()函数进行阻塞，保持这个节点程序继续运行不退出，持续监控整个抓取行为。

程序编写完后，代码并未马上保存到文件里，此时编辑区左上角的文件名“grab_node.py”右侧有个白色小圆点（见图 10-18），这表示此文件并未保存。在按“Ctrl+S”键进行保存后，白色小圆点会变成关闭按钮“×”。

图 10-18　文件未保存状态

2. 设置可执行权限

由于这个代码文件是新创建的，其默认不带有可执行属性，所以我们需要为其添加一个可执行属性才能让它运行起来。启动一个终端程序，输入如下指令进入这个代码文件所存放的目录（见图 10-19）。

```
cd ~/catkin_ws/src/grab_pkg/scripts/
```

图 10-19 进入目录

再执行如下指令为代码文件添加可执行属性。

```
chmod +x grab_node.py
```

设置文件权限如图 10-20 所示，按“Enter”键执行后，这个代码文件就获得了可执行属性，可以在终端程序里运行了。

图 10-20 设置文件权限

3. 编译软件包

现在节点文件可以运行了，但是这个软件包还没有加入 ROS 的包管理系统，无法通过 ROS 指令运行其中的节点，所以还需要对这个软件包进行编译。在终端程序中输入如下指令进入 ROS 工作空间（见图 10-21）。

```
cd ~/catkin_ws/
```

图 10-21　进入 ROS 工作空间

再执行如下指令对软件包进行编译。

```
catkin_make
```

编译完成如图 10-22 所示，这时就可以测试此节点了。

```
zucc@zucc: ~/catkin_ws
[ 76%] Built target wpb_home_sr_xfyun
[ 77%] Built target wpb_home_speak
[ 78%] Built target wpb_home_joystick_demo
[ 79%] Built target wpb_home_speech_recognition
[ 79%] Built target wpb_home_image_node
[ 80%] Built target wpb_home_voice_cmd
[ 81%] Built target wpb_home_mani_ctrl
[ 82%] Built target wpb_home_grab_client
[ 83%] Built target wpb_home_capture_image
[ 83%] Built target wpb_home_sound_local
[ 84%] Built target wpb_home_serve_drinks
[ 84%] Built target wpb_home_lidar_data
[ 85%] Built target wp_edit_node
[ 86%] Built target pose_navi_server
[ 88%] Built target wp_nav_odom_report
[ 90%] Built target waterplus_map_tools
[ 91%] Built target wp_manager
[ 92%] Built target wp_nav_test
[ 93%] Built target wp_saver
[ 95%] Built target wp_nav_remote
[ 97%] Built target charger_get_position
[ 98%] Built target wp_navi_server
[100%] Built target wpb_home_follow
zucc@zucc:~/catkin_ws$
```

图 10-22　编译完成

4. 启动仿真环境

启动开源项目“wpr_simulation”中的仿真场景（见图 10-23），打开终端程序，输入如下指令。

```
roslaunch wpr_simulation wpb_table.launch
```

图 10-23　启动仿真场景

启动后会弹出图 10-24 所示的仿真场景，机器人前方放置了一个桌子，桌面上放置了两个可供抓取的样品。

图 10-24　仿真场景

同时还会弹出 Rviz 界面，如图 10-25 所示，Rviz 界面显示了顶部相机所拍摄到的点云图像，并且将识别到的物体用矩形框圈中。

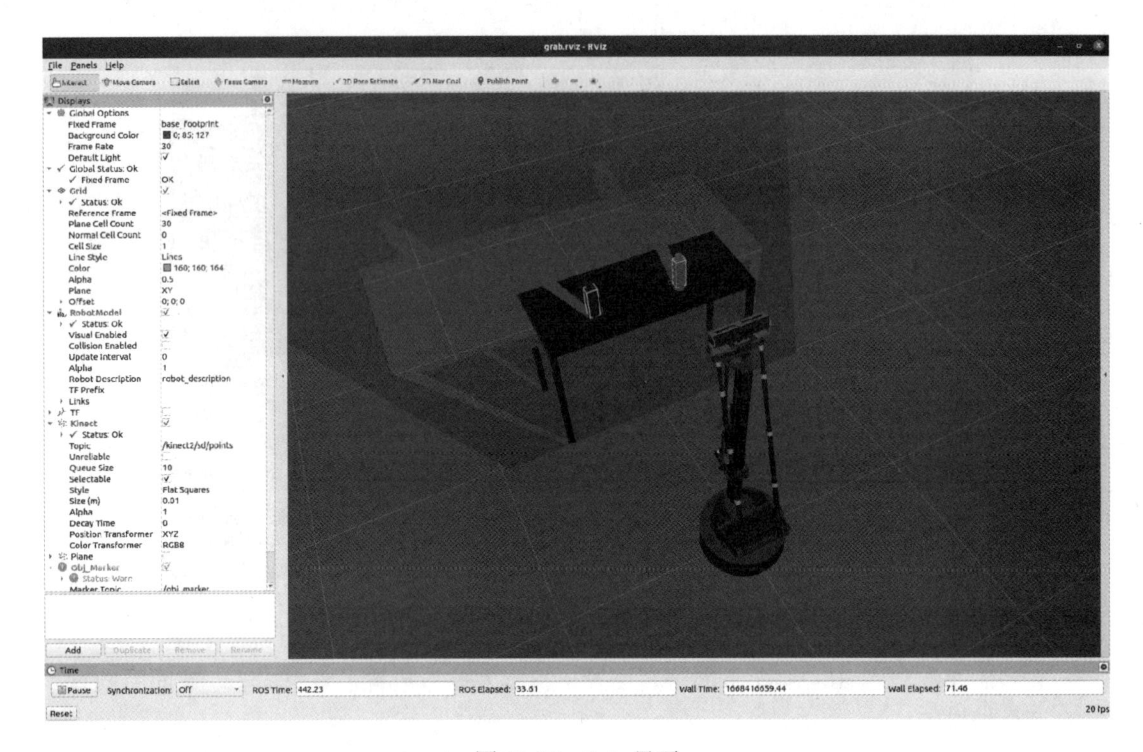

图 10-25　Rviz 界面

5. 运行节点程序

启动 grab_node 节点，如图 10-26 所示，打开一个新的终端程序，输入如下指令。

```
rosrun grab_pkg grab_node.py
```

图 10-26　启动 grab_node 节点

执行后，在终端程序中可以看到接收到的物品坐标信息（见图 10-27）。

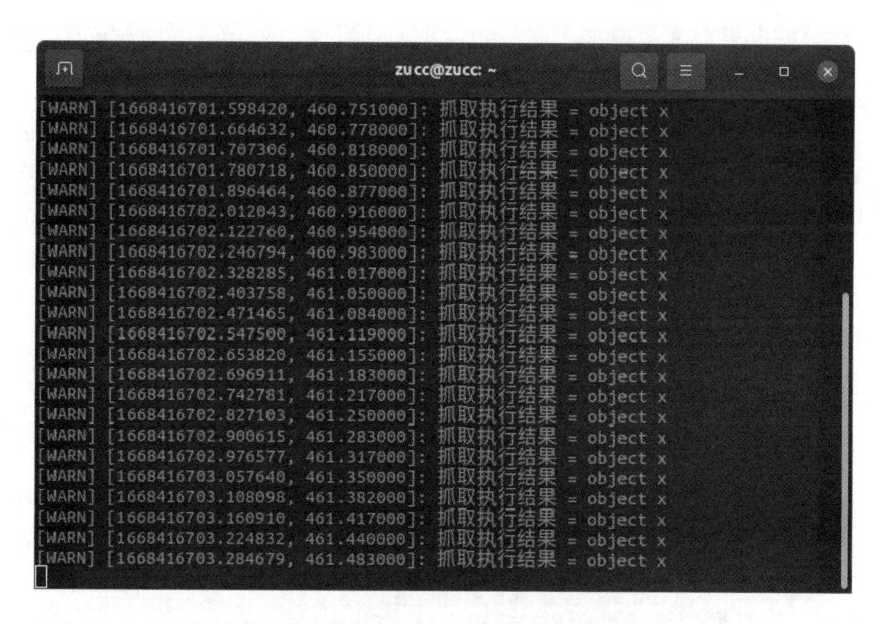

图 10-27　接收到的物品坐标信息

同时，在 Gazebo 界面中可以看到机器人慢慢地靠近物品开始抓取（见图 10-28）。

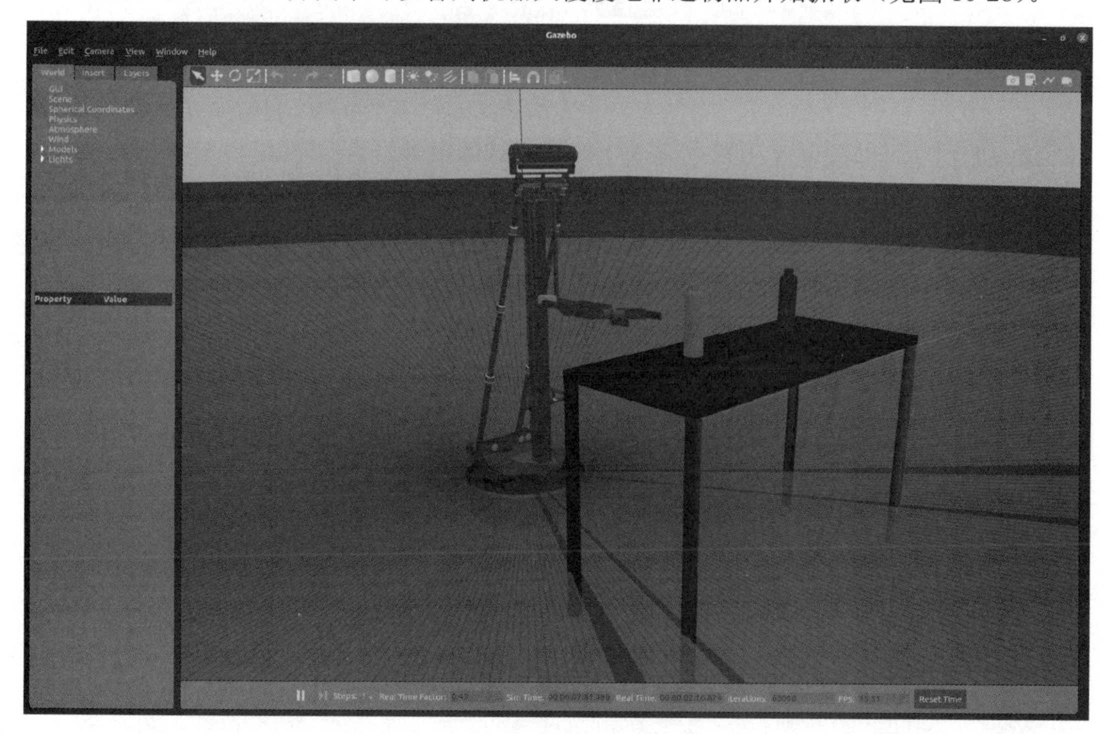

图 10-28　开始抓取

机器人成功抓取到物品后，会先抬升机械臂，使物品离开桌面，然后向后移动一定距离，至此抓取完成，如图 10-29 所示。

图 10-29　抓取完成

10.2.2　在真实环境中实现物品抓取

这里的程序可以在启智 ROS 机器人上运行，具体步骤如下。

（1）根据启智 ROS 的实验指导书对运行环境和驱动源码包进行配置。

（2）连接好设备上的硬件。

（3）把本章所创建的源码包“grab_pkg”复制到机载计算机的“~/catkin_ws/src”目录下进行编译。

（4）打开机器人底盘上的电源开关（按下去）。

（5）按照启智 ROS 实验指导书中所写方法，对相机俯仰角进行调节，并对软件参数进行重新标定。

（6）开始运行前，将机器人移动至放置抓取样品的桌面前距离桌面边缘 1 米左右的位置，同时将抓取样品（如饮料瓶等）放置在桌面靠近机器人一侧离桌面边缘 3～5 厘米的位置，这是为了使机器人抬升手臂时不会磕碰桌子边缘。

（7）打开机器人的红色急停开关（沿按钮上的箭头方向旋转，让其弹起），底盘电机会处于上电抱死状态，强行推动机器人会感觉到阻力。

（8）使用机载计算机打开终端程序，输入如下指令。

```
roslaunch wpb_home_behaviors obj_3d.launch
```

（9）启动 grab_node 节点。保持上一条程序继续运行别退出，打开一个新的终端程序，运行如下指令。

```
rosrun grab_pkg grab_node.py
```

按“Enter”键运行后，即可看到在 Rviz 界面中，程序开始检测物品，当检测完成后，机器人开始执行抓取动作进行抓取。

（10）抓取参数的调整：启智 ROS 抓取例程的默认参数可以在标准样机上测试得到，但在每台机器的个体上，可能由于机械安装上的误差会有些许不一样。当机器人调节完头部俯仰角，标定完 kinect2 的 kinect_height 和 kinect_pitch 参数后，抓取过程出现偏差，而通过调节抓取参数可以修正机械误差造成的动作偏差。

抓取参数和 kinect2 参数一样保存在 wpb_home.yaml 里，文件位于 wpb_home_bringup 包的 config 子目录下。可以在 IDE 里打开这个文件，修改并保存，无须对源码重新编译，直接运行 wpb_home_behaviors 的 obj_3d.launch 及 10.2 节编写的 grab_node.py 查看修改效果。另外，也可以直接运行 wpb_home_behaviors 的 grab_action.launch，那是一个同时包含了 obj_3d.launch 和 grab_node 的脚本文件。wpb_home.yaml 里的抓取参数如表 10-6 所示。

表 10-6　wpb_home.yaml 里的抓取参数

参数名称	意义
grab_y_offset	机器人在进行抓取前，对准物品的横向位移偏移量，单位为米。其增大为对准物品时往左修正；减小为对准物品时往右修正
grab_lift_offset	手臂抬起高度的补偿偏移量，单位为米。其增大为手臂抬升高度往高修正；减小为手臂抬升高度往低修正
grab_forward_offset	手臂抬起后，机器人向前抓取物品的位移偏移量，单位为米。其增大为往前修正，机器人会更接近物体；减小为往后修正，机器人会更远离物体
grab_gripper_value	抓取物品时，手爪闭合后的手指间距，单位为米。其增大为抓取时手指间距变大；减小为抓取时手指间距变小

wpb_home_behaviors、wpb_home_tutorials 和 wpb_home_apps 中的所有抓取动作，都会受到 wpb_home.yaml 里抓取参数的影响。因此，若在例程中出现抓取不准确，可以修改 wpb_home.yaml 里的抓取参数，保存后进行测试。

10.3　本章小结

在这个实验里，我们通过编写一个节点程序，先从机器人的物品识别话题里获得物品的位置坐标，然后将物品坐标发送给机器人的抓取程序，完成对物品的抓取。

11 第11章 服务机器人应用实例

11.1 构建环境地图

（1）确保在第4章中已经对两个开源项目完成了部署。

（2）启动开源项目“wpr_simulation”中SLAM建图的仿真场景，在终端程序中输入如下指令。

```
roslaunch wpr_simulation wpb_gmapping.launch
```

指令运行后会弹出图11-1所示的Gazebo仿真界面，以及图11-2所示的Rviz界面。可以在左侧任务栏单击对应图标切换窗口。

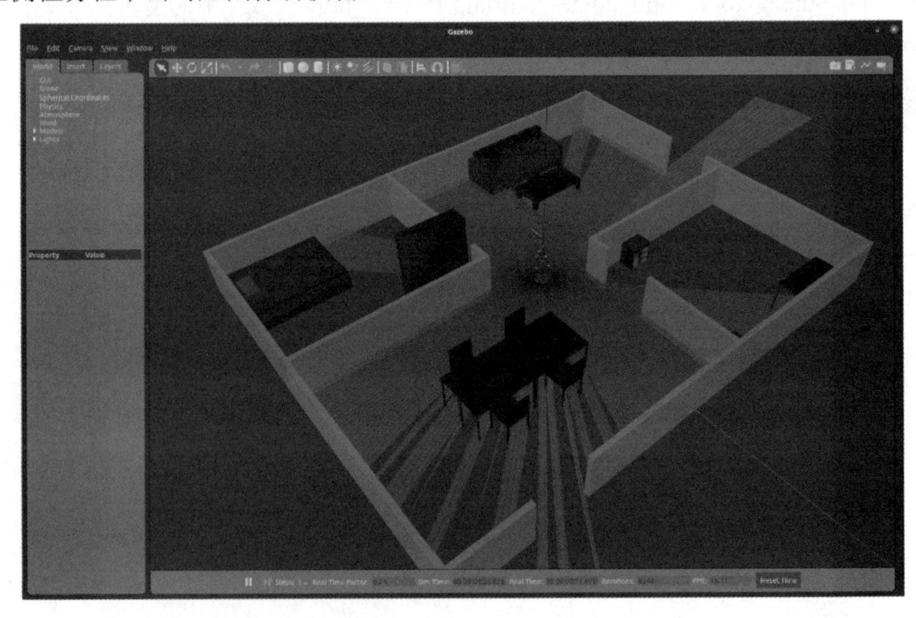

图11-1　Gazebo仿真界面

从图11-1中可以看到，仿真场景用隔板分为了4片区域，模拟了一个正常的家庭环境，4片区域分别为厨房、餐厅、客厅和卧室。

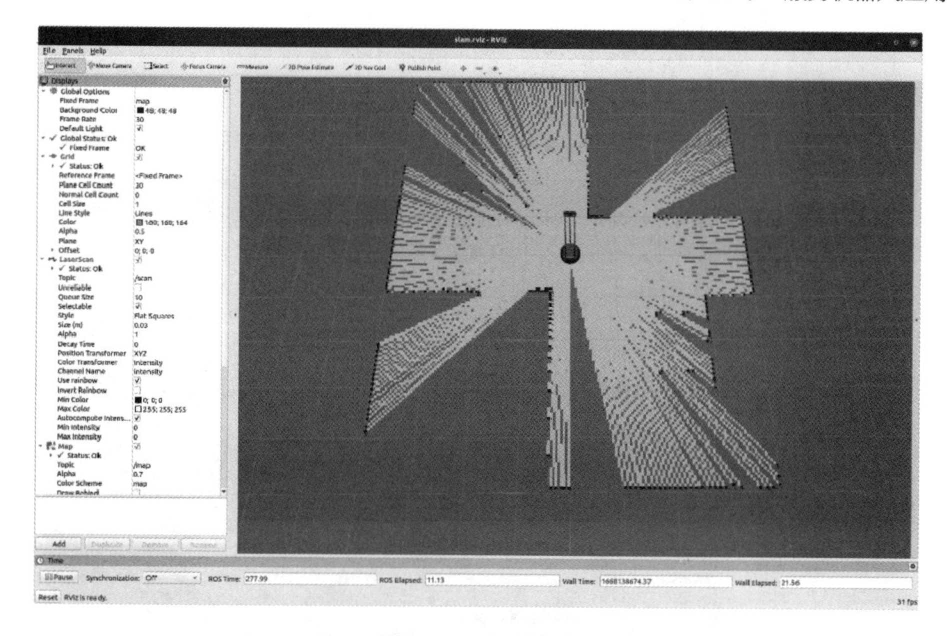

图 11-2　Rviz 界面

在 Rviz 界面中可以看到，由激光雷达所扫描到的区域为灰白色，扫描到的障碍物为黑色，未扫描到的区域为深灰色。

（3）控制机器人在环境中移动，以便扫描完整地图，一般情况下会使用遥控手柄控制机器人移动。启动的 launch 文件中已经包含了手柄控制的节点，可以直接使用手柄遥控。

如果没有遥控手柄，那么可以使用键盘控制的方式移动机器人，打开一个新的终端程序，输入如下指令。

```
rosrun wpr_simulation keyboard_vel_ctrl
```

使用键盘控制机器人如图 11-3 所示，终端中会提示控制机器人移动所用的按键，需要注意的是，必须保证此终端为当前选中窗口，否则不能控制机器人移动，控制机器人移动的对应按键为加速制，即按下对应按键不放，机器人速度会逐渐提高，当需要转换机器人运动方向时，须先停止，再换对应方向按键。

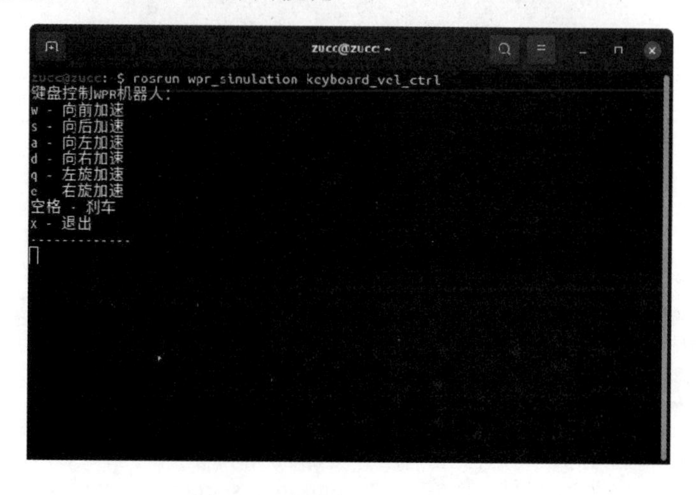

图 11-3　使用键盘控制机器人

（4）控制机器人扫描整个场景之后，在系统中可以看到所扫描下来的地图（见图 11-4）。

图 11-4　地图扫描完成

将扫描的地图保存下来，打开一个新的终端程序，输入如下指令。

```
rosrun map_server map_saver -f map
```

这条指令的意思是，启动 map_server 包的 map_saver 程序，将当前 SLAM 建好的图保存为名为“map”的地图。保存地图如图 11-5 所示。

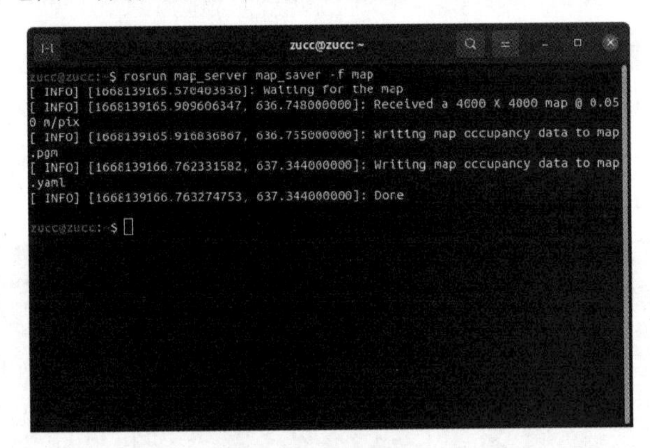

图 11-5　保存地图

11.2　添加所需导航点

（1）将两个地图文件拷贝到工作空间“~/catkin_ws/src/wpr_simulation/maps”内。

（2）在仿真环境中添加航点（见图 11-6），在终端程序中输入如下指令。

```
roslaunch waterplus_map_tools add_waypoint_simulation.launch
```

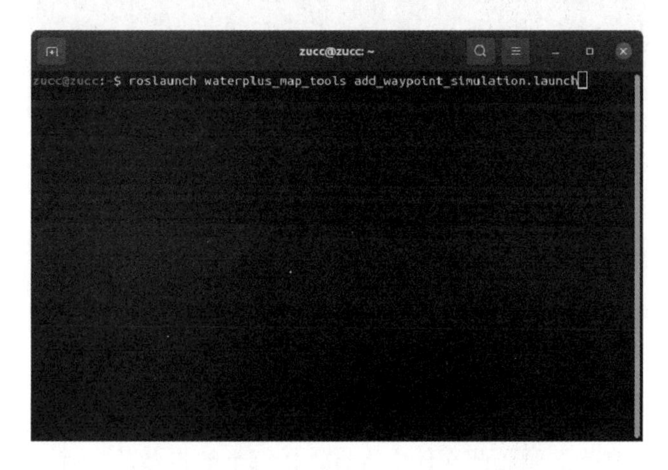

图 11-6 启动添加航点程序

（3）这里需要添加两个航点（见图 11-7）。

图 11-7 添加导航点

厨房的桌子前 1 米左右并面向桌子的位置为“1”航点，“1”航点需要设置在位于厨房的桌子前 1 米左右位置并面向桌子，机器人会在此航点执行抓取饮料的动作。

餐厅的桌子前 0.5 米左右并面向桌子的位置为“2”航点，“2”航点需要设置在位于餐厅的桌子前 0.5 米左右的位置并面向桌子，机器人会在此航点执行放置饮料的动作。

（4）创建好航点后，需要保存航点，如图 11-8 所示。打开一个新的终端程序，输入如下指令。

```
rosrun waterplus_map_tools wp_saver
```

图 11-8 保存航点

（5）更改航点名称。在主文件夹内的 waypoint.xml 文件里保存着前面所添加的航点信息。对航点名称的修改就需要在此文件中进行，在每个航点参数内有一对<Name></Name>参数，修改其中的内容即可修改航点名称。将“1”航点的名称修改为“kitchen”，将“2”航点的名称修改为“dinning room”。修改完成后将其保存，这时可以再次运行添加航点的指令来查看航点改名操作是否生效。改名后的航点如图 11-9 所示。

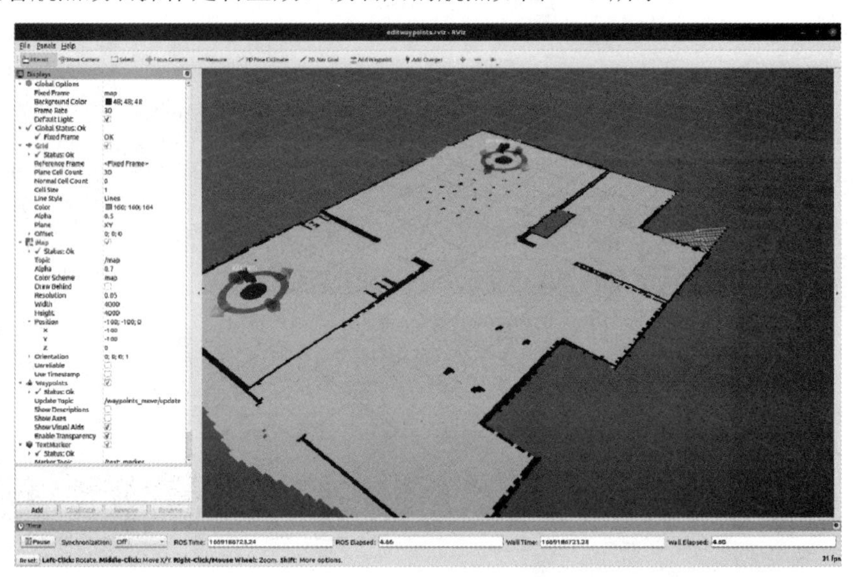

图 11-9 改名后的航点

11.3 编写任务脚本

1. 进入工作空间

首先需要创建一个 ROS 源码包 Package。在 Ubuntu 里打开一个终端程序，输入如下指令进入 ROS 工作空间（见图 11-10）。

```
cd catkin_ws/src/
```

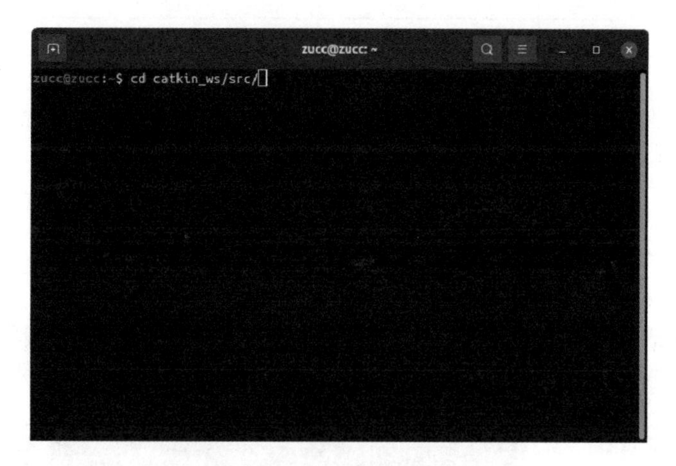

图 11-10　进入 ROS 工作空间

2. 创建软件包

输入如下指令创建 ROS 源码包。

```
catkin_create_pkg serve_pkg rospy std_msgs sensor_msgs waterplus_map_tools
wpb_home_behaviors
```

创建 serve_pkg 源码包如图 11-11 所示，系统会提示 ROS 源码包创建成功，这时可以看到“catkin_ws/src”目录下出现了“serve_pkg”子目录。

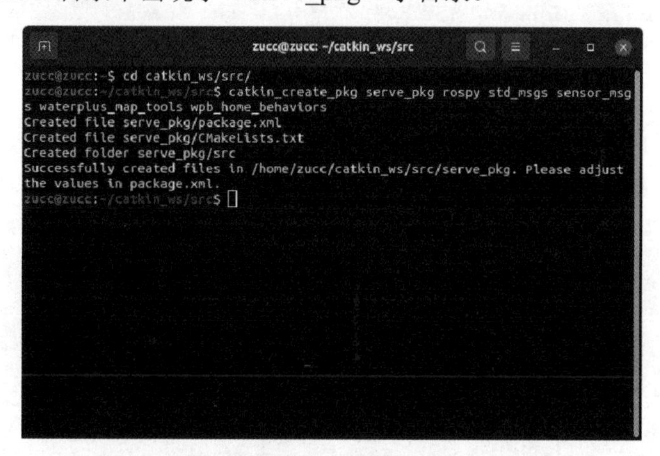

图 11-11　创建 serve_pkg 源码包

创建 serve_pkg 源码包的指令含义，如表 11-1 所示。

表 11-1　创建 serve_pkg 源码包的指令含义

指令	含义
catkin_create_pkg	创建 ROS 源码包（Package）的指令
serve_pkg	新建的 ROS 源码包命名
rospy	Python 依赖项，因为本例程使用 Python 编写，所以需要这个依赖项

续表

指令	含义
std_msgs	标准消息依赖项，需要里面的 String 格式做文字输出
sensor_msgs	传感器消息依赖项，需要里面的图像数据格式
waterplus_map_tools	需要用到 waterplus_map_tools 插件的航点导航服务
wpb_home_behaviors	需要用到启智 ROS 的抓取行为

接下来在 Visual Studio Code 中进行操作，将目录展开，找到前面新建的“serve_pkg”并展开，它是一个功能包最基础的结构，选中“serve_pkg”并对其右击，弹出图 11-12 所示的右键快捷菜单，选择“新建文件夹”。

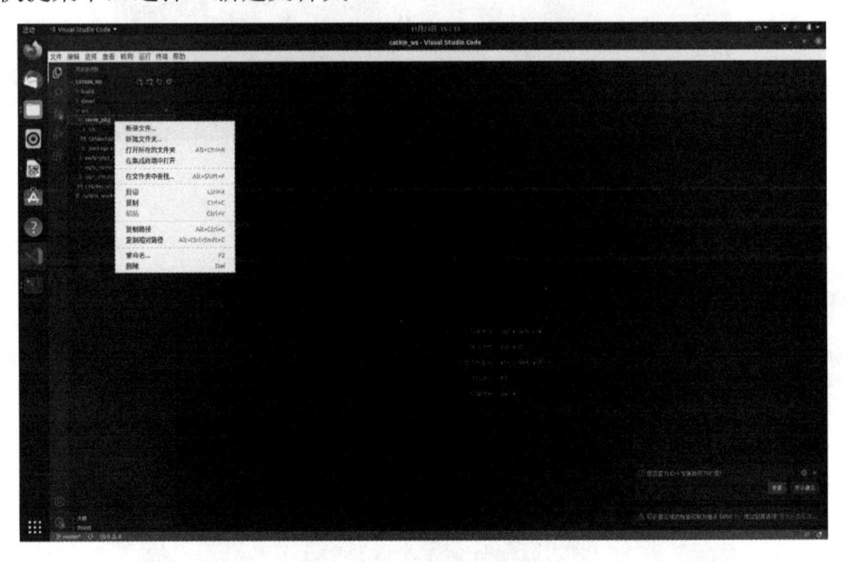

图 11-12　右键快捷菜单

将这个文件夹命名为“scripts”（见图 11-13）。在第 2 章的 2.3 节中，有对此名称文件夹的解释。命名成功后按下“Enter”键即创建成功。

图 11-13　创建“scripts”文件夹

选中此文件夹并对其右击，弹出图 11-12 所示的快捷菜单，选择“新建文件”。将这个 Python 节点文件命名为“serve_drink_node.py”。

3. 编写节点代码

命名完成后即可在 IDE 右侧编写“serve_drink_node.py”的代码，其内容如下。

```
#!/usr/bin/env python3
# coding=utf-8

import rospy
from std_msgs.msg import String
from geometry_msgs.msg import Twist
from geometry_msgs.msg import Pose
from wpb_home_behaviors.msg import Coord
from sensor_msgs.msg import JointState
from enum import Enum

class State(Enum):
    ready               = 0
    goto_kitchen         = 1
    drink_detect         = 2
    grab_drink          = 3
    goto_dinning_room    = 4
    put_down            = 5
    backward            = 6
    done               = 7

step = State.ready
deley = 0



# 物品检测回调函数
def cbObject(msg):
    global step
    if(step == State.drink_detect):
        num = len(msg.name)
        rospy.loginfo("检测物品个数 = %d", num)
        if num > 0:
            rospy.logwarn("抓取目标 %s! (%.2f , %.2f , %.2f)",msg.name[0],
msg.x[0],msg.y[0],msg.z[0]);
            grab_msg = Pose()
            grab_msg.position.x = msg.x[0]
            grab_msg.position.y = msg.y[0]
            grab_msg.position.z = msg.z[0]
            global grab_pub
            grab_pub.publish(grab_msg)
```

```
            # 已经获取物品坐标，停止检测
            behavior_msg = String()
            behavior_msg.data = "object_detect stop"
            global behaviors_pub
            behaviors_pub.publish(behavior_msg)

            step = State.grab_drink

# 导航结果回调函数
def resultNavi(msg):
    global step
    if(step == State.goto_kitchen):
        rospy.loginfo("到达目标航点 kitchen")
        behavior_msg = String()
        behavior_msg.data = "object_detect start"
        global behaviors_pub
        behaviors_pub.publish(behavior_msg)
        step = State.drink_detect
    global mani_ctrl_msg
    if(step == State.goto_dinning_room):
        rospy.loginfo("到达目标航点 dinning room")
        mani_ctrl_msg.position[1] = 0.15
        global mani_ctrl_pub
        mani_ctrl_pub.publish(mani_ctrl_msg)
        step = State.put_down

# 抓取执行结果回调函数
def cbGrabResult(msg):
    global step
    if(step == State.grab_drink):
        if(msg.data == "done"):
            rospy.loginfo("抓取行为结束")
            waypoint_msg = String()
            waypoint_msg.data = "dinning room"
            global waypoint_pub
            waypoint_pub.publish(waypoint_msg)
            step = State.goto_dinning_room

# 主函数
if __name__ == "__main__":
    rospy.init_node("serve_drink")
    # 发布物品检测激活话题
    behaviors_pub   =   rospy.Publisher("/wpb_home/behaviors",   String,
queue_size=10)
    # 订阅物品检测结果的话题
    object_sub = rospy.Subscriber("/wpb_home/objects_3d", Coord, cbObject,
queue_size=10)
    # 发布导航目标名称
```

```
        waypoint_pub  =  rospy.Publisher("/waterplus/navi_waypoint",  String,
queue_size=10)
        # 订阅导航执行结果的话题
        navi_result_sub = rospy.Subscriber("/waterplus/navi_result", String,
resultNavi, queue_size=10)
        # 发布抓取行为激活话题
        grab_pub     =     rospy.Publisher("/wpb_home/grab_action",     Pose,
queue_size=10)
        # 订阅抓取执行结果的话题
        grab_result_sub  =  rospy.Subscriber("/wpb_home/grab_result",  String,
cbGrabResult, queue_size=10)
        # 发布手臂控制指令
        mani_ctrl_pub  =  rospy.Publisher("/wpb_home/mani_ctrl",  JointState,
queue_size=10)
        # 发布速度控制指令
        vel_pub = rospy.Publisher("/cmd_vel", Twist, queue_size=10)

        mani_ctrl_msg = JointState()
        mani_ctrl_msg.name = ['lift', 'gripper']
        mani_ctrl_msg.position = [ 0 , 0 ]
        mani_ctrl_msg.velocity = [ 0 , 0 ]

        # 延时一秒，让后台的话题初始化操作能够完成
        rospy.sleep(1.0)

        rate = rospy.Rate(0.1)
        while not rospy.is_shutdown():
            if(step == State.ready):
                waypoint_msg = String()
                waypoint_msg.data = "kitchen"
                waypoint_pub.publish(waypoint_msg)
                step = State.goto_kitchen

            if(step == State.put_down):
                deley += 1
                if(deley > 5*10):
                    deley = 0
                    step = State.backward

            if(step == State.backward):
                vel_cmd = Twist()
                vel_cmd.linear.x = -0.1
                vel_pub.publish(vel_cmd)
                deley += 1
                if(deley > 5*10):
                    mani_ctrl_msg.name[0] = "lift"
                    mani_ctrl_msg.position[0] = 0
                    mani_ctrl_pub.publish(mani_ctrl_msg)
```

```
            vel_cmd.linear.x = 0
            vel_pub.publish(vel_cmd)
            step = State.done
        rate.sleep()
```

（1）代码的开始部分，使用 Shebang 符号指定这个 Python 文件的解释器为 python3。如果是 Ubuntu 18.04 或更早的版本，解释器可设为 python。

（2）第二句代码指定该文件的字符编码为 utf-8，这样就能在代码执行的时候显示中文字符。

（3）使用 import 导入七个模块。

第一个是 rospy 模块，包含了大部分的 ROS 接口函数。

第二个是字符串消息类型模块，std_msgs.msg 里的 String，使用这个格式的消息包激活 wpb_home_objects_3d 的物品检测功能。

第三个是运动速度的消息类型模块，geometry_msgs.msg 里的 Twist，使用这个格式的消息控制机器人运动。

第四个是位置消息类型模块，geometry_msgs.msg 里的 Pose，我们会使用这个格式的消息包向抓取行为节点发送要抓取的目标物位置信息。

第五个是 wpb_home_behaviors.msg 里的 Coord 消息包类型模块，是描述物体名称和三维坐标的消息类型头文件，程序中接收到的物体检测结果就是这个 Coord 类型的消息包。

第六个是机械臂关节数值的消息包模块。

第七个是 Enum 模块，利用这个模块创建一个步骤的枚举类，用来充当状态机。

（4）在程序中利用枚举类 State 创建了八个状态，它们的具体含义如下。

ready：任务开始前的准备状态，程序最开始就处于此状态。

goto_kitchen：机器人导航去航点 kitchen。

drink_detect：检测桌面上的饮料，等待检测结果返回。

grab_drink：抓取桌面上的饮料，等待抓取结果返回。

goto_dinning_room：机器人导航去航点 dinning room。

put_down：机器人松开手爪，放置饮料。

backward：机器人后退，离开桌子。

done：任务完成。

（5）定义一个回调函数 cbObject()，处理 wpb_home_objects_3d 节点发来的检测结果消息包。cbObject()的参数 msg 是一个 wpb_home_behaviors::Coord 类型的消息包，其中存放了物品检测结果。msg 包里包含了四个数组，其中 name 数组保存的是所有物品的名称，x、y、z 三个数组保存的是所有物品的三维坐标。这四个数组的成员个数一样，相同下标的 name、x、y 和 z 成员对应同一个物体。msg 中的物体按照距离机器人的远近进行了排序，比如 name[0]、x[0]、y[0]和 z[0]对应的是距离机器人最近的物体，name[1]、x[1]、y[1]和 z[1]对应的是距离机器人第二近的物体，以此类推。

（6）当处于 drink_detect 状态时，激活抓取行为抓取物品检测回调函数中获得坐标的物品。首先构建一个 Pose 类型的消息包 grab_msg，然后将离机器人距离最近的目标物坐标值 x[0]、

y[0]和 z[0]赋值到 grab_msg 中，并通过 grab_pub 发送给抓取行为节点 wpb_home_grab_action 激活抓取行为。grab_pub 的定义会在后面的主函数里进行。同时在回调函数末尾将状态设置为 grab_drink。

（7）定义一个回调函数 resultNavi()，用于处理 waterplus 导航节点发回的导航结果消息包。resultNavi()的参数 msg 是一个 std_msgs.msg 里的 String 格式消息包，其中存放了导航结果，每当有新的导航结果发回，就会调用一次 resultNavi()回调函数。

（8）处于 goto_kitchen 状态时，当导航到达 kitchen 航点后，利用 rospy.loginfo()将到达信息显示在终端程序中，接下来激活物品检测行为，将"object_detect start"赋值到 behavior_msg 中，并通过 behaviors_pub 激活物品检测行为。behaviors_pub 在 main 函数中定义。最后将状态设置为 drink_detect。

（9）处于 goto_dinning_room 状态时，当导航到达 dinning room 航点后，利用 rospy.loginfo()将到达信息显示在终端程序中，接下来对 mani_ctrl_msg 消息包内的参数赋值，并通过 mani_ctrl_pub 发布机械臂控制话题来控制机械手爪张开，达到放置目的。mani_ctrl_msg 和 mani_ctrl_pub 在 main 函数中定义。最后将状态设置为 put_down。

（10）定义一个抓取结果回调函数 cbGrabResult()，用于接收抓取结果消息包。参数 msg 是一个 std_msgs.msg 里的 String 格式消息包，其中存放了抓取结果消息，每当有了新的抓取结果发回，就会调用一次 cbGrabResult()回调函数。

（11）这个程序处于 grab_drink 状态时，当抓取完成后，抓取服务会通过 grab_result 话题发布"done"，当这个节点接收到 done 之后，通过 rospy.loginfo()将抓取完成信息显示在终端程序中，然后对 waypoint_msg 赋值 dinning room，通过 waypoint_pub 发布此消息，让机器人导航到 dinning room 航点，waypoint_pub 在 main 函数中有定义。最后将状态设置为 goto_dinning_room。

（12）调用 rospy 的 init_node()函数进行该节点的初始化操作，参数是节点名称。

（13）调用 rospy 的 Publisher()函数生成广播对象 behaviors_pub、waypoint_pub、grab_pub、mani_ctrl_pub 和 vel_pub，它们分别用于发布物品检测激活、航点目标名称、抓取行为激活、手臂控制指令和速度控制指令。

（14）构造一个 JointState 类型的消息包 msg，并对其进行初始化。ctrl_msg 的 name 数组是关节名称；position 数组是关节滑动位置；velocity 数组是运动速度。具体可见第 10 章第 1 节。

（15）调用 rospy.sleep()让程序暂停一会，等待前面的话题发布操作在后台完成。参数 1.0 表示暂停 1 秒。

（16）接下来我们将会根据状态值 state 的变化，控制机器人在不同状态做对应的动作，这里就涉及一个状态切换的频率。调用 rospy.Rate()生成一个频率对象 rate，参数 0.1 表示将其频率设置为 0.1 赫兹（10 秒一次）。

（17）为了连续不断地发送控制消息，使用一个 while 循环，以 rospy.is_shutdown()作为循环结束条件可以让这个循环在程序关闭时正常退出。

（18）处于 ready 状态时，机器人开始任务第一步，通过对 waypoint_msg 赋值 kitchen，并通过 waypoint_pub 发布消息，从而控制机器人导航到 kitchen 航点。最后将状态设置为 goto_kitchen。

（19）处于 put_down 状态时，先设置一个延时，等待手爪完全张开，然后将状态设置为 backward。

（20）处于 backward 状态时，发布速度参数，让机器人向后移动，同时设置延时，等待机器人后退到设定位置后，收起机械臂并停止机器人后退。最后将状态设置为 done。

（21）调用 rate.sleep 来控制循环周期在 10 秒。

程序编写完后，代码并未马上保存到文件里，此时会看到编辑区左上角的文件名“grab_node.py”右侧有个白色小圆点（见图 11-14），这表示此文件并未保存。在按“Ctrl+S”键进行保存后，白色小圆点会变成关闭按钮“×”。

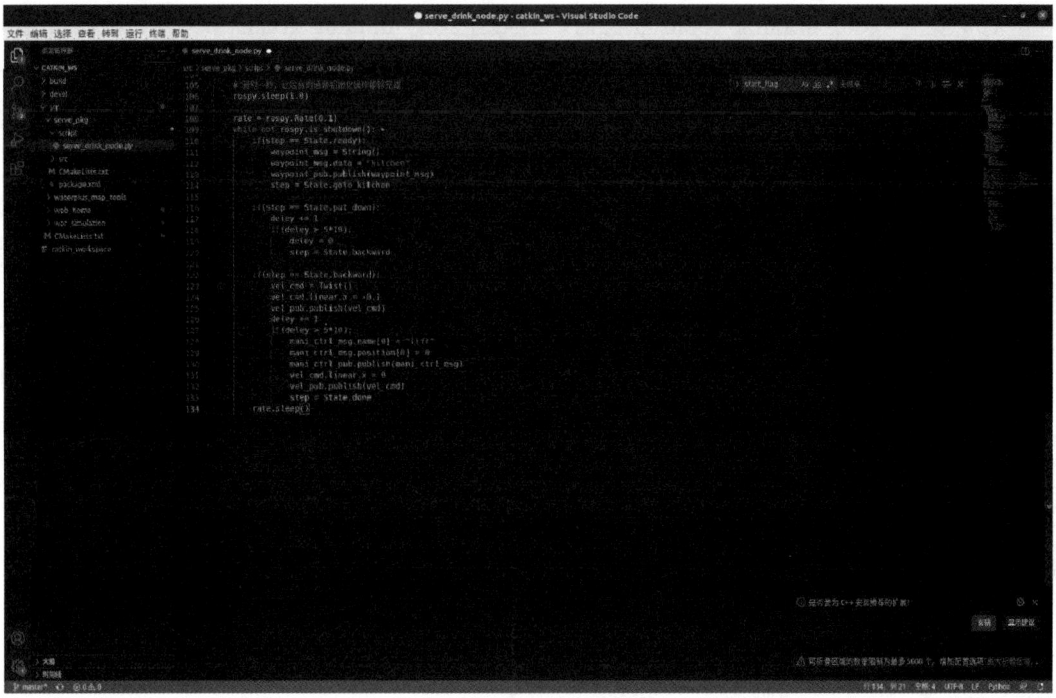

图 11-14　文件未保存状态

4. 设置可执行权限

由于这个代码文件是新创建的，其默认不带有可执行属性，所以需要为其添加一个可执行属性才能让它运行起来。启动一个终端程序，输入如下指令进入这个代码文件所存放的目录（见图 11-15）。

```
cd ~/catkin_ws/src/serve_pkg/scripts/
```

再执行如下指令为代码文件添加可执行属性。

```
chmod +x serve_drink_node.py
```

设置文件权限如图 11-16 所示，按“Enter”键执行后，这个代码文件就获得了可执行属性，可以在终端程序里运行了。

图 11-15　进入目录

图 11-16　设置文件权限

5. 编译软件包

现在节点文件可以运行了，但是这个软件包还没有加入 ROS 的包管理系统，无法通过 ROS 指令运行其中的节点，所以还需要对这个软件包进行编译。在终端程序中输入如下指令进入 ROS 工作空间（见图 11-17）。

```
cd ~/catkin_ws/
```

图 11-17　进入 ROS 工作空间

再执行如下指令对软件包进行编译。

```
catkin_make
```

编译完成如图 11-18 所示，这时就可以测试此节点了。

```
zucc@zucc: ~/catkin_ws
[ 82%] Built target wpb_home_grab_client
[ 83%] Linking CXX executable /home/zucc/catkin_ws/devel/lib/wpb_home_tutorials/wpb_home_serve_drinks
[ 84%] Built target wpb_home_obj_detect
[ 84%] Linking CXX executable /home/zucc/catkin_ws/devel/lib/wpb_home_tutorials/wpb_home_lidar_data
[ 84%] Built target wpb_home_capture_image
[ 85%] Built target wp_edit_node
[ 85%] Built target wpb_home_sound_local
[ 86%] Built target pose_navi_server
[ 88%] Built target waterplus_map_tools
[ 90%] Built target wp_nav_odom_report
[ 91%] Built target wp_manager
[ 92%] Built target wp_nav_test
[ 93%] Built target wp_saver
[ 93%] Built target wpb_home_serve_drinks
[ 95%] Built target charger_get_position
[ 97%] Built target wp_nav_remote
[ 98%] Built target wp_navi_server
[100%] Linking CXX executable /home/zucc/catkin_ws/devel/lib/wpb_home_tutorials/wpb_home_follow
[100%] Built target wpb_home_lidar_data
[100%] Built target wpb_home_follow
zucc@zucc:~/catkin_ws$
```

图 11-18 编译完成

11.4 在仿真环境中运行任务脚本

（1）启动开源项目“wpr_simulation”中的仿真场景（见图 11-19），打开终端程序，输入如下指令。

```
roslaunch wpr_simulation wpb_scene_1.launch
```

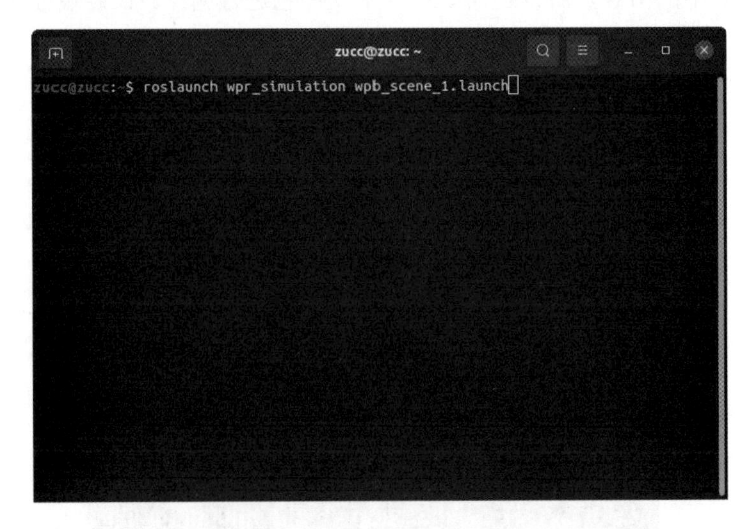

图 11-19 启动仿真场景

启动后会弹出图 11-20 所示的仿真场景，机器人位于房间入口处。

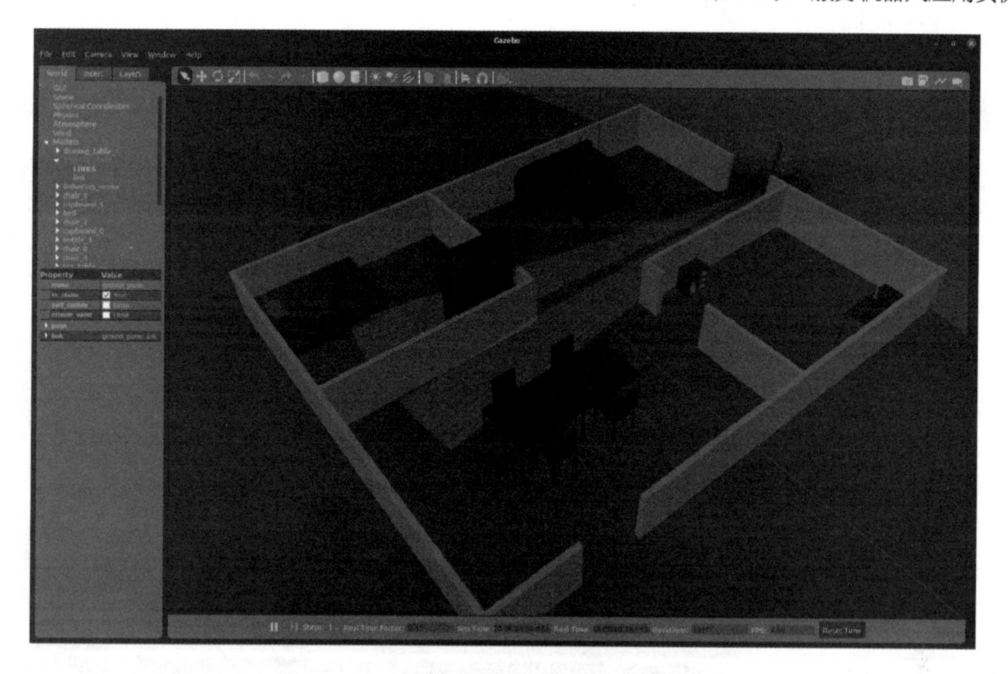

图 11-20　仿真场景

同时还会弹出 Rviz 界面，如图 11-21 所示，该界面显示了前面构建好的地图，但此时机器人位于地图中央。

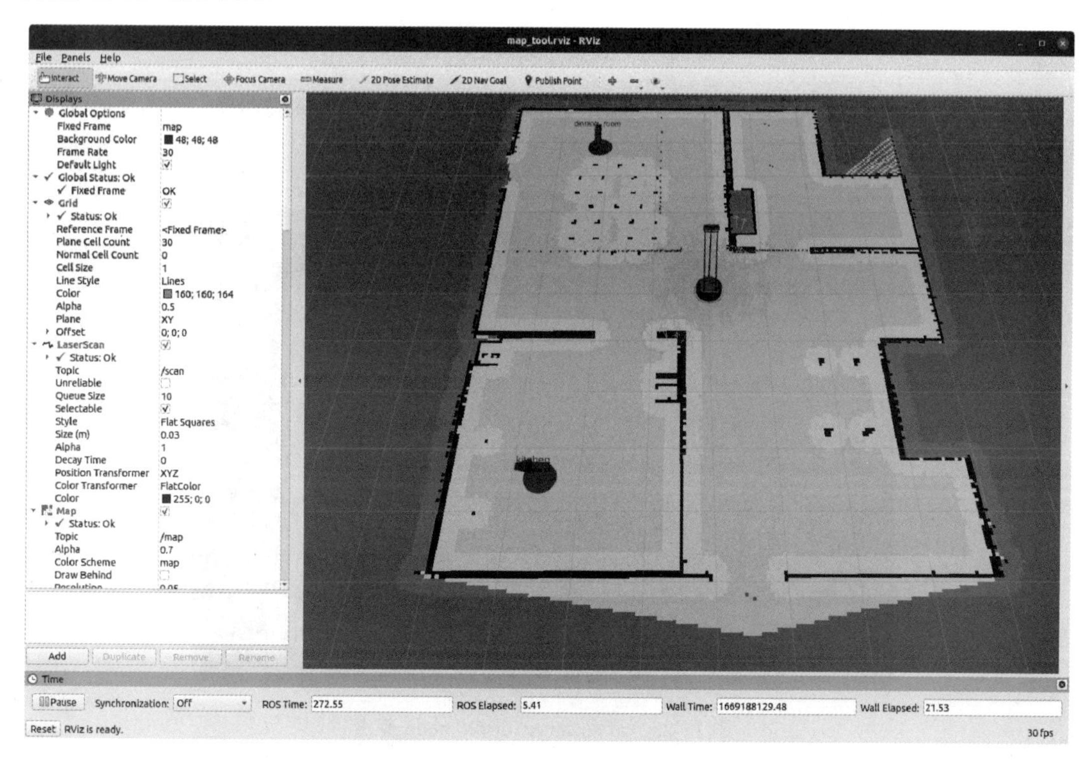

图 11-21　Rviz 界面

（2）按照第 6 章导航时的方法，在 Rviz 界面中设置机器人的初始位置（见图 11-22），将机器人设置到正确的位置上。

图 11-22　设置机器人的初始位置

（3）启动 serve_drink_node 节点（见图 11-23），打开一个新的终端程序，输入如下指令。

```
rosrun serve_pkg serve_drink_node.py
```

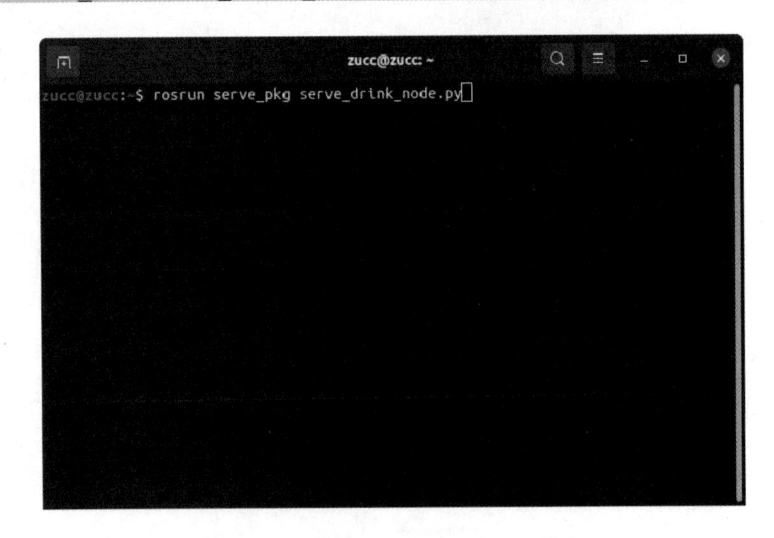

图 11-23　启动 serve_drink_node 节点

执行指令后，机器人开始规划路径，导航至 kitchen 航点，如图 11-24 所示。到达 kitchen 航点后，机器人开始进行抓取（见图 11-25）。

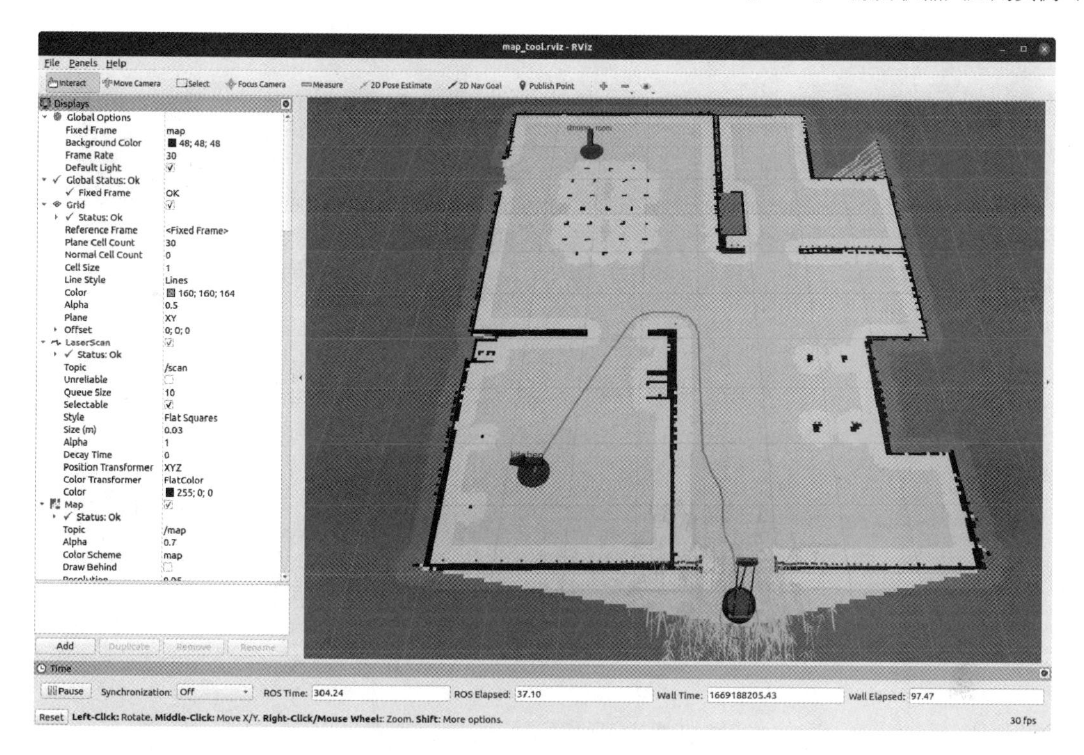

图 11-24　导航至 kitchen 航点

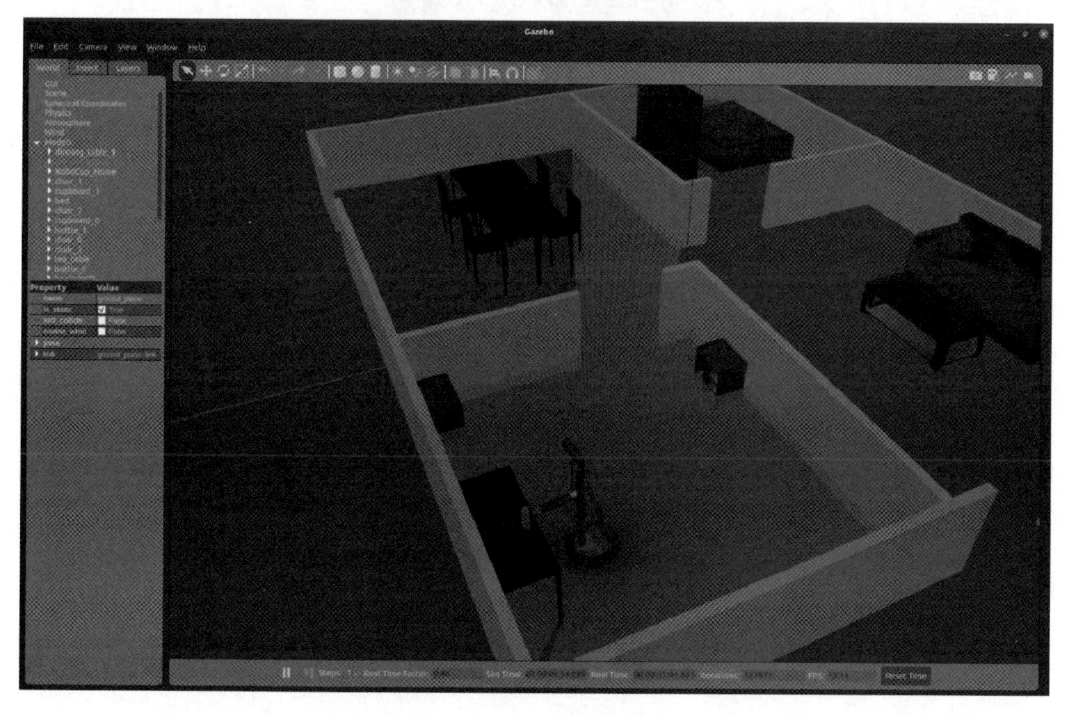

图 11-25　进行抓取

抓取完成后，机器人导航至 dinning room 航点（见图 11-26）。

到达 dinning room 航点后，机器人松开手爪，将饮料放置在桌子上（见图 11-27）。至此，服务机器人饮料获取任务结束。

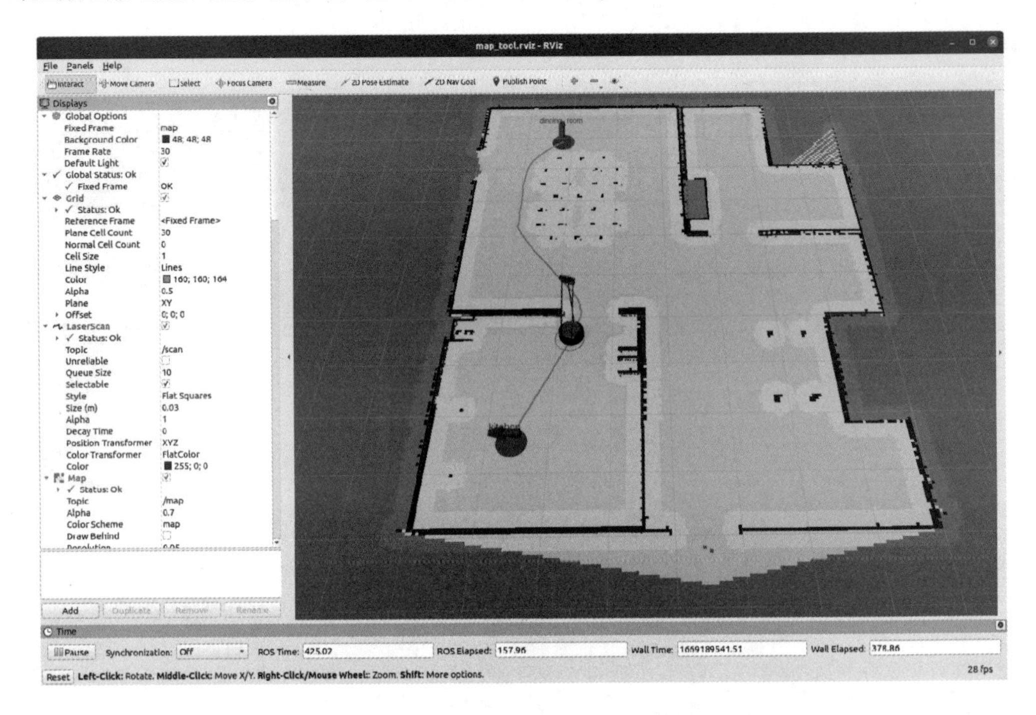

图 11-26　导航至 dinning room 航点

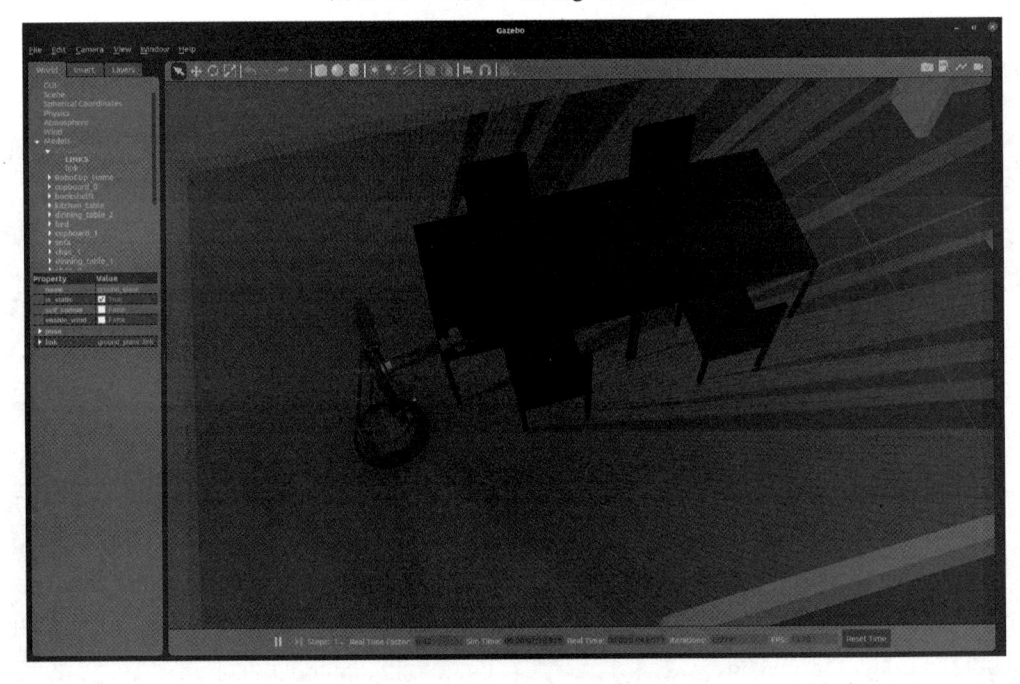

图 11-27　放置饮料

11.5　在真实环境中运行任务脚本

这里的程序可以在启智 ROS 机器人上运行，具体步骤如下。

（1）根据启智 ROS 的实验指导书对运行环境和驱动源码包进行配置。

（2）连接好设备上的硬件。

（3）把本章所创建的源码包“serve_pkg”复制到机载计算机的“~/catkin_ws/src”目录下进行编译。

（4）构建好地图和航点。

（5）打开机器人底盘上的电源开关（按下去）。

（6）打开机器人的红色急停开关（沿按钮上的箭头方向旋转，让其弹起），底盘电机会处于上电抱死状态，强行推动机器人会感觉到阻力。

（7）使用机载计算机打开终端程序，输入如下指令。

```
roslaunch wpb_home_tutorials mobile_manipulation.launch
```

（8）设置机器人所在初始位置。

（9）启动 serve_drink_node 节点。保持前面的导航服务程序继续运行别退出，打开一个新的终端程序，运行如下指令。

```
rosrun serve_pkg serve_drink_node.py
```

按“Enter”键运行后，即可看到机器人导航到所设置的航点，开始执行饮料获取任务。

11.6　本章小结

本章主要介绍了基于 ROS 的服务机器人应用案例，包括环境地图的构建、导航点的设置添加、任务脚本编程以及仿真和真实环境中脚本的运行。

参考文献

[1] 杜焱，廉哲，李耸．Ubuntu Linux 操作系统实用教程[M]．北京：人民邮电出版社，2017.

[2] QUIGLEY M. ROS : an open-source Robot Operating System[C]// Proc. IEEE ICRA Workshop on Open Source Robotics. 2009.

[3] ROS.org. XML Robot Destription Format(URDF) [Z/OL]. 2023-03-24[2023-05-26].http://wiki.ros.org/urdf/XML/model#A.3Clink.3E_element.

[4] 登龙．ROS 初级：文件系统工具[Z/OL]. 2019-11-19[2023-05-26]. https://blog.csdn.net/cdeveloperV/article/details/103137344.

[5] 鱼香 ROS．动手学 ROS2：8.1 URDF 统一机器人建模语言[Z/OL]. 2022-06-09[2023-05-26]. https://zhuanlan.zhihu.com/p/526362740.

[6] MELODY. ROS 入门（三）：gazebo 详解[Z/OL]. 2021-05-05[2023-05-26]. https://zhuanlan.zhihu.com/p/367660310.

[7] 库马尔・比平．ROS 机器人编程实战[M]．李华峰，张志宇，译．北京：人民邮电出版社，2020.

[8] 易鹏．基于 ROS 的移动机器人抓取研究与实现[D]．厦门：厦门理工学院，2022.

[9] 张建伟，张立伟，胡颖，等．开源机器人操作系统：ROS[M]．北京：科学出版社，2012.

[10] 刘相权，张万杰．机器人操作系统（ROS）及仿真应用[M]．北京：机械工业出版社，2022.

[11] 拉姆库玛・甘地那坦，朗坦・约瑟夫．ROS 机器人项目开发 11 例[M]．潘丽，陈媛媛，徐茜，等译．北京：机械工业出版社，2021.

[12] 朗坦・约瑟夫．ROS 机器人项目开发 11 例[M]．张瑞雪，刘锦涛，林远山，译．北京：机械工业出版社，2018.

[13] 张云洲，王军义，韩泉城．ROS 机器人操作系统原理与应用[M]．北京：科学出版社，2022.

[14] 朗坦・约瑟夫．机器人操作系统（ROS）入门必备：机器人编程一学就会[M]．曾庆喜，朱德龙，王龙军，译，北京：机械工业出版社，2019.

[15] 怀亚特・S・纽曼．ROS 机器人编程：原理与应用[M]．李笔锋，祝朝政，刘锦涛，译．北京：机械工业出版社，2019.

[16] AARON MARTINEZ, ENRIQUE FERNANDEZ．ROS 机器人程序设计[M]．刘品杰，译．北京：机械工业出版社，2014.

[17] 阿尼尔・马哈塔尼，路易斯・桑切斯，恩里克・费尔南德斯，等．ROS 机器人高效编程[M]．张瑞雪，刘锦涛，译．北京：机械工业出版社，2017.